C언어를 이용한

모바일 로보틱스 제어

남상엽 · 김동한 · 조도현 · 김석중 공저

도서출판 상학당

지능형 로봇이란 외부환경의 변화를 인식(Perception)하고 스스로 상황을 판단 (Congnition)하여 자율적으로 동작(Mobility & Manipulation)하거나 인간과 상호작용을 하는 로봇을 의미한다. 로봇 기술(RT-Robot Technology)은 차세대를 이끌어갈 산업으로 각광받고 있는 IT, BT, NT 산업과 함께 정부의 정책적 지원이 지식경제부에서 활발하게 이루어지고 있다. 로봇 산업은 기술의 정도에 따라 고부가 가치화가 가능한 기술집약적 산업으로서 다가올 유비쿼터스 사회에 적합한 컨버전스 형태의 융합형 종합기술이라 할 수 있다.

로봇은 전기, 전자, 기계, 자동화, 전산 등의 복합기술이 총 망라된 첨단 기술의 산물이지만, 특히 지능형 로봇은 인공지능과 신경회로망, 퍼지이론, 음성과 화상인식기술, 마이크로프로세서와 모터의 제어, 센서 사용 등 다양한 기술이 접목되는 첨단 기술체이며, 인간이 로봇에게 명령을 내리거나 로봇으로부터 인간이 정보를 전달받기 위하여 명령을 전달하기 위한 각종 입력기구와 로봇을 연결하고, 로봇이 작업하는 환경의 여러 가지 정보(즉, 오감을 느끼는 시각, 촉각, 후각, 위치감, 청각 등)를 인간에게 전달시키게 된다.

그러므로 로봇 기술의 기반이 물리학, 화학 등 기초과학 분야에서 기계공학, 전자공학, 소재공학 등의 응용학문까지 범위가 다양한 복합기술이기 때문에 산학연 및 정부가 체계적이고 전략적으로 육성해나가야 하는 산업이라 할 수 있다. 이에 따라 우리나라 정부에서도 21세기 유망지식 기반산업의 하나로 로봇 산업을 선정하여 이를 중점 육성하고 있는 실정이다. 이러한 유비쿼터스의 로봇시대에 맞추어 적용될 요소의 기초 로봇 제어 프로그래밍 기술이 필요해짐에 따라 《C언어를 이용한 모바일 로보틱스 제어》를 구성하여 발간하게 되었다.

이 교재에서는 C언어를 처음 접하는 사람이라도 쉽게 따라할 수 있도록 단계별로 간단한 예제와 함께 각 실습에서 사용하는 함수들에 대한 사용 방법과 코드들을 나타내었다. 함수들과 프로그램 흐름에 대한 간략한 설명, 그리고 각 함수들이 쓰이는 목적, 용도 등을 생각하며 순서에 맞게 따라서 하면 각 장별로 실습목적에 부합하는 프로그램 작성과 함께 모바일 로보틱스 플랫폼의 제어가 쉽게 다가올 것이다. 각 실습에서 작성된 프로그램들은 프로그램 언어에 대하여 문외한, 혹은 입문자를 기준으로 작성하였으므로 어느 정도 숙달된 사람들에 있어서는 너무 쉽게 보일 수도 있으나, 그런 만큼 다른 각도에서의 프로그래밍을 통하여 모바일 로보틱스(ED-7275)를 더욱 능숙하게 제어하길 바란다. 이 교재는 시중에 나와 있는 프로그램 언어에 대한 전문적인 해설이나 설명을 하는 교재가 아닌 지능형 로봇 응용 시스템의 제어를 위한 프로그래밍 기법을 되도록이면 쉽게 접근하고 사용할 수 있도록 하는 목적으로 작성된 교재이므로, 보다 깊은 이해와 응용을 하고자 한다면 C언어에 대한 별도의 공부가 필요할 것이다. 특히 새로운 시대의 변화에 발맞추어 이론만 구현되던 기초 로봇 제어를 모바일 로보틱스 제어 프로그램을 통하여 로봇 이론과 제어실습을 동시에 구현할 수 있고, 모바일 로보틱스는 기능올림픽 모바일 로보틱스 부분에 사용되는 로봇 플랫폼으로써 사용되므로 기능올림픽대회 준비서로 활용에 만전을 기할 수 있다.

모바일 로보틱스 산업의 차세대 엔진으로 성장할 수 있는 기초 로봇 제어들의 제어이론과 지능형 로봇의 동작원리 및 특성들을 공부함으로써 앞으로 좀 더 고차원적인 제어 이론과 지능형 로봇을 공부하는 데 바탕이 된다.

이 교재는 지능형 로봇의 기초가 되는 제어소자와 제어 프로그램의 기초이론에 근거를 둔 응용회로를 공부하고 실험을 통해 이론을 증명하는 형태로 구성되어 있다. 단지 일반 로봇 구조의 책처럼 깊이 있는 내용보다는 쉽게 이해할 수 있도록 구성하였으므로 좀 더 깊이 있고 보다 전문적인 내용은 이 교재를 통하여 개념을 이해하고 추가적인 참고서적을 통하여 학습하는 것이 효과적일 것이다.

이 교재는 모바일 로보틱스(ED-7275)와 병행하여 컴퓨터, 전자, 제어, 통신분야의 관련 학생 및 초보개발자를 대상으로 한 기초 로봇 제어에 대한 기본학습 및 실습을 위한 교재로, 처음 기초 로봇 제어 및 로봇 구조의 응용을 접하는 학생에게 쉽고 빠르게 접근할 수 있도록 초점을 맞추었으므로 기초 지능형 로봇 및 제어이론의 작동원리에 대한 이해와 프로그래밍 감각을 키우는 데 부족함이 없을 것이라 생각된다.

이 교재의 주요 구성은 다음과 같다.

제 I 부는 모바일 로보틱스의 개론으로써 1장은 모바일 로보틱스의 개론, 2장은 모바일 로보틱스의 운용 및 설치로 구성되어 있다.

제 II 부는 모바일 로보틱스 구성 및 기능으로써 3장은 모바일 로보틱스의 구성, 4장은 모바일 로보틱스의 조립으로 구성되어 있다.

제 III 부는 모바일 로보틱스의 메인 프로세서로써 5장은 모바일 로보틱스의 마이크로 프로세서 구조와 기능, 6장은 AVR 개발 툴 사용 방법, 7장은 AVRStudio 설치 및 구현, 8장은 모바일 로보틱스의 C언어 및 응용으로 구성되어 있다.

제 IV 부는 모바일 로보틱스 응용으로써 9장은 모바일 로보틱스의 구조, 10장은 모바일 로보틱스의 기본 구동 방법으로 구성되어 있다.

부록은 모바일 로보틱스의 참고자료로써 부록 1은 모바일 로보틱스(ED-7275)의 회로도, 부록2는 기능올림픽 관련 자료, 부록3은 2009년 지방기능경기대회 모바일 로보틱스 직종(공개과제)으로 구성되어 있다.

끝으로 이 책을 집필하는 데 많은 도움을 주신 (주)ED의 박용후 사장님, 황규섭 부사장님 그리고 기술연구소의 지능형 로봇팀의 김동호 과장님, 김영준 대리님 등 관계자 여러분과 도서출판 상학당의 관계자 여러분에게 감사의 마음을 전한다.

어떤 일이든 첫발을 내딛고 개척하는 것이 가장 힘든 일일 것이나 그 어려움을 극복하고 얻는 것이 무엇보다 값진 결실이 될 것이다. 아직은 열악하고 힘든 개발환경이지만 이 책이 보다 많은 모바일 로보틱스 관련 인력 양성에 힘이 되어주길 바란다.

저 자 씀

Contents

Contents

PART Ⅲ 모바일 로보틱스 메인 프로세서

Contents

PART I

모바일 로보틱스의 개론

CHAPTER 01

모바일 로보틱스의 개요

01 로봇이란

움직이는 것에 흥미를 갖는 것은 인간의 본성으로서 움직이는 로봇에게 많은 사람들이 매력을 느끼는 것은 이해할 수 있다. 그러나 로봇의 동작 원리를 배우고 그것을 설계 · 유지관리를 하려면 광범위한 공학 분야의 지식과 경험이 필요하다. 따라서 로봇이란 어떠한 것이고 어떻게 구성되어 있는지 고찰하고, 로봇 공학에 관련된 요소기술에 대하여 살펴보고, 이어서 로봇의 동작 원리를 인간과 동작을 비교해 본다.

1) 로봇의 정의

"로봇(Robot)"이라는 말은 1920년 체코슬로바키아의 극작가 칼렐 차펙(Karel Capek)이 발표한 희곡 "로섬의 만능로봇 R.U.R(Rossum's Universal Robots)"에서 처음 등장하였다. 차펙은 이 희곡 속에서 기술의 발달과 인간 사회와의 관계에 대하여 아주 비관적인 견해를 상징적으로 표현하였다.

로보틱스라는 용어는 1942년 3월에 첫 출판된 Isaac Asimov의 공상과학 소설에서 새로 만들어졌다. 여기서 Asimov는 로봇의 부정적인 측면만 가지고 있는 것이 아니라 인간을 돕기 위한 긍정적인 측면도 함께 가지고 있다고 묘사하였다. 또한 Asimov는 그의 소설에서 다음과 같은 로봇 특성의 기본적인 3가지 법칙을 설정하였다.

① 로봇은 인간을 해할 수 없으며, 자신이 행동을 하지 않음으로써 인간이 해를 입도록 방치해서는 안된다.

② 로봇은 첫 번째 법칙에 어긋나는 명령을 제외하고 인간이 내리는 모든 명령에 복종해야 한다.

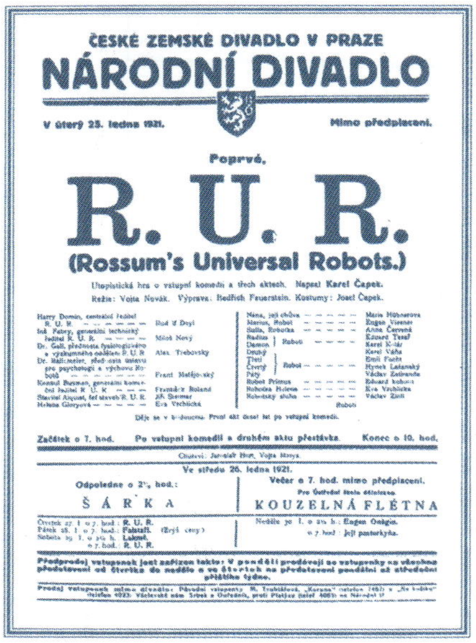

[그림 1-1] R.U.R(Rossum's Universal Robots) 포스터

③ 로봇은 첫 번째와 두 번째 법칙에 어긋나지 않는 한도 안에서 자신의 존재를 보호해야 한다.

현재까지 로봇에 대한 정의는 로봇의 관련 단체들 사이에서 많이 제안되어 왔다. 하지만 같은 업종에 종사하는 엔지니어별로 혹은 로봇 제작사별로 로봇에 대한 정의를 달리하고 있는 실정이다. 오늘날 인간과 산업용 로봇들의 유사함은 매우 적다.

즉, 산업용 로봇들은 인간과 유사한 외형을 가지고 있지도 않고, 인간과 유사한 행동을 하지도 않는다. 대신에 로봇은 하나 또는 여러 개의 팔들로 구성된 형상을 이루며 거의 항상 고정된 위치에서 작업을 한다.

미래의 로봇들은 더욱 많은 감각능력과 높은 지능과 높은 수준의 서비스 기술을 가지게 될 것이지만 인간과 비교하면 이동성의 정도는 제한될 것이다. 그러나 점점 더 인간과 유사한 능력을 가진 로봇이 개발되는 추세로 가고 있다는 것을 부인할 수는 없다.

최근 인공지능(Artificial intelligence)과 지각능력(Sensory perception) 등의 관련 분야가 빠르게 발전하고 있어서 산업용 로봇의 적용범위를 크게 넓혀줄 지능적인 로봇의 사용이 본격화되는 시기가 멀지 않았다.

2) 지능형 로봇의 역사

(1) 피노키오의 변화

[그림 1-2] 피노키오의 변화 유형

1881년에 출간된 이태리 작가 카를로 콜로다가 탄생시킨 '피노키오'는 인간을 닮은 최초의 동화 로봇이자 목각인형이다. 1세기가 지나도록 전 세계 어린이들에게 변함없는 사랑을 받고 있는 피노키오는 진화를 거듭하여 21세기 첨단 로봇 '피노(PINO)'로 재탄생되었다.

(2) 아톰의 변화

[그림 1-3] 아톰의 변화 유형

전쟁의 상처를 치유하기 위해 데스카 오사무에 의해 탄생한 국민적 캐릭터 '아톰'은 다양한 진화를 거듭해왔다. 마치 슈퍼맨과 미키마우스를 합성한 듯한 형상으로 1980년대에는 절정기를 보여준다. 그러다가 검은색과 흰색으로 채색되어 장기불황을 반영하듯 휴면기에 들어가더니 최근에 다시 모습을 보여주고 있다.

(3) 모바일 로봇의 변화

[그림 1-4] 모바일 로봇의 변화 유형

1980년대는 인간의 생명체와 유사한 안드로이드 로봇의 출현과 함께 로봇 캐릭터 산업 또한 절정기를 가진다. 1982년 영화 'ET'는 엄청난 파장을 몰고 온다. 그 후 1984년 '터미네이터', 1987년의 '로보캅' 등이 사이버 로봇의 상징이 되었다. 그리고 SF의 대명사인 '스타워즈'는 모든 로봇의 교과서가 되었다.

(4) 휴머노이드 로봇의 변화

세계최초 인간형(휴머노이드) 로봇 '아시모'는 일본의 혼다가 2000년 11월 세계 최초로 걸어 다니는 '자율 2족 보행' 로봇으로 만들면서 세계의 주목을 받았으며, 2004년 12월엔 걷는 것은 물론 시속 6km로 달릴 수 있는 기능까지 갖춘 차세대 아시모가 선을 보였다. 차세대 아시모는 음성인식 기능과 함께 물 컵을 집거나 전기 스위치 작동, 문을 열고 닫는 동작 등 30여 가지 몸동작 기능까지 갖췄다. 이후 한국과학기술원(KAIST)에서는 아시모 보다 세밀한 동작이 가능한 휴보를 개발하였으며 이후 휴보 2세를 개발을 하고 있다.

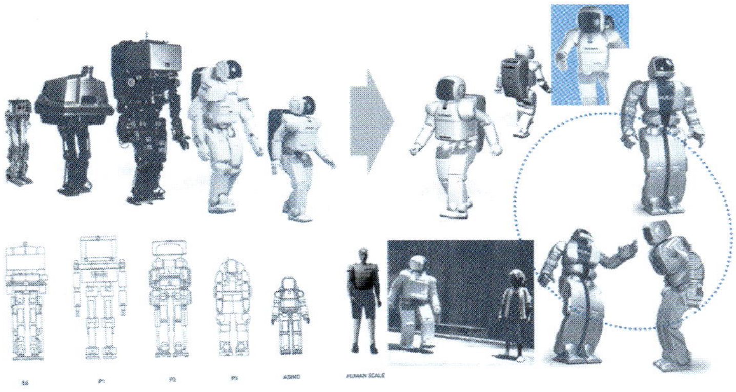

[그림 1-5] 휴머노이드 로봇의 변화 유형

3) 로봇의 기술

로봇의 기술에 대하여 논하기 전에 우선 지능형 로봇에 대한 정의에 대하여 알아보자. 지능형 로봇에 대한 정의는 각 기관 및 국가마다 다르며 공통적으로 사용되는 의미는 다음과 같다.

(1) 지능형 로봇(Intelligent Robot)

목적이 정확하게 주어지면 그것을 달성하기 위하여 필요로 하는 작업, 조작 및 그 실행 순서를 자체의 정보에 따라 도출하고, 그것에 따라서 작업을 하여 목적을 달성하는 로봇으로 이 정의가 지능형 로봇의 가장 기본적인 행동에 대한 정의로 해석을 할 수 있으며, 지능형 로봇에 대한 기술적인 행동에 대한 정의는 "지능 로봇이란 시각, 청각, 촉각, 후각, 미각 등 오감 센서를 장착한 로봇을 의미한다. 여기서 지능이란 AI(Artificial Intelligence)와는 다른 것이다.

예를 들면, 비전(vision) 센서가 장착되어 있는 지능 로봇은 센서를 통해 물체를 확인하고 따라 가거나 피할 수 있다. 마찬가지로 후각 센서가 장착되어 있는 지능 로봇은 향을 맡고 따라 갈 수 있다. 즉, 센서와 센서를 이용할 수 있는 소프트웨어의 결합적 의미라고 하겠다. 따라서 지능 로봇은 짜인 프로그램대로 움직이는 것이 아니라 로봇 스스로 행동을 한다는 의미로 정의를 내릴 수 있으며, [표 1-1]은 지능형 로봇의 기술을 인간의 오감과 행동에 대하여 분류한 것이다.

[표 1-1] 로봇의 기술에 따른 분류

인간의 행동에 따른 분류	지능형 로봇 기술에 따른 분류
운동	이 동
	조작(Manipulation)
	촉각장치(Haptic Device)
감각	촉 감
	시 각
	음 성
	후 각
제어	학습 및 인지
	자율제어
	기반기술
기타	동력/전원

(2) 운 동

① 이동성(Mobility)

로봇이 가정이나 실내에 적용되어 다양한 서비스 작업을 수행하기 위해서는 우수한 주행 성능이 요구된다. 특히 가정은 구조적으로 복잡하고 장애물이 산재해 있으며 장애물이 이동하는 환경으로, 이러한 지역에서 로봇이 자율주행을 하기 위해서는 전방향 주행이 가능한 이동 메커니즘 구조를 가진 로봇이 존재해야 하며, 문턱이나 계단승월을 위해서는 크로라식, 특수차륜식, 보행식 등의 방식이 요구된다.

② 계단이동

건물같이 계단이 많은 환경을 극복하기 위해서 계단의 한계를 극복하는 기능을 갖는 것이 필요하다. 현 개발현황으로는 탱크 형태의 크로라식이 가장 일반적으로 사용되고 있고, 평지주행성이 우수한 특수차륜식에 대한 개발이 추진중에 있다.

[그림 1-6] 크로라식 구동형식

[그림 1-7] 특수한 차륜식 계단승월 로봇

③ 2족 보행

인간 걸음을 100% 흉내낼 수 있는 2족 보행은 평면, 계단 모두에서 사용이 가능하다. 더 좋은 것은 인간이 사는 환경의 대부분에서 적응이 가능해질 것이지만 어려운 기술적인 문제가 많이 있다.

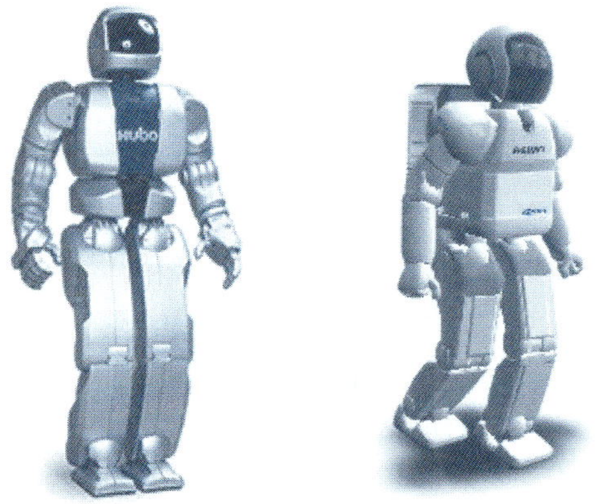

[그림 1-8] 2족 보행 로봇

사용할 수 있는 고출력 모터, 고배율 소형 감속기를 가지고 있어야 하는 기술적인 문제가 존재한다. 이러한 문제를 해결하기 위해 기초적인 2족 보행 로봇의 개발을 시작으로 현재는 보행 속도 6km 정도의 2족 보행 로봇이 등장하였으며 머지않아 사람과 거의 유사한 로봇이 개발이 될 것이다.

(3) 조 작

로봇의 조작(Manipulation)에 대한 기술개발은 로봇에서 가장 중요한 부분으로 로봇 구동에 있어서 중요한 역할을 한다. 조작(Manipulation)에 대한 기술개발 및 연구개발은 계속되고 있다.

(4) 모듈화

로봇의 모듈은 팔(ARM)을 링크와 관절 모듈로 나누어 주어진 작업에 적합형태로 쉽게 조립될 수 있는 시스템을 의미한다. 제조하는 입장에서도 모듈만 제조하면 되므로 쉬워지고, 작업에 따른 변신이 가능하고 또 하나의 축이 잘못되면 그것만 바꾸어 주면 되는 장점을 가지는 반면 아직 가격적인 면에서 불리하다는 단점이 있다. 이러한 단점을 보안

하기 위해 많은 연구·개발이 진행이 되고 있다. 우선 적응(Orientating)부를 하나의 모듈화하며, 위치(Positioning)부를 1축과 2/3축의 2모듈로 개발하여 저렴한 모듈로 개발하는 것을 목표로 한다.

(5) 경량화

경량화는 인간환경에서의 적응력을 높이는 데 매우 중요한 기술이다. 팔이 경량화되고 또 슬림화되면 이들을 이동시키는 이동 로봇에게는 부하가 작아지므로 에너지 문제, 하중문제 등을 해결해주는 매우 중요 기술이다.

(6) 스마트 팔

로봇의 팔(ARM)에 다양한 센서들이 결합되어 있어 보다 지능적으로 작업을 할 수 있도록 만들어진 팔(ARM)을 총칭하여 스마트 팔(Smart ARM)이라고 정의할 수 있다. 피부센서들이 있어 로봇의 외부와의 접촉여부를 알 수 있으며, 또 더 나아가 장애물과 얼마나 떨어져 있는지도 알 수 있게 될 것 이다. 그리고 동작(Actuation)에서도 개선이 많이 이루어져 거의 인간의 동작과 유사한 모습을 보이고 크기도 사람의 팔과 비슷하게 된다.

(7) 촉각 디바이스

햅틱 인터페이스의 넓은 의미로는 가상환경과 촉각적 상호작용을 하는 시스템 전체를 일컫기도 하지만 좁은 영역의 의미로 사람에게 촉감을 전달하기 위한 물리적 장치(device)를 말하며, 통상적으로 촉각 디바이스(Haptic device, 햅틱 디바이스)라고 부르기도 한다. 원격지에서 로봇을 제어하는 방법으로 촉각 인터페이스를 이용하여 제어를 하게 되며, 주로 정밀도를 요구하는 작업에서 주로 사용된다.

[그림 1-9] 손의 촉각 디바이스

(8) 감 각

소형 힘(Force)/토크센싱(Torque Sensing) 시스템

로봇의 팔과 관절에는 상호 작용하는 힘과 관련된 것으로 로봇이 접촉하는 대상 물체에 대해서 사람이 가지고 있는 근감각과 같은 감으로 인식하게 하고, 이와 같이 인식된 감을 이용하여 사람의 근감각과 같은 감으로 적절하게 반응을 할 수 있어야 하며, 주변 환경 및 대상 물체와 접촉할 때 로봇에게 인간과 유사하게 인식하고 동작하게 하는 기능을 부여하여 로봇을 이용하거나 상대하는 사람들에게 좀 더 친근감을 느끼게 할 수 있어야 한다. 이를 위해서는 아래와 같은 세부 기술이 필요로 하다.

① 힘・토크센싱 및 재생기술

② 대상물을 잡고 있는 압력 감지기술

③ 대상물의 미끄럼 정도를 느끼게 해주는 전단력 감지기술

(9) 인공피부 센서 시스템

로봇이 상호작용을 하고 있는 물체 또는 주변 환경과의 접촉유무 뿐만 아니라 접촉력, 접촉 부위에서의 미끄러지는 정보, 접촉 부위의 표면 조도, 접촉 부위의 물성 등의 복합적인 힘의 성분을 분해 또는 합성할 수 있는 기능을 부여하여 로봇의 안정성 향상과 보다 인간 친화적인 수단을 제공하여야 한다. 이를 위해서는 아래와 같은 세부 기술이 필요로 하다.

① 마이크로 어레이 고분자 힘 센서 기술

② 전방향 힘 고성능 감지 및 실시간 신호처리 기술

③ 착용 가능한(wearable) 고분자 감압 천(sheet) 기술

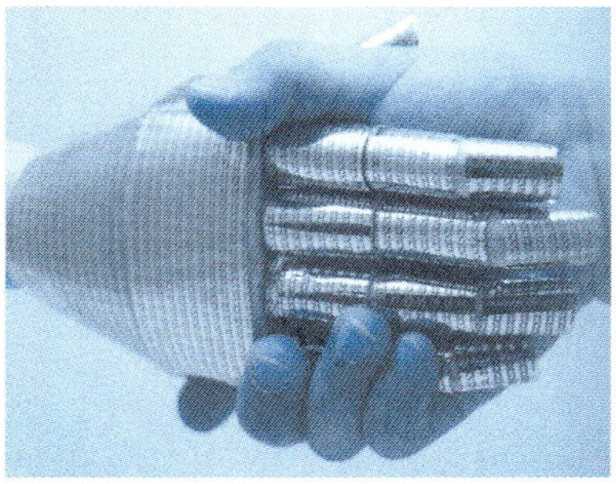

[그림 1-10] 인공피부 손

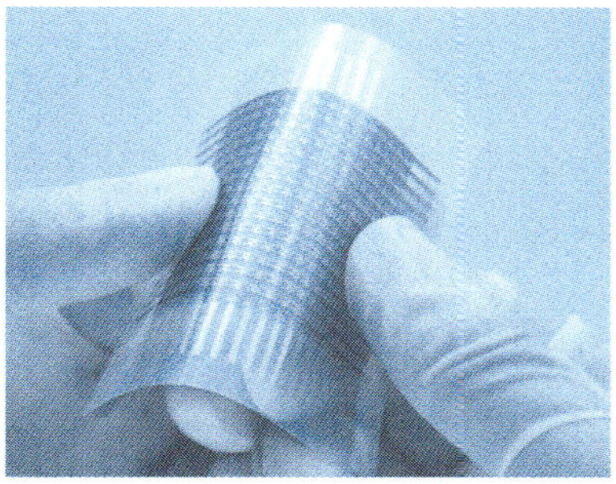

[그림 1-11] 인공피부 센서

(10) 시 각

로봇이 물체 또는 주변 환경에 대한 영상정보를 실시간으로 획득하여 작업 환경에 대한 정보를 보다 정확하게 판단할 수 있는 수단을 제공하는 시스템이다. 이를 위해서는 아래와 같은 세부 기술이 필요로 하다.

① 소형 양안식 또는 다안식 입체 카메라 시스템

② 입체 카메라의 줌, 초점 주시각 및 자동감지 기술

③ 입체영상신호 무선화를 위한 부호화/복원 기술

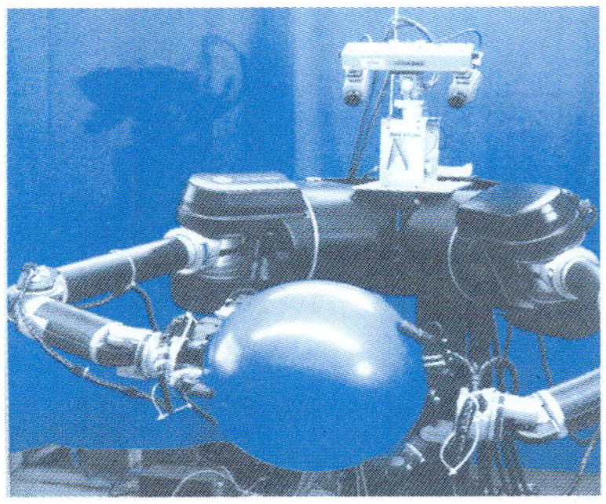

[그림 1-12] 실시간 스테레오 로봇

(11) 스마트 스테레오 시각 시스템

인간의 시각과 유사한 기능을 로봇에게 부여하기 위한 것으로 로봇이 주변 환경 및 대상 물체 사이의 3차원 정보를 측정하고 측정된 정보를 이용하여 주변 환경 및 대상 물체를 검출 · 인식 · 재상 · 추적하는 기술이며, 주변 환경 및 대상 물체의 3차원 형상을 사람과 같이 실시간으로 인식할 수 있게 하여 로봇이 스스로 판단하여 주어진 임무를 수행할 수 있는 기능을 제공하여야 한다. 이를 위해서는 아래와 같은 세부 기술이 필요로 하다.

① 물체간 삼차원 형상정보 실시간 획득기술

② 입체영상정보를 이용한 형상인식 및 추적기술

③ 3차원 형상복원 및 학습기술

(12) 열화상 인식 시스템

화재현상 또는 심야에 주변의 열분포를 인식하여 열함유 물체를 인식하고 위치를 추적하는 기술을 말한다. 이를 위해서는 아래와 같은 세부 기술이 필요로 하다.

① 소형 · 경량 · 고분해능의 적외선 카메라 시스템 기술

② 적외선을 이용한 물체 감지기술

[그림 1-13] 열화상 카메라

(13) 음 성

로봇이 명령어(Keyword)만을 인식하거나, 명령어 전후에 임의의 음성이 발성되어도 명령어만을 추출하여 인식하거나, 또는 정형화된 문장 형태로 발음된 음성을 인식하여 명령을 수행하는 기술을 말한다. 이를 위해서는 아래와 같은 세부 기술이 필요로 하다.

① 고립음성 인식기술

② 연속음성 인식기술

③ 음성명령(Keyword) 차례

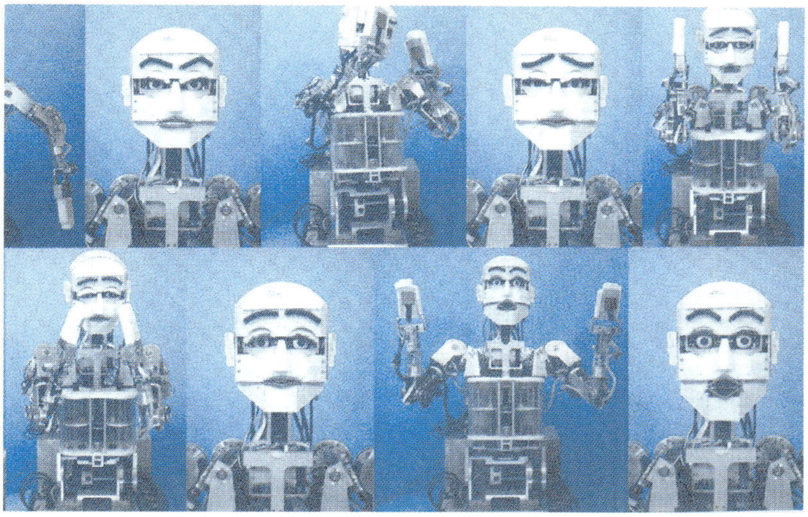

[그림 1-14] 음성인식에 따른 표정변화

(14) 감정대화 인식기술

로봇 시스템에 효과적으로 적용하기 위하여 로봇에 응용되는 영역을 제한하여 기술을 개발하고, 이를 토대로 응용 영역을 확대하고 영역을 전환하는 기술을 말한다. 이를 위해서는 아래와 같은 세부 기술이 필요로 하다.

① 응용영역 제한 감정이해 대화인식기술

② 감정이해・구현 인식・합성기술

(15) 후 각

로봇이 활용되는 곳에서 유해 가스누출 등과 같은 생화화적 이상상태를 감지하고 위험사항을 인식하는 기술을 말한다. 이를 위해서는 아래와 같은 세부 기술이 필요로 하다.

① 가스 센서의 소형화 기술

② 다종 복합가스 인식용 센서 기술

(16) 제 어

로봇에게 여러 번의 교육을 통해 물체나 행동을 학습시키며, 자율적 학습을 통하여 스스로 대상체를 인식하고 학습을 강화해 나가는 기술을 말한다. 학습에 이용되는 도구로는 비전(Vision), 센서(Sonar), 인코더(Encoder) 등으로 부터의 정보를 종합하여 집안 등의 외부 환경을 3차원으로 인식 표시하여야 하며, 사람의 표정 등을 인식하여 그에 대한 로봇의 반응을 표현하여야 한다.

(17) 자율제어

로봇이 영상정보나 음성명령의 지시를 받고 외부 환경으로부터 이동계획을 세우고 장애물을 회피하여 이동하는 경우 문턱 등 집안 장애물에 의한 미끄러짐 등이 있어도 자기의 절대 위치를 인식할 수 있어야 하며, 로봇의 팔과 손을 가지고 작업을 하기 위하여 자유도 중 어느 것을 이용할지 최적화된 계획을 세워 제어를 하여야 한다.

(18) 기 타

인간이 존재하기 위해서는 의・식・주를 해결하는데 존재의 이유가 있다. 로봇 또한 식에 대한 문제를 해결해야 하며, 이에 대한 방안이 배터리 기술개발이다. 배터리는 로봇에서 가장 중요한 기술로 어떠한 기능 보다 초기에 배터리에 대한 설계가 이루어져야 한다. 우선 배터리인 경우에는 자동충전 기능이 기본적으로 포함이 되어야 하며, 이 기능을 구현하기 위해서는 위에 열거된 모든 기술이 바탕이 되어 비로소 자동충전에 대한 기능을 구현하므로 지능형 로봇이 탄생될 수 있다.

CHAPTER

02

모바일 로보틱스의 운용 및 설치

01 모바일 로보틱스의 개요

모바일 로보틱스(ED-7275) 관련하여 최적의 설계를 바탕으로 설계된 로봇 플랫폼으로 다양한 실습과 응용과제에 충실하게 대응할 수 있도록 설계되어 있다. 이 로봇 플랫폼에는 마이크로프로세서(Microprocessor) 기반으로 하여 각종 센서의 이론 및 특징에 대한 기초 실습부터 다양한 기능의 센서를 활용한 로봇 제어 시스템을 응용할 수 있는 장비이다. 로봇의 가장 기본적인 구동 부분과 센서 부분에 대하여 이해하기 쉽고 사용하기 편리하도록 API(Application Programming Interface)로 구성되어 있다.

모바일 로보틱스(ED-7275)의 가장 특징인 구동 장치(Driving Mechanism)의 경우 전방향(omnidirectional mobility) 이동방식을 적용하여 제자리에서 모든 방향으로 회전이 가능한 독특한 형태의 메커니즘으로 구성되어 로봇을 이해하고 학습하기에는 최적의 장비이다. 또한 간단한 센서만을 이용하여 로봇을 쉽게 조작이 가능하며, 다양한 응용과제를 응용할 수 있는 모바일 로봇 플랫폼으로 구성이 되어 실습할 수 있도록 하였다.

02 모바일 로보틱스의 특징

(1) 모바일 로봇에 사용되는 임베디드 마이크로프로세서(Embedded Microprocessor), 3축 모터(3-Axis motor), IR 센서, PSD 및 전방향(Omni-directional) 구동을 사용함으로써 로봇 제어에 대한 기초부터 활용 실습까지 가능하다.

(2) 바닥감지용 센서(IR Sensor) 및 전방 감지용 거리 센서(PSD : Position Sensitive Detector)를 이용하여 모바일 로봇에 대한 전반적인 기초 실습이 가능하다.

(3) 전방향 이동(Omni-directional)에 대하여 다이나믹하게 주행이 가능하도록 120° 간격으로 부착된 전방향 휠(Omni-wheel)을 사용하여 독특한 형태의 메커니즘으로 구성한다.

(4) IR 센서에 의한 특정 색상을 검출하고 인터럽트(Interrupt) 방식을 이용하여 호스트(Host) CPU에게 정보를 전달하도록 IR 센서 5개 부착한다.

(5) 기본적으로 3개의 PSD 센서가 부착되어 있으며, 추가적으로 6개의 PSD 센서(3개), 초음파 센서(2개), 인체감지 센서(1개) 등을 조합하여 부착할 수 있다.

(6) 사용자 응용 프로그램(C언어)을 사용하여 로봇을 직접 제어할 수 있도록 관련 라이브러리(API)를 제공한다.

(7) 지능형 로봇에 사용되는 다양한 센서에 대한 기본 동작과 응용학습이 가능하다.

(8) 로봇에 부착된 하드웨어를 제어하기 위한 사용자 유저 버튼 및 블루 문자(Blue Characters) LCD를 부착하여 보다 쉽게 상태를 확인할 수 있다.

(9) 사용자 스위치 4개를 지정하여 사용할 수 있으며, USB AVR ISP 단자를 이용하여 쉽게 로봇의 운영 프로그램을 업데이트할 수 있다.

(10) 리튬폴리머(Li-Po)를 적용한 2차 전지와 스마트 배터리 칩(Smart Battery Chip)을 적용하여 배터리의 잔량을 쉽게 육안으로 확인할 수 있으며, 과충전, 과방전을 차단할 수 있는 기능이 있다.

03 모바일 로보틱스의 사양

1) 모바일 로보틱스(ED-7275) 플랫폼 사양

[표 2-1] 모바일 로보틱스의 사양

No	대항목	세부항목		세부 사양
1	로봇 시스템	이동방식		전방향 이동방식
		제어방식		임베디드 마이컴 기반 제어방식
		직선 최대주행속도		50cm/s 이하
2	제어부	MCU		ATmega128
		모터	구동축	6축
			모터	DC 감속기 모터
			운용 모드	폐루프
			인코더	Optical incremental encoder (28pulse/1cycle)
		배터리		- 4S/2P(Lithium ion) - 사용시간 80분 이상 - 모터 인가전압 12VDC 이하
		I/O	LCD	- Bule LCD - 2Line x 20 character
			스위치	입력용 4개 스위치
			LED	- 전원 LED 1개 - 사용자 LED 2개
			아날로그 입력	사용자용 아날로그 입력 (거리 센서 별도 통신)
			디지털 I/O	사용자용 디지털 입/출력 8포인트
3	기구부	이동형태		전방향 로봇 (omni-directional mobility)
		구동바퀴 개수		3개
		로봇 외형 형상		원통형
		로봇 외형 치수		- 지름 : 250mm ±5mm - 높이 : 200~250mm
4	센서부	바닥감지용 센서		IR 센서 5개
		전방감지용 거리 센서		- PSD 센서 3개(위치 : 정면(0°), ±30°) - 감지거리 : 10~80cm

04 모바일 로보틱스 마이크로프로세서의 구조

모바일 로보틱스 마이마이크로프로세서의 구조는 마이마이크로프로세서와 기억장치, 입출력 장치가 모여서 마이크로컴퓨터가 된다. 마이크로(Micro)란 말은 각 부품들의 물리적인 크기가 작음을 뜻한다. 또한 프로세서(Processor)란 말은 '처리기' 혹은 중앙처리장치(Central Processor Unit)를 줄인 말이다. 마이크로컴퓨터는 [그림 2-1]과 같이 다음의 세 가지 기본 장치로 이루어진다.

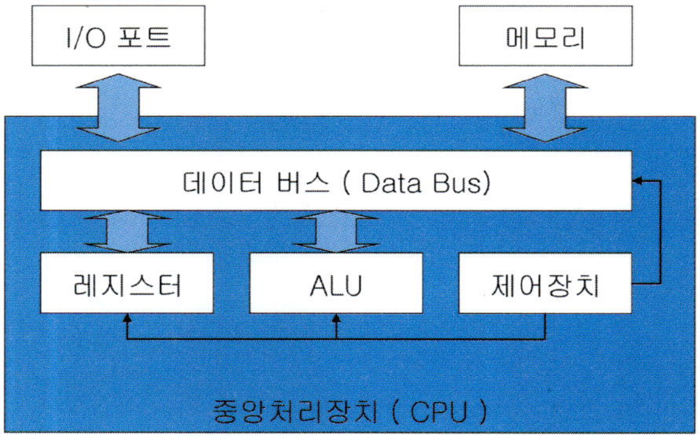

[그림 2-1] 마이크로컴퓨터의 구조

(1) 중앙처리장치(CPU)

CPU는 컴퓨터 시스템 전체의 데이터 흐름을 제어한다. 즉 메모리로부터 프로그램의 각 명령을 판독해 그것을 해석하고 어느 데이터에 어떤 처리를 해야 하는가 판단해서 그것을 실행하고, 다음에 실행해야 할 명령을 결정한다. [그림 2-1]의 하단부에 표시하는 바와 같이 CPU는 3가지 주요 부분으로 구성된다. 그것들은 서로 접속되어 있기도 하고, I/O 포트와 메모리에도 데이터 버스에 의해서 접속되어 있다.

(2) 메모리(Memory)

메모리는 프로그램과 프로그램으로 처리하는 데이터를 보관한다. 이것은 영구적인 프로그램을 넣는 프로그램 가능 판독 전용 메모리(PROM)와 데이터 및 변경 가능한 프로그램용인 읽고 쓰기 랜덤 액세스 메모리(RAM : Random Access Memory)로 분류된다.

(3) I/O(입출력) 포트

인터페이스 장치(Interface Unit)로 마이크로프로세서와 외부의 입출력 장치간의 정보 교환을 하는 역할을 한다. 마이크로프로세서는 입출력 장치로부터의 정보와 입출력 장치의 상태를 받기도 하고 제어신호나 정보를 주기도 한다.

05 모바일 로보틱스 CPU의 구조

(1) 레지스터(Register)

데이터를 일시적으로 보관하는 조그만 메모리로, 프로그램의 실행 중에 사용되며 고속 액세스를 할 수 있다. CPU 내에는 여러 종류의 레지스터가 있으며, 이들 중 연산된 결과를 저장하는 레지스터를 누산기 또는 어큐뮬레이터(Accumulator)라 한다.

(2) ALU(Arithmetic Logic Unit) : 산술-논리 연산장치

덧셈, 뺄셈, 곱셈, 나눗셈 등의 산술 연산과 AND, OR, 보수(complement) 같은 논리 연산을 행한다.

(3) 제어장치

명령을 해석하고 그것을 실행하는데 필요한 컴퓨터 내부의 각 유닛 사이의 데이터의 흐름을 제어한다.

06 모바일 로보틱스의 기억장치

모바일 로보틱스의 기억장치는 마이크로컴퓨터를 구성하는 중요한 한 부분으로 데이터와 프로그램을 저장하는 장치이며, 주기억장치와 보조 기억장치가 있다.

주기억장치는 주로 반도체 소자로 기억된 내용을 임의로 읽어 내거나 새로운 내용을 기억시킬 수 있는 램과 기억된 내용을 읽기는 가능하나 임의로 기억시킬 수 없는 롬으로 구성된다.

보조 기억장치는 마이크로컴퓨터 외부에 부착하는 대용량 기억장치로 하드디스크, 플로피 디스크 등이 많이 사용되고 있다.

CPU에 따라 1회의 조작으로 전송할 수 있는 데이터의 비트수가 있다. 이 폭은 일반적으로 레지스터에 기억되고 연산장치(ALU) 조작으로 처리되는 비트수와 같다. 마이크로컴퓨터에 있어서 이 폭은 4, 8, 16, 32비트 등이 있다.

(1) RAM(Random Access Memory)

RAM은 프로그램 실행중에 CPU가 읽고 쓰는 데이터 혹은 명령을 보관하기 위해 사용된다.

(2) SRAM(Static RAM)

SRAM은 전원 공급이 유지되는 한 저장 내용을 계속 기억하는 RAM으로 제어가 간단하며 고속이므로 소용량의 기억장치 구성에 적합하다. 특징으로는 플립플롭 논리 게이트에 의한 기억소자로 회로가 복잡하며 기억 밀도가 작고 읽기 쓰기를 고속으로 실행할 수 있다. 또한 DRAM처럼 리플레시(Refresh) 할 필요가 없다.

(3) DRAM(Dynamic RAM)

DRAM은 미소한 콘덴서에 전하를 축적함으로써 정보를 기억한다. 콘덴서가 스스로 방전하므로 일정 시간마다 기억내용을 다시 재생(Refresh)해 주는 재생 회로가 필요하다. 전력소모가 작고 칩당 기억용량이 매우 크므로 고밀도화를 이룰 수 있으나, 임의의 시점에서 리드와 라이트가 불가능하므로 주로 대용량의 기억장치 구성에 적합하다.

(4) ROM(Read Only Memory)

ROM은 읽기 전용 메모리로 CPU가 읽기만 할 수 있으며, 주로 변경되지 않는 프로그램을 보관하는데 사용된다. 전원을 끊어도 내용이 지워지지 않으므로 비휘발성 메모리라 한다.

(5) MASK ROM

마스크 롬(MASK ROM)은 공장에서 대량 주문으로 미리 쓰여서 나오는 것으로 한 번 쓰면 지울 수가 없다.

(6) PROM(Programmable ROM)

PROM은 제조 단계에서 써넣지 않은 ROM을 생산하여 사용자가 원하는 프로그램을 ROM Writer라는 장치를 이용하여 행렬의 교점에 큰 전류를 흘려줌으로써 퓨징(Fusing)시켜 써넣을 수는 있으나 한 번 써넣으면 변경할 수 없다.

(7) EPROM(Erasable PROM)

EPROM은 여러 번 쓸 수가 있는 것으로 ROM Writer로 라이트가 가능하며 지울 때는 자외선 삭제기(Eraser)로 지울 수 있다. EPROM은 최종적으로 ROM이나 PROM에 넣는 프로그램의 개발에 사용된다.

(8) EEPROM(Electrically EPROM)

EEPROM은 자외선 대신 전기신호에 의해 그 내용을 지울 수 있는 ROM이다.

(9) 플래시 메모리

데이터를 바이트 단위로 자유로이 읽을 수 있지만 라이트는 페이지(Page), 또는 섹터(Sector)라고 불리는 블록(Block) 단위로만 수행할 수 있는 변형된 EEPROM이다.

PART II

모바일 로보틱스 구성 및 기능

CHAPTER 03

모바일 로보틱스의 구성

01 모바일 로보틱스의 기본 구성

모바일 로보틱스의 외관 크기 및 모양은 [그림 3-1]과 같다.

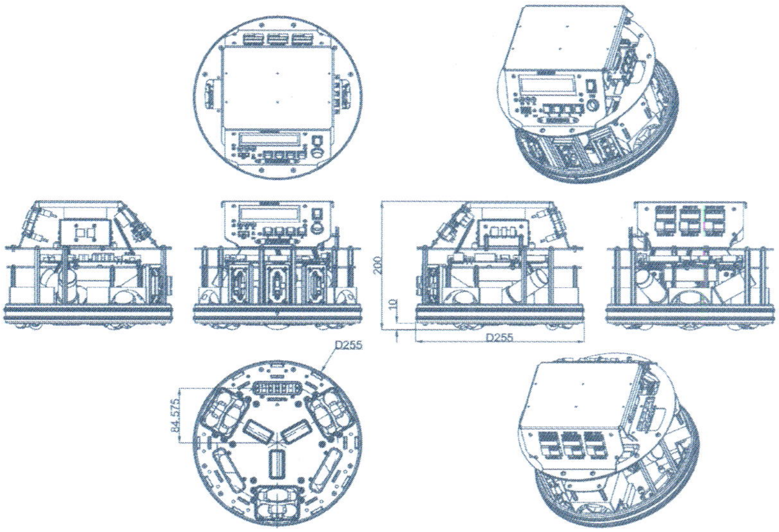

[그림 3-1] 모바일 로보틱스(ED-7275)의 제품 외관 치수도

모바일 로보틱스의 기본 구성은 [그림 3-2]처럼 최상판(Top), 상판(Upper), 중간판(Mid), 하판(Lower), 센서 모듈(Sensor Module)로 구성되어 있다.

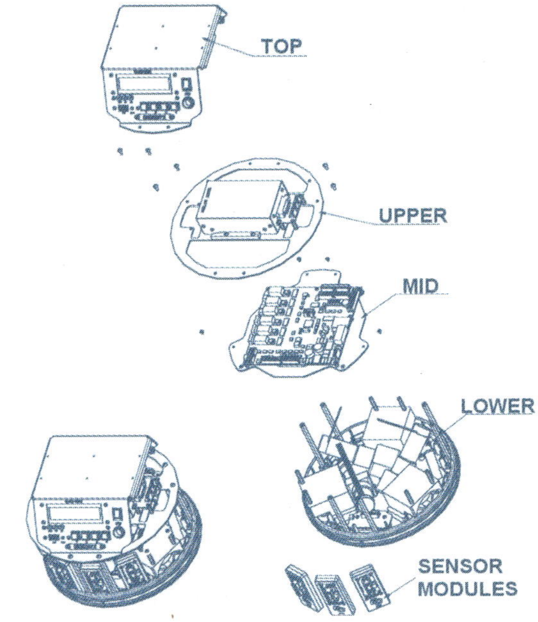

[그림 3-2] 모바일 로보틱스의 기본 구성 분해도

02 모바일 로보틱스의 확장 구성(옵션)

모바일 로보틱스의 확장에 필요한 옵션은 [그림 3-3]처럼 브레드보드(Bread Board)와 6개 추가 센서 모듈(6 Additional Sensor Modules)로 구성되어 있다.

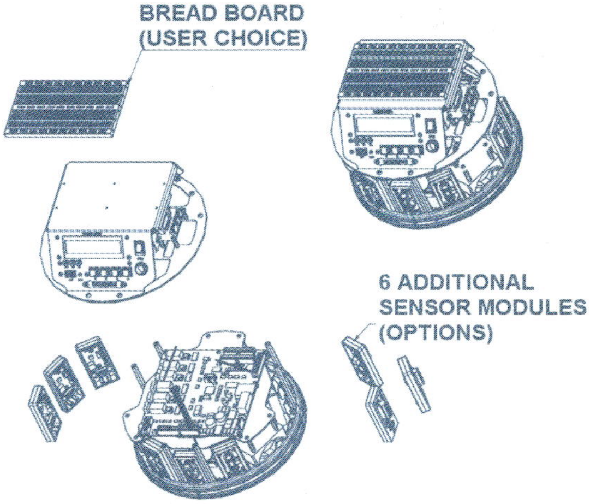

[그림 3-3] 모바일 로보틱스의 확장 옵션

03 모바일 로보틱스의 사양

1) 모바일 로보틱스(ED-7275) 플랫폼 사양

[표 3-1] 모바일 로보틱스 플랫폼의 사양

No	대항목	세부항목		세부 사양
1	로봇 시스템	이동방식		전방향 이동방식
		제어방식		제어기반의 임베디드 마이컴
		직선 최대주행속도		50cm/s 이하
2	제어부	MCU		ATmega128
		모터	이용가능축	6축
			모터	DC 기어모터
			운용 모드	클로즈 루프
			인코더	Optical incremental encoder (28pulse/1cycle)
		배터리		- 4S/2P(Lithium ion) - 사용시간 80분 이상 - 모터 인가전압 12VDC 이하
		I/O	LCD	- 블루 LCD - 2Line x 20 character
			스위치	입력용 4개 스위치
			LED	- 전원 LED 1개 - 사용자 LED 2개
			아날로그 입력	사용자용 아날로그 입력 (거리 센서 별도 통신)
			디지털 입출력	사용자용 디지털 입출력 8포인트
3	기구부	이동형태		전방향 로봇 (omni-directional mobility)
		구동바퀴 개수		3개
		로봇 외형 형상		원통형
		로봇 외형 치수		- 지름 : 250mm ±5mm - 높이 : 200~250mm
4	센서부	바닥감지용 센서		IR 센서 5개
		전방감지용 거리 센서		- PSD 센서 3개(위치 : 정면(0°), ±30°) - 감지거리 : 10~80cm

2) 모바일 로보틱스 메인보드의 사양

① 입력전압 : 12V(2A)

② 출력전압 : 12V(User I/O 출력전압)

③ 블루 백라이트를 가진 2*16 문자 LCD

④ 2*8 디지털 I/O(8bit Isolation 포함)

⑤ 8 아날로그 입력

⑥ 디버그 RS-232 포트

⑦ ATmega128 메인 CPU

⑧ 최대 6축 DC 서보모터 제어

⑨ 이중선 12비트 온도 센서

⑩ I^2C 시리얼 RTC(Real-Time Clock)

3) 모터 제어기(Motor Controller)

① 32비트의 위치, 속도 그리고 가속도 레지스터를 가지고 있다.

② 프로그램이 가능한 16비트의 계수들을 가진 디지털 PID 필터를 내장하고 있다.

③ 프로그램이 가능한 파생적인 샘플링 간격

④ 8비트 신호크기 PWM 출력 데이터

⑤ 4체배 업-다운 카운터 내장

⑥ 사다리꼴 모양 속도측정기

⑦ 속도, 타깃 위치, 필터 파라미터들은 동작이 진행중에도 수정 가능

⑧ 속도 모드와 위치 모드로 동작 가능

⑨ 실시간 프로그램 가능한 호스트 인터럽트

⑩ 8비트 병렬 비동기 호스트 인터페이스

⑪ 인덱스 펄스(index pulse) 입력과 함께 증가 인코더 인터페이스(incremental encoder interface) 내장

⑫ 1 개의 브릿지 회로가 내장되어 있으며 각 축의 모터에 3A의 전류를 공급할 수 있다.

⑬ 온도상승 경고 플래그 아웃과 흐르는 전류를 감지할 수 있는 핀이 준비되어 있다.

⑭ 역기전력 방지 다이오드가 내장되어 있다.

4) 모터와 전방향 휠(Motor & Omni-directional wheel)

(1) 모터와 감속기(Motor & Gear) 사양

[표 3-2] 모터, 감속기 및 인코더 사양

번호	부품명	외형	주요사양	비고
1	모터	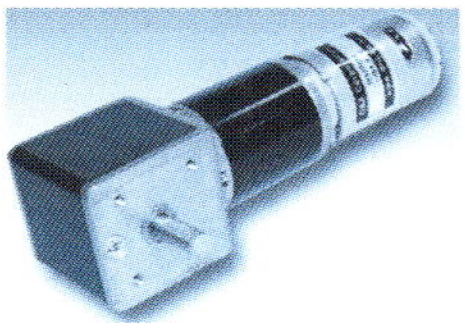	– 정격전압 12V DC – 정격 토크 110gf-cm – 정격회전수 5,950RPM – 정격전류 900mA – 무부하 회전수 7300RPM – 무부하 전류 150mA – 정격출력 7.0W – 사용습도 20~85% – 사용온도 –10~+60℃	모터, 감속기, 인코더 일체형
2	감속기	상동	– 유성 기어+베벨기어 조합 – 감속비 : 1/27 – 정격 토크 1.7kgf.cm – 정격회전수 220RPM	
3	인코더	상동	– 자석/홀센서 방식 – 외경 27.3mm – 두께 12.6mm – 분해능 26PPR – 위상차 90°±1/6T	

(2) 감속기 모터(Gear motor) 특성

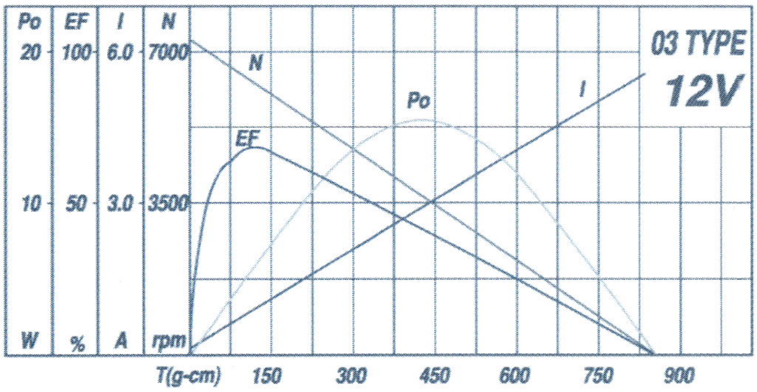

[그림 3-4] 모바일 로보틱스 모터의 특성 그래프

(3) 전방향 휠(Omni-directional wheel)

[그림 3-5] 전방향 휠

[표 3-3] 전방향 휠 사양

크기	전체 크기 : 60mm / 전체 두께 : 48mm / 롤러 최대크기 : 20mm	롤러 3X2EA
무게	~113.4g	
Hub(Frame)	Dia. 49mm	
Axle-bore	Dia. 8mm	어댑터 사용
롤러 능력	~222.5kgf	

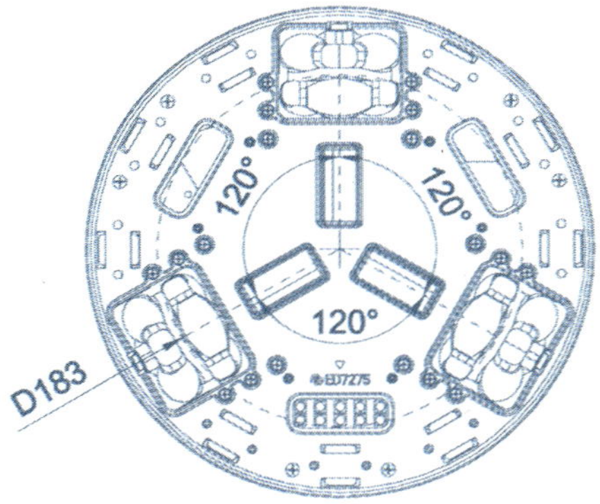

[그림 3-6] 옴니휠 바퀴의 배열상태 및 바퀴 중심점의 지름

5) PSD 센서

PSD(Position Sensitive Detector)로 10cm~80cm까지 측정이 가능한 거리감지 센서이고, [그림 3-7]처럼 인식반경은 중앙에서 좌우로 30도씩 총 60도 범위에서 감지가 가능하다. 직렬 센서 네트워크(Serial sensor network)를 이용하여 센서의 ID에 따른 데이터를 획득할 수 있도록 되어 있다.

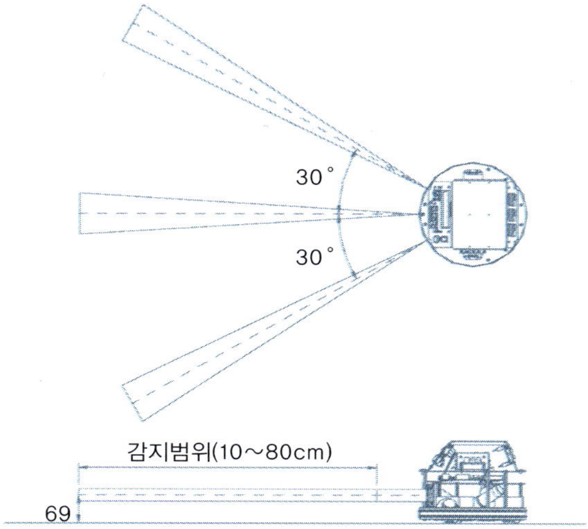

[그림 3-7] 모바일 로보틱스의 PSD 센서의 감지 범위

6) 적외선 센서(Infrared Sensor)

IR 센서는 흔히 적외선 센서(Infrared Sensor) 또는 IR 감지기(Detector) 등으로 널리 알려져 있다. 적외선 센서의 경우 대부분 검은색을 그어놓고 동작을 하는 경우가 많다. 적외선이 검은색에 많이 흡수되고 흰색은 흡수되지 않는 성질을 이용을 한다.

입사한 광에너지로 여기된 전자에 의해 발생한 도전유의 변화와 기전력을 이용하는 양자형(포토다이오드나 광도전 소자) 검은색 물체에서의 방사에 근거한 적외선 에너지의 흡수에 의한 온도 변화를 이용하는 열형(초전형 적외선 센서와 서보 파일)이 있다.

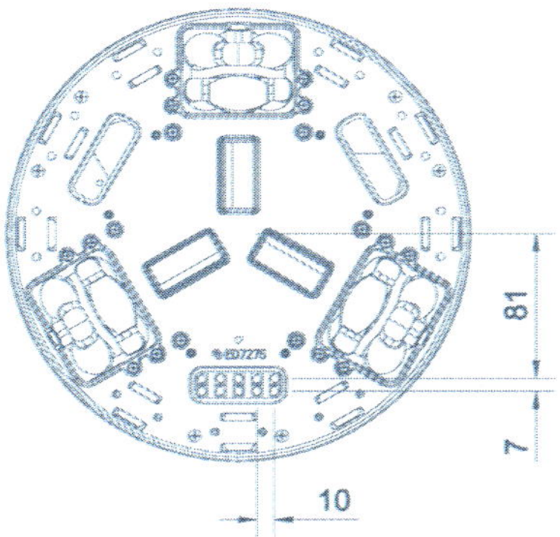

[그림 3-8] 적외선 센서의 위치

7) 문자(Character) LCD

그래픽 LCD, TEXT LCD를 구동하는 방법과 원하는 글을 표시하며 각각의 센서 데이터 및 기타 제어상태를 표시할 수 있는 실습을 진행할 수 있다.

04 모바일 로보틱스의 각부 명칭

1) 상부 정면 패널(Panel)

상부 정면 패널은 [그림 3-9]처럼 LCD 표시기(LCD Display), 3LED 표시기(3 LED Indicators), 전원 스위치(Power Switch), ISP 커넥터(ISP Connector), 리셋 스위치(Reset Switch), 4 기능 버튼(4 Function Buttons), 충전 플러그(Charging Plug)로 구성되어 있다.

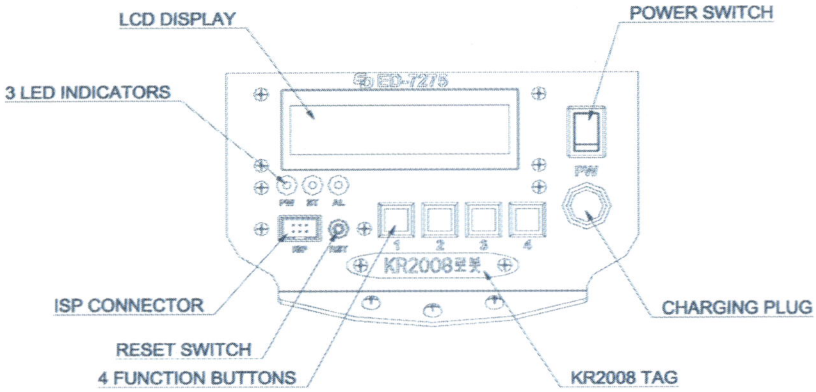

[그림 3-9] 모바일 로보틱스의 상부 정면 패널

(1) LCD 표시기

사용자 프로그램에 의하여 문자 LCD에 표시를 할 수 있으며, 센서의 상태 및 로봇 상태에 따른 텍스트를 출력할 수 있다.

(2) 3 LED 표시기

로봇의 상태 및 알람 정보를 3개의 LED를 통하여 표시할 수 있으며, 1개의 LED의 경우에는 고정적으로 로봇의 전원 상태를 표시한다.

(3) 전원 스위치

로봇의 전원을 ON/OFF 할 수 있는 스위치로 위쪽(Up)으로 하는 경우 배터리의 전원을 사용하여 로봇을 구동을 시킬 수 있으며, 아래(Down)방향으로 스위치를 동작하는 경우에는 외부 충전 플러그에 연결되어 있는 전원을 이용하여 로봇을 구동할 수 있다.

(4) ISP 커넥터

로봇 운영 프로그램을 다운로드할 수 있는 표준 6핀 커넥터로 구성되어 있다.

(5) 리셋 스위치

프로그램 다운로드 및 로봇을 초기화하고자 하는 경우 리셋 스위치를 이용하여 초기화할 수 있다.

(6) 4 기능 버튼

사용자가 프로그램에 의하여 4개의 스위치를 이용하여 기능 스위치를 사용할 수 있으며, 임의 경우에 따라 로봇의 Start/Stop 기능으로 사용할 수 있다.

(7) 충전 플러그

배터리가 소모되어 구동을 할 수 없는 경우 외부 전원을 이용하여 로봇을 구동할 때 사용되는 플러그이다.

2) 상부 후면 패널(Panel)

상부 후면 패널은 [그림 3-10]처럼 아날로그 입력(Analog input), 디지털 입력(Digital Input), 디지털 출력(Digital Output), 3개 예비 모터 및 인코더 터미널(3 Reserved Motor/Encoder Terminals)로 구성되어 있다.

(1) 아날로그 입력

외부에서 사용자가 아날로그 신호를 입력하여 로봇을 구동할 수 있으며, Analog 신호의 경우에는 ATmega128의 내부 포트를 이용한다.

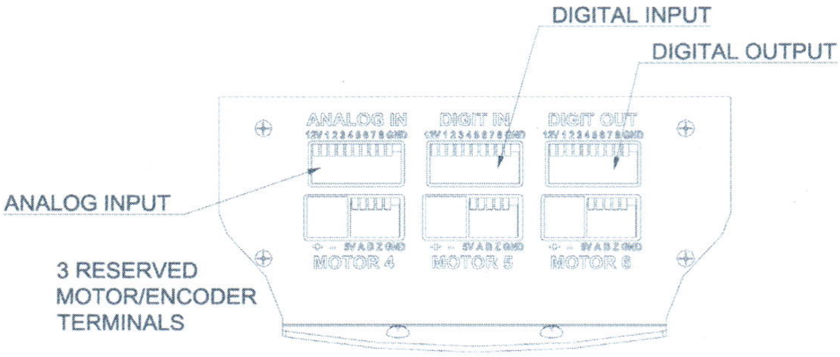

[그림 3-10] 모바일 로보틱스의 상부 후면 패널

(2) 디지털 입력

외부의 디지털 신호를 입력받기 위한 포트로 내부적으로 분리되어 있으므로 입력전압에 영향 없이 디지털 신호를 입력할 수 있다.

(3) 디지털 출력

로봇 내부의 메인 CPU(ATmega128)에서 외부에 디지털 신호를 출력하는 경우에 사용된다.

(4) 3개의 예비 모터 & 인코더

외부에 추가적인 DC 서보 모터를 입력이 가능한 포트로 최대 50W의 DC 모터를 입력을 할 수 있으며, 인코더의 경우에는 오픈 콜렉터(Open Collector) 방식의 인코더(Encoder)를 입력할 수 있다.

3) 배터리 및 충전기

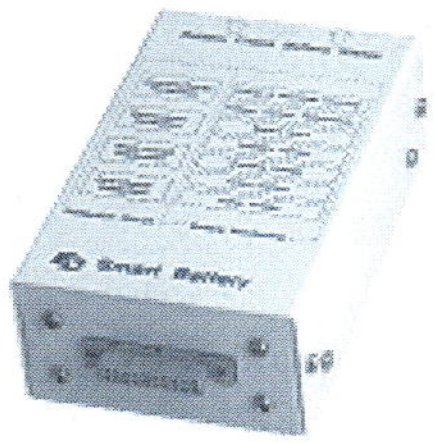

[그림 3-11] 배터리의 외형

(1) 스마트 리듐 폴리머

이 배터리는 스마트 버스를 이용한 스마트 리듐 폴리머 배터리를 적용하여 현재의 배터리 상태 및 충전시에 각 리듐 폴리머 셀에 대하여 충전을 관리를 하며, PCM (Protection Circuit Module) 모듈이 적용되어 과충전 및 과방전을 방지한다.

① 잔량 확인 스위치 : 현재의 배터리 잔량을 확인하는 스위치

② 잔량 표시기 : 현재의 배터리 잔량을 5단계로 나누어 잔량을 표시하여 주며, 잔량이 10% 미만인 경우 하단 아래 부분에 LED가 1초 단위로 점등한다.

[그림 3-12] 배터리 잔량 확인

(2) 충전기

스마트 배터리를 충전하는 충전기로 배터리를 연결하여 충전한다.

① 배터리 연결단자 : 스마트 배터리 충전 모듈과 연결하는 부분

충전 시간(2ah) : 1.5h, 충전 시간(4ah) : 3h

② 충전 확인 표시기 LED : 현재 배터리를 충전중인 경우에는 적색(Red)이 표시되며, 충전이 완료되면 녹색(Green)이 표시된다.

③ 충전 플러그(Charging plug) : 배터리를 충전중인 경우 로봇에 외부 전원을 공급하여 사용하고자 하는 경우 충전 플러그를 이용하여 전원을 공급하여 준다. 전원을 공급하면서 배터리 충전 및 로봇을 구동할 수 있다.

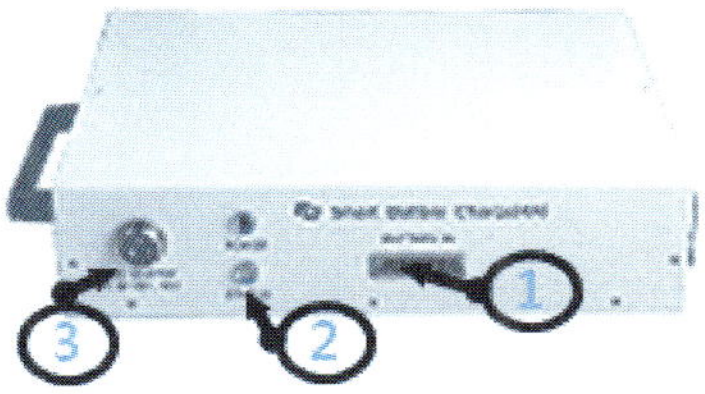

[그림 3-13] 충전기의 외형

05 모바일 로보틱스의 사용 전 주의사항

① 리듐 폴리머 배터리(15V) 전압 전용으로 설계되어 있다.

② 정격출력이상 부하를 가하지 않는다.

③ 로봇 보관시에는 로봇과 배터리를 분리한 후 보관을 한다.

④ 배터리 충전기는 전원 스위치가 OFF 인가를 확인 후 AC220 전원 플러그를 콘센트에 삽입한다.

⑤ 장비의 각 연결단자에 케이블 접속할 때 본사에서 제공한 것을 사용하며 정확한 위치에 연결한다.

⑥ 응용 보드의 연결시에는 장비의 전원을 OFF 상태에 연결 및 분리한다.

⑦ MCU 보드 및 센서 교체시에는 장비의 전원을 OFF 상태에 연결 및 분리한다.

⑧ 실험 종료 후 장비의 전원 OFF시에는 PC에서 다운로드 프로그램 종료 후 메인 전원 스위치를 OFF로 한다. 또한 종료 후에는 배터리를 충전 후 보관을 한다.

CHAPTER 04

모바일 로보틱스의 조립

01 옴니휠 모듈의 조립

1) 사용 부품

번호	부품명	부품번호(구매번호)	수량	재질	비고
1	옴니휠	320-7922-7275	1	플라스틱	
2	샤프트	611-7917-7275	1	황동	

2) 조립 방법

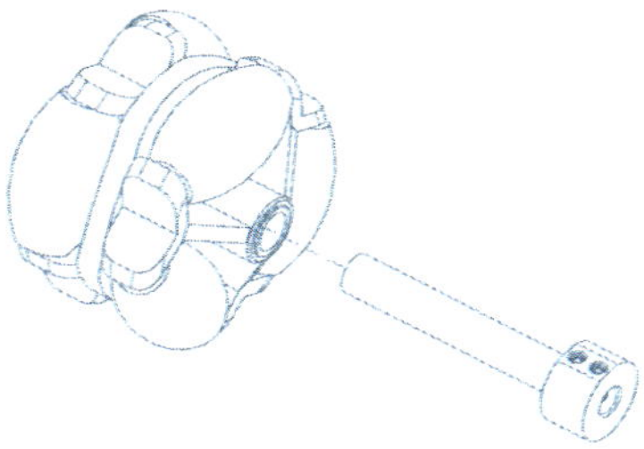

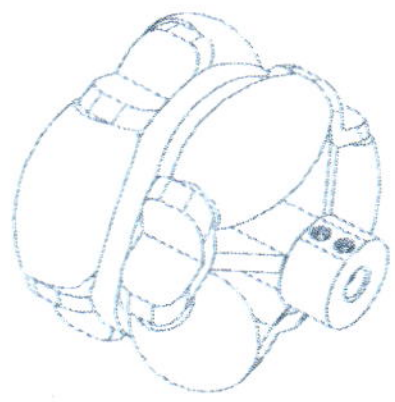

① 샤프트를 고무망치로 강제 끼워 박음한다.

② 샤프트를 끝까지 밀어 넣는다.

③ 필요시 순간접착제로 고정할 수 있다.

④ 옴니휠의 부품이 밀려나오지 않도록 한다.

02 구동 모듈의 조립

1) 사용 부품

번호	부품명	부품번호	수량	재질	비고
1	브라켓	320-7919-7275	1	아세틸수지	
2	모터	161-7923-7275	1	–	
3	옴니휠 모듈	–	1	–	
4	육각 포스트	–	2	–	M3 L30mm
5	M3 스크루	–	4	–	M3 L5mm
6	셋트스크루	–	2	–	M3 L6mm

2) 조립 방법

① 모터의 방향을 그림과 같이 맞추어 브라켓에 삽입 후 스크루 4개로 고정한다.

② 육각 포스트 2개를 브라켓에 조립한다.

③ 옴니휠 샤프트에 셋트스크루 2개를 조립한 후 모터샤프트에 끼워 넣는다.

④ 옴니휠 샤프트가 브라켓과 닿지 않도록 0.5~1.0mm 간격을 두고, 셋트스크루를 완전히 조여 고정한다.

⑤ 구동이 원활한지 확인한다.

03 베이스 모듈의 조립

1) 사용 부품

번호	부품명	부품번호	수량	재질	비고
1	베이스	316-7910-7275	1	ABS 수지	
2	오링	232-7920-7275	2	고무	
3	구동 모듈	–	3	–	
4	육각 포스트	612-7918-7275	6	황동	M4 L112mm
5	M4 스크루	–	6	–	M4 L10mm
6	M3 스크루	–	20	–	M3 L5mm
7	철편	632-7912-7275	9	강판	
8	바닥감지 보드	P20ED-7275-5	1	–	PCB4868

2) 조립 방법

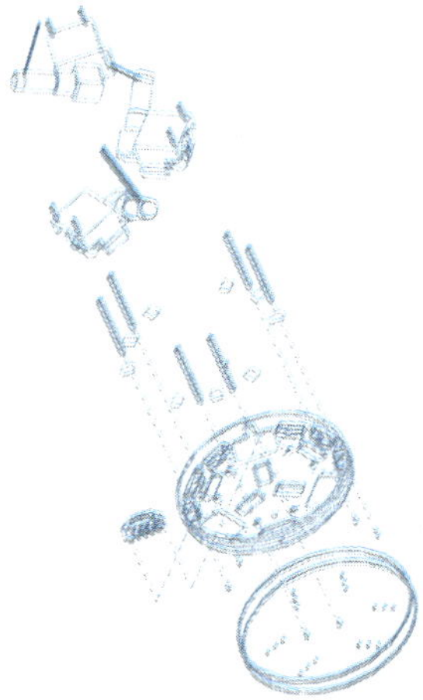

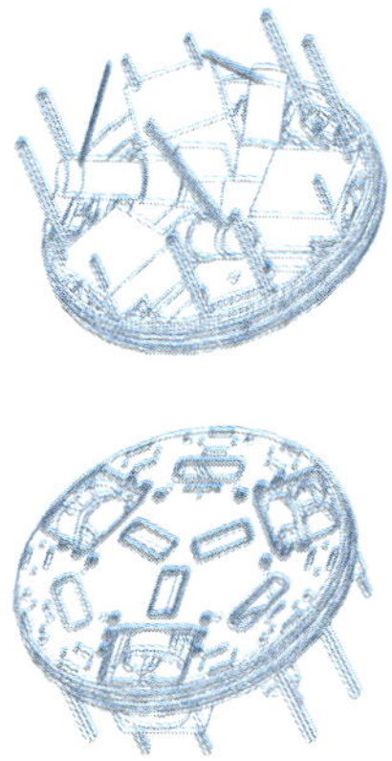

① 오링 2개를 베이스에 끼워 넣어 범퍼 역할을 할 수 있도록 한다.
② 철편 9개를 일자 드라이버 등의 도구를 이용하여 베이스의 센서 모듈 자리 바닥에 끼워 넣는다.
③ 육각 포스트 6개를 스크루를 이용하여 베이스에 고정한다.
④ 바닥감지 보드를 정확한 위치에 안착시키고 스크루로 고정한다.
⑤ 구동 모듈 3조를 스크루를 이용하여 베이스에 고정한다.

⑥ 구동 모듈을 안착시 옴니휠 샤프트가 베이스의 샤프트걸이부위에 잘 안착되도록 확인하면서 끼워 넣으면 된다.

04 메인보드 모듈의 조립

1) 사용 부품

번호	부품명	부품번호	수량	재질	비고
1	브라켓	632-7913-7275	1	알루미늄	
2	메인보드	P20ED-7275-1	1	-	PCB4865
3	육각 포스트	-	7	-	M3 L7mm
4	M3 스크루	-	16	-	M3 L5mm

2) 조립 방법

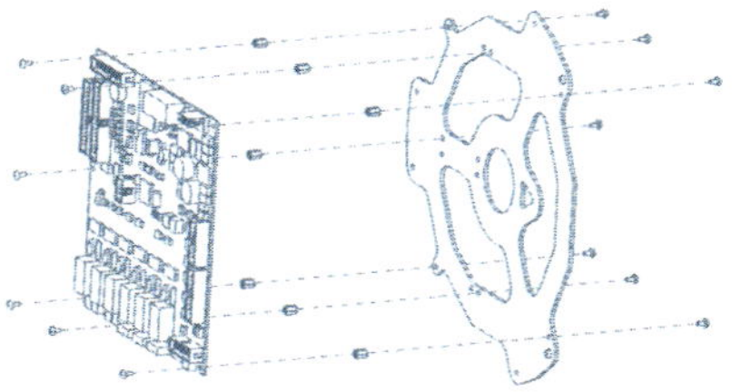

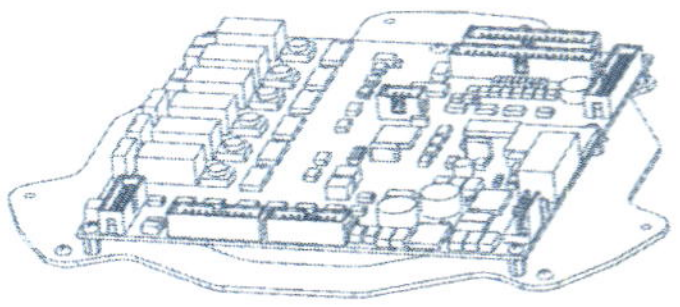

① 무게추를 브라켓 아래쪽에 부착하고, M4 스크루를 이용하여 고정한다.

② 육각 포스트를 스크루를 이용하여 브라켓에 모두 고정한다.

③ 메인보드를 육각 포스트 위치에 맞추어 올린 후 스크루를 이용하여 고정한다.

④ 스크루 고정상태가 확실한지 확인한다.

⑤ 메인보드상의 LM629 모터드라이버 칩의 방열판 높이를 조금 낮추어 주기 위하여 약간 눕혀준다.

05 배터리 모듈의 조립

1) 사용 부품

번호	부품명	부품번호	수량	재질	비고
1	브라켓	632-7914-7275	1	알루미늄	
2	배터리 보드	P20ED-7275-6	1	-	PCB4862
3	배터리 가이드	320-7564-7273	2	아세탈수지	
4	육각 포스트	-	4	-	M3 L19mm
5	M4 스크루	-	4	-	M4 L10mm
6	M3 스크루	-	8	-	M3 L5mm

2) 조립 방법

① 배터리 가이드를 M4 스크루를 이용해 브라켓에 고정한다.

② 육각 포스트를 M3 스크루를 이용해 브라켓에 고정한다.

③ 배터리 보드를 육각 포스트 위에 맞추고 스크루로 고정한다.

④ 배터리 가이드는 배터리팩을 미리 삽입해 보고 폭을 맞추어 주는 것이 좋다.

⑤ 배터리 보드의 삽입 커넥터가 배터리 모듈과 맞추어지는 방향으로 주의하여 고정한다.

06 상부 모듈의 조립

1) 사용 부품

번호	부품명	부품번호	수량	재질	비고
1	브라켓	632-7915-7275	1	알루미늄	
2	LED 홀더	111-3.0S-U***	3	–	
3	시소 스위치	052-SRA1-101D	1	–	
4	푸시 스위치	–	4	–	
5	충전 단자	085-SCN16-R3**	1	–	
6	KR2008배지	632-7916-7275	1	–	
7	LCD 디스플레이	436-HC20-201*	1	–	
8	전면 보드	P20ED-7275-3	1	–	PCB4866
9	후면 보드	P20ED-7275-4	1	–	PCB4867
10	육각 포스트	–	12	–	M3 L7mm
11	M3 스크루	–	26	–	M3 L5mm

2) 조립 방법

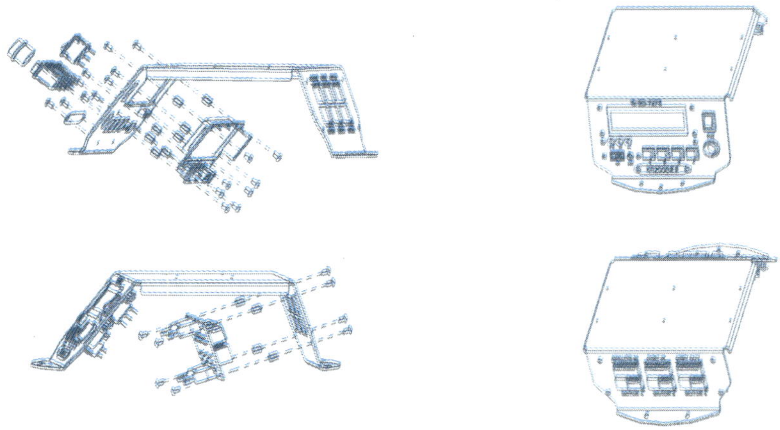

① 브라켓의 전면 패널에 LED 홀더, 시소스위치, 푸시 스위치, 충전단자, ED-7275배지, LCD 디스플레이, 전면 보드를 육각 포스트 및 M3 스크루를 이용하여 고정한다.

② 브라켓의 후면 패널에 후면 보드를 육각 포스트 및 M3 스크루를 이용하여 고정한다.

③ 전면 보드, 후면 보드에 각종 커넥터를 연결해 둔다.

07 센서 모듈의 조립

1) 사용 부품

번호	부품명	부품번호	수량	재질	비고
1	브라켓	316-7911-7275	1	ABS 수지	
2	자석	682-7921-7275	1	네오듐 자석	
3	센서 보드	-	1	-	PCB4514
4	M3 스크루	-	4	-	

2) 조립 방법

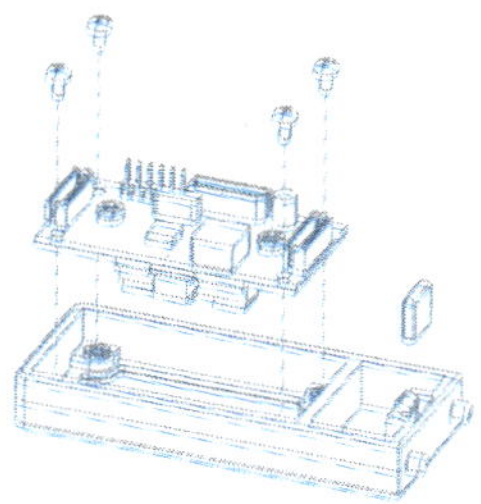

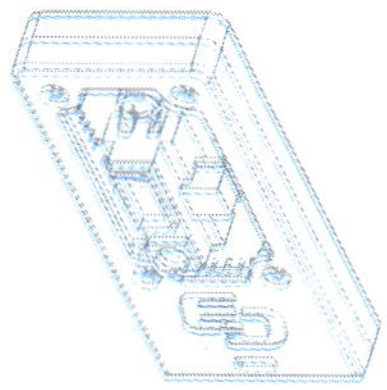

① 자석을 브라켓에 끼워 넣어 부착한다.

② 센서 보드를 안착시키고 스크루로 고정한다.

③ 작동 여부를 확인한다.

08 모바일 로보틱스의 전체 조립

1) 사용 부품

번호	부품명	부품번호	수량	재질	비고
1	베이스 모듈	–	1	–	
2	메인보드 모듈	–	1	–	
3	배터리 모듈	–	1	–	
4	상부 모듈	–	1	–	
5	센서 모듈	–	3	–	
6	M4 스크루	–	9	–	M4 L10mm
7	M3 스크루	–	6	–	M3 L5mm

2) 조립 방법

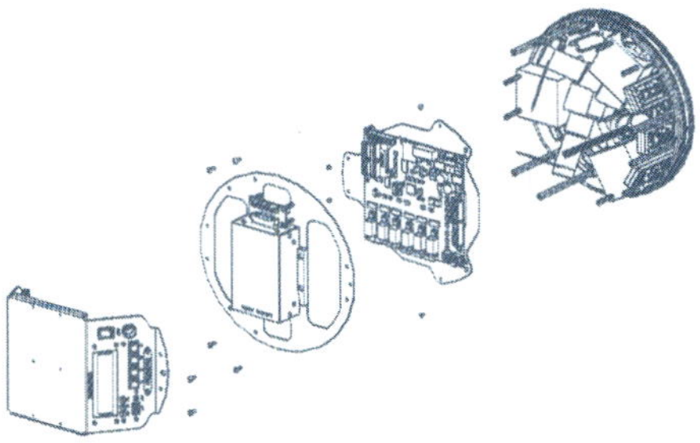

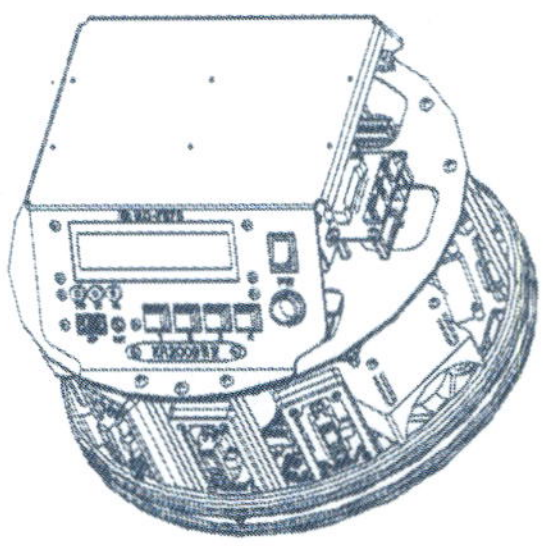

① 베이스 모듈에 센서 모듈을 안착하고, 정확하게 케이블링한다.

② 메인보드 모듈을 베이스 모듈에 안착하고 스크루로 고정한다. 이때 정면 방향에 유의하고, 센서 모듈 및 모터 케이블을 메인보드상에 정확히 결선한다.

③ 상부 모듈과 배터리 모듈을 안착하고 스크루로 고정한다. 이때 정면 방향에 유의하고 케이블은 아래쪽으로 빼내어 둔다.

④ 상부 모듈과 배터리 모듈 조립체를 베이스 모듈상에 안착하고 스크루로 고정한다. 이때 정면 방향에 유의하고, 메인보드에 케이블들을 정확히 결선한다.

⑤ 전체 작동 여부를 검사한다.

PART III

모바일 로보틱스 메인 프로세서

CHAPTER 05

모바일 로보틱스의 마이크로프로세서 구조와 기능

01 AVR의 특징

8bit 마이크로프로세서에는 여러 가지 종류가 있음은 앞 장에서 설명한 바 있다.

모바일 로보틱스(ED-7275)에 사용되는 메인 프로세서(Main Processor)에는 ATmel사에서 만든 AVR 계열의 ATmega128이 적용되어 있다.

ATmega128은 AVR 계열의 RICS 형태의 고속 8bit 마이크로프로세서이다. PIC 프로세서보다 처리속도가 빠르고 8051프로세서보다 기본적으로 갖추고 있는 자원이 풍부하며 사용의 편리성 때문에 다양한 분야(RFID/USN, 통신기기, 로봇, 산업용 제어기 등)에서 많이 활용되고 있다. 이 ATmega128은 디지털 제어기사 실기시험에서 사용되고 있는 마이크로컨트롤러 중 하나이므로 이러한 국가기술 시험을 준비하는 학생들에게는 꼭 알아야 할 프로세서 중의 하나이다.

1) AVR의 특징

(1) ISP(In System Programming)

ISP 기능이 있어 칩을 기판에 장착한 상태에서 칩 내부의 플래시롬과 EEPROM에 여러 번 프로그래밍할 수 있다.

(2) C언어에 적합

CPU 설계단계에서 레지스터/메모리/명령어 등이 C언어에 적합하도록 설계했다. 따라서 어셈블러보다 프로그래밍에 편리한 C언어를 사용하여 개발기간 단축 및 유지보수에 유리하다.

(3) RISC 구조

RISC 구조로서 고속처리가 가능하다. 동일한 클록으로 작동할 경우 PIC보다 4배정도 빠르고 8051보다는 10배 이상 빠르다. 1MHz에 1MIPS의 처리능력이 있어 10MHz로 동작하는 경우 10MIPS의 처리능력을 발휘한다.

(4) 다양한 제품군

다양한 AVR 제품군이 있어 용도에 적합한 CPU를 선정하여 사용할 수 있으므로 양산제품에 적용시 원가절감도 기대할 수 있다.

(5) 편리한 개발환경

개발환경이 편리하고 다양한 응용 자료가 많다. www.ATmel.com에서 다양한 응용자료를 참조할 수 있다.

(6) 막강한 기능

내부자원, 즉 SRAM, 통신 포트, A/D 변환기, 타이머, 워치독, PWM, 디지털 및 아날로그 입출력 장치 등이 풍부하여 별도의 외부장치를 장착하지 않아도 된다. 일반적으로 마이크로프로세서의 구동 프로그램은 C언어보다는 어셈블리어로 작성하는 것이 연산속도면에서 유리하다. 그러나 AVR 계열의 마이크로프로세서는 ATmel사에서 칩 설계 당시부터 C언어를 염두에 두고 내부 메모리 및 명령어 체계를 설계하였다.

따라서 어셈블리어로 프로그램을 작성하는 것보다 C언어로 구동 프로그램을 작성하는 것이 훨씬 효과적이라고 할 수 있다. 이는 C언어자체의 장점인 구조적 기법 등을 활용한 프로그램의 최적화와 자연언어 방식의 프로그래밍 기법을 그대로 살리면서 연산속도면에서도 유리할 수 있다는 의미이다. 또한 프로그램을 수정하거나 마이크로프로세서를 변경하더라도 C언어로 작성되어 있는 소스 프로그램은 어셈블리어에 비해 상대적으로 약간의 수정만 하면 그대로 사용할 수 있는 장점이 있다.

2) ATmega128의 특징

ATmega128의 주요 특징은 다음과 같다.

(1) 고성능 저전력 소모의 RISC 구조

① 138개의 강력한 명령어대 - 대부분 1클록에 실행된다.

② 32×8 범용 레지스터 + 주변장치 제어 레지스터

③ 16MHz에서 16MIPS까지 동작

(2) 비휘발성 데이터 및 프로그램 메모리

① 128KB ISP(In System Programmable) 플래시 ROM

② 4Kbyte 내부 SRAM

③ 4Kbyte ISP 가능한 EEPROM

④ 플래시 ROM 프로그램 잠금 기능과 EEPROM 데이터 보안 기능

⑤ 직렬통신 포트 및 프린터 포트를 이용한 ISP 기능

(3) JTAG(IEEE std. 1149.1 Compliant) 인터페이스

① JTAG 표준을 따르는 바운더리 스캔 방식

② 확장된 원칩 디버깅

③ JTAG 인터페이스를 이용한 플래시, EEPROM, 퓨즈, 락 비트 프로그래밍

(4) 다양한 주변장치

① 8채널 10bit A/D 변환기

② 비동기 직렬통신(UART)

③ 별도의 프리스케일러와 PWM 기능이 있는 2개의 8bit 타이머/카운터

④ 별도의 프리스케일러와 비교, 캡처(Capture), PWM(8, 9, 10bit) 기능이 있는 16bit 타이머/카운터

⑤ 온칩(On-Chip) 아날로그 비교기

⑥ 내부 오실레이터로 작동하는 워치독 타이머(Watch-dog timer)

⑦ 마스터/슬레이브 SPI 직렬통신

⑧ 별도의 오실레이터로 작동이 가능한 실시간 카운터(RTC)

(5) 특수기능 및 특징

① Low-power Idle, Power Save & Power Down 모드

② 외부 및 내부 인터럽트

③ 저소비전력(4MHz, 3V, 섭씨 20도) : • 동작 : 6.4mA

• Idle 모드 : 1.9mA

• Power Down 모드 : 1uA이내

④ 입출력 포트 수 및 패키지 : • 양방향 입출력 : 53개

• 64핀 TQFP 형태

⑤ 동작 전압 : • 2.7V ~ 5.5V(ATmega128L)

• 4.5V ~ 5.5V(ATmega128)

3) ATmega128의 구조

ATmega128의 구조 및 핀 배치는 각각 [그림 5-1], [그림 5-2]와 같다.

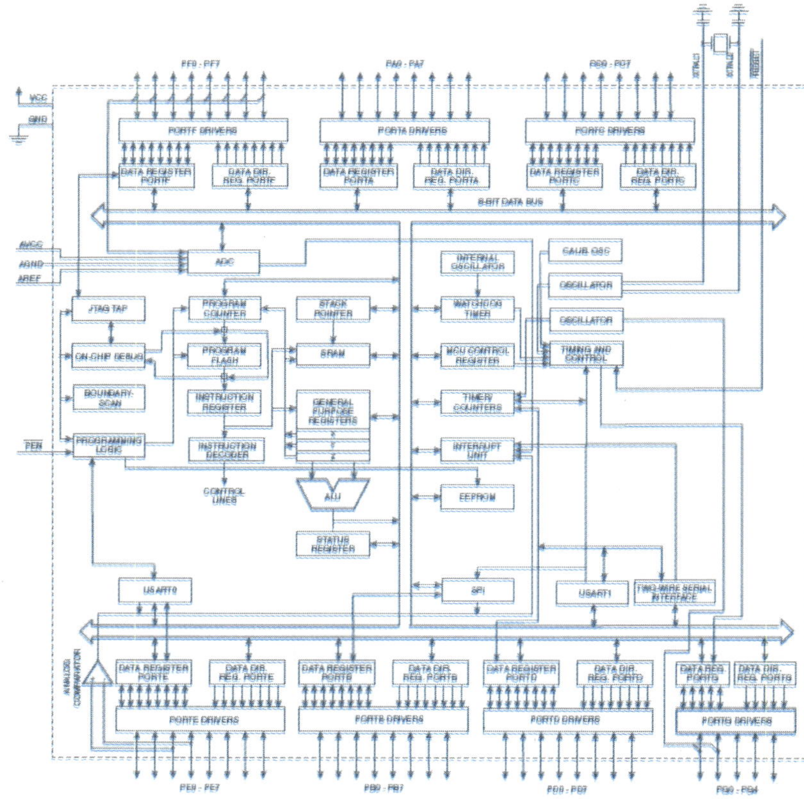

[그림 5-1] ATmega128의 내부구조

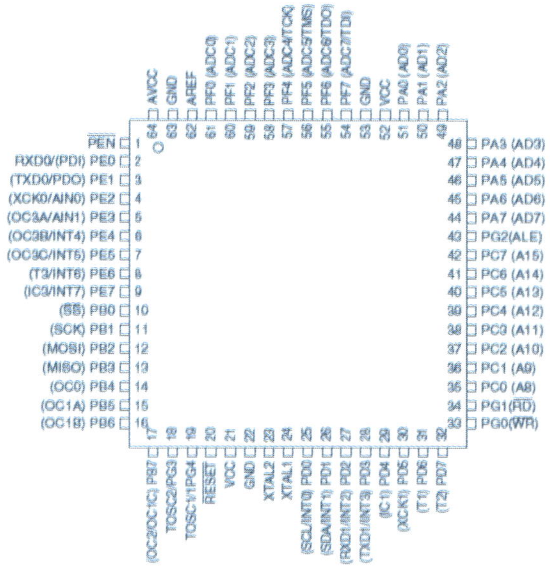

[그림 5-2] ATmega128 핀 배치

02 ATmega128의 핀 기능

마이크로프로세서를 설계할 때 가장 중요한 것이 타이밍과 핀의 기능이다. 타이밍에 대한 부분은 각 마이크로프로세서의 데이터 북에 상세하게 기술되어 있으며 핀의 기능에 대해서는 계열별로 약간의 차이가 있을 뿐 동일한 계열에서는 동일한 기능을 나타낸다.

각 마이크로프로세서 벤더 홈페이지에 접속하면 각 계열의 마이크로프로세서에 대한 요약표를 제공한다. 이를 통해서 각자의 시스템에 맞는 마이크로프로세서를 선택하고 그에 따른 응용 노트(Application note) 등을 이용하여 설계를 한다.

이 교재에서는 8bit 마이크로프로세서에 대한 전반적인 내용을 다루고, 컴퓨터 혹은 마이크로프로세서의 구조를 잘 알지 못하는 사람을 중심으로 설명하므로 이 책에 기술되지 않은 사항에 대해서는 각 마이크로프로세서의 데이터 북을 참조하기 바란다.

현재까지의 거의 모든 마이크로프로세서는 외국에서 개발되어 있으므로 데이터 북은 영문으로 출간된다. 따라서 최신의 마이크로프로세서를 이용하여 실험, 실습 혹은 개발을 하고자 한다면 번역판보다 데이터 북을 보고 설계를 해야 할 것이다.

다음은 ATmega128의 각 핀에 대한 기능들을 나타낸다.

(1) VCC(5V)

디지털 전원 단자. 5V 전원에 연결한다.

(2) GND

디지털 접지 단자. GND에 연결한다.

(3) 포트 A(PA0~PA7)

① 내부 풀업되어 있는 8비트 양방향 디지털 신호 입출력 단자이다.

② 출력 포트로 사용할 때 각 핀은 8 개의 LED를 직접 구동할 수 있을 정도의 20mA 전류를 공급한다.

③ 각각의 핀을 프로그램에서 입력이나 출력으로 설정해 사용할 수 있다.

④ ED-7275로봇에서는 외부 메모리를 접근하는 용도로 사용하고 있다.

[표 5-1] 포트 A의 기능

포트 핀	Alternate 기능
PA0	AD0(외부 메모리 인터페이스와 데이터 비트 0)
PA1	AD1(외부 메모리 인터페이스와 데이터 비트 1)
PA2	AD2(외부 메모리 인터페이스와 데이터 비트 2)
PA3	AD3(외부 메모리 인터페이스와 데이터 비트 3)
PA4	AD4(외부 메모리 인터페이스와 데이터 비트 4)
PA5	AD5(외부 메모리 인터페이스와 데이터 비트 5)
PA6	AD6(외부 메모리 인터페이스와 데이터 비트 6)
PA7	AD7(외부 메모리 인터페이스와 데이터 비트 7)

(4) 포트 B(PB0~PB7)

① 내부 풀업되어 있는 8비트의 양방향 디지털 신호 입출력 단자이다.

② 출력 포트로 사용할 때 각각 핀은 8개의 LED를 직접 구동할 수 있을 정도의 20mA 전류를 공급한다.

③ 각각의 핀을 프로그램에서 입력이나 출력으로 설정해 사용할 수 있다.

④ 포트 B는 [표 5-2]와 같은 용도로 사용할 수도 있다.

⑤ ED-7275로봇에서는 외부 통신 모듈 제어용으로 사용하고 있다(옵션).

[표 5-2] 포트 B의 기능

포트 핀	Alternate 기능
PB0	/SS(SPI 슬레이브 선택 입력)
PB1	SCK(SPI 버스 직렬 클록)
PB2	MISO(SPI Bus Master Input/Slave Output)
PB3	MOSI(SPI Bus Master Output/Slave Input)
PB4	OC0(Output Compare and PWM Output for Timer/Counter0)
PB5	OC1A(Output Compare and PWM Output A for Timer/Counter1)
PB6	OC1B(Output Compare and PWM Output B for Timer/Counter1)
PB7	OC2/OC1C(Output Compare and PWM Output for Timer/Counter2 or Output Compare and PWM Output C for Timer/Counter1)

포트 B를 [표 5-2]의 용도로 사용하고자 할 때는 DDRB 및 PORTB 레지스터의 설정을 바꿔주면 된다.

(5) 포트 C(PC0~PC7)

① 내부 풀업되어 있는 8비트 양방향 디지털 신호 입출력 단자이다.

② 출력 포트로 사용할 때 각 핀은 8개의 LED를 직접 구동할 수 있을 정도의 20mA 전류를 공급한다.

③ 각각의 핀을 프로그램에서 입력이나 출력으로 설정해 사용할 수 있다.

④ ED-7275로봇에서는 외부 메모리를 접근하는 용도로 사용하고 있다.

[표 5-3] 포트 C의 기능

포트 핀	Alternate 기능
PC0	A8
PC1	A9
PC2	A10
PC3	A11
PC4	A12
PC5	A13
PC6	A14
PC7	A15

(6) 포트 D(PD0~PD7)

① 내부 풀업되어 있는 8비트 양방향 디지털 신호 입출력 단자이다.

② 출력 포트로 사용할 때 각 핀은 8개의 LED를 직접 구동할 수 있을 정도의 20mA 전류를 공급한다.

③ 각각의 핀을 프로그램에서 입력이나 출력으로 설정해 사용할 수 있다. 이 포트는 입출력 단자 외에 [표 5-4]와 같은 매우 중요한 또 다른 기능을 가지고 있다.

- Port PD0, 1에는 온도 센서(Temperature sensor), RTC(Real-Time Clock)을 제어하기 위하여 사용되고 있다.
- Port PD2, 3에는 PSD, 초음파 센서, 인체감지 센서의 데이터 획득을 하기 위해 사용하고 있다.
- Port PD6에는 부저를 제어하기 위해 사용되고 있다.

[표 5-4] 포트 D의 기능

포트 핀	Alternate 기능
PD0	INT0/SCL(External Interrupt0 Input or TWI Serial CLock)
PD1	INT1/SDA(External Interrupt1 Input or TWI Serial Data)
PD2	INT2/RXD1(External Interrupt2 Input or UART1 Receive Pin)
PD3	INT3/TXD1(External Interrupt3 Input or UART1 Transmit Pin)
PD4	IC1(Timer/Counter1 Input Capture Trigger)
PD5	XCK1(USART1 External Clock Input/Output)
PD6	T1(Timer/Counter1 Clock Input)
PD7	T2(Timer/Counter2 Clock Input)

(7) 포트 E(PE0~PE7)

① 내부 풀업되어 있는 8비트 양방향 디지털 신호 입출력 단자이다.

② 출력 포트로 사용할 때 각 핀은 8개의 LED를 직접 구동할 수 있을 정도의 20mA 전류를 공급한다.

③ 각각의 핀을 프로그램에서 입력이나 출력으로 설정해 사용할 수 있다. 이 포트는 입출력 단자 외에 [표 5-5]와 같은 매우 중요한 또 다른 기능을 가지고 있다.

- 포트 PE0, 1에는 외부 디버그 직렬 포트로 사용되고 있다.
- 포트 PE2, 3에는 UDN2987LW을 제어하기 위하여 제어 포트로 사용되고 있다.
- 포트 PE4에는 IR 센서의 신호를 받아 오기 위한 포트로 사용되고 있다.

[표 5-5] 포트 E의 기능

포트 핀	Alternate 기능
PE0	PDI/RXD0(Programming Data Input or UART0 Receive Pin)
PE1	PD0/TXD0(Programming Data Output or UART0 Transmit Pin)
PE2	AIN0/XCK0(Analog Comparator Positive Input or USART9 external clock input/output)
PE3	AIN1/OC3A(Analog Comparator Negative Input or Output Compare and PWM Output A for Timer/Counter3)
PE4	INT4/OC3B(External Interrupt4 Input or Output Compare and PWM Output B for Timer/Counter3)
PE5	INT5/OC3C(External Interrupt 5 Input or Output Compare and PWM Output C for Timer/Counter3)
PE6	INT6/T3(External Interrupt 6 Input or Timer/Counter3 Clock Input)
PE7	INT7/IC3(External Interrupt 7 Input or Timer/Counter3 Input Capture Trigger)

(8) 포트 F(PF0~PF7)

① 내부 풀업되어 있는 8비트 양방향 디지털 신호 입출력 단자이다.

② 출력 포트로 사용할 때 각 핀은 8개의 LED를 직접 구동할 수 있을 정도의 20mA 전류를 공급한다.

③ 각각의 핀을 프로그램에서 입력이나 출력으로 설정해 사용할 수 있다.

④ 이 포트는 입출력 단자 외에 [표 5-6]과 같은 ADC 기능을 가지고 있다.

⑤ ED-7275로봇에서는 외부 아날로그 데이터를 획득하기 위하여 사용하고 있다.

[표 5-6] 포트 F의 기능

포트 핀	Alternate 기능
PF0	ADC0(ADC input channel 0)
PF1	ADC1(ADC input channel 1)
PF2	ADC2(ADC input channel 2)
PF3	ADC3(ADC input channel 3)
PF4	ADC4/TCK(ADC input channel 4 or JTAG Test Clock)
PF5	ADC5/TMS(ADC input channel 5 or JTAG Test Mode Select)
PF6	ADC6/TD0(ADC input channel 6 or JTAG Test Data Output)
PF7	ADC7/TDI(ADC input channel 7 or JTAG Test Data Input)

(9) 포트 G(PG0~PG4)

① 내부 풀업되어 있는 8비트 양방향 디지털 신호 입출력 단자이다.

② 출력 포트로 사용할 때 각 핀은 8개의 LED를 직접 구동할 수 있을 정도의 20mA 전류를 공급한다.

③ 각각의 핀을 프로그램에서 입력이나 출력으로 설정해 사용할 수 있다. 이 포트는 입출력 단자 외에 [표 5-7]과 같은 매우 중요한 기능을 가지고 있다.

[표 5-7] 포트 G의 기능

포트 핀	Alternate 기능
PG0	/WR(Write strobe to external memory)
PG1	/RD(Read strobe to external memory)
PG2	ALE(Address Latch Enable to external memory)
PG3	TOSC2(RTC Oscillator Timer/Counter0)
PG4	TOSC1(RTC Oscillator Timer/Counter0)

(10) 리 셋

① 외부에서 리셋 단자에 신호를 인가하는 방법과 내부 워치독 타이머에서 리셋하는 방법이 있다.

② 외부에서 신호를 인가하는 경우 입력으로 액티브 LOW 즉, 리셋 입력단자에 LOW가 입력되면 마이크로프로세서는 리셋된다. ATmega128에서 리셋이 되기 위해서는 보통 50ns 이상 LOW를 유지해 주어야 한다.

③ 전원 스위치를 ON하는 순간 리셋된다.

(11) AVCC

포트 F를 A/D 변환기로 사용할 때 A/D 변환기의 전원공급 단자이다. A/D 변환기의 전원으로 사용할 경우 반드시 VCC 전원을 저역 필터를 거쳐 AVCC로 연결 사용해야 한다.

(12) AGND

CPU 보드에 아날로그 접지가 있으면 아날로그 접지에 연결하고 그렇지 않으면 GND에 연결한다.

(13) AREF

A/D 변환기의 기준 전압 입력 핀으로 AVCC와 AGND 사이의 전압을 인가한다.

(14) XTAL1

입력 단자이며 발진기 증폭기가 인버팅되어서 입력된다.

(15) XTAL2

출력 단자이며 발진기 증폭기가 인버팅되어서 출력된다.

03 ATmega128의 주요 레지스터 및 인터럽트 처리

어느 마이크로프로세서에서나 마찬가지로 그 마이크로프로세서를 잘 활용하기 위해서는 제공하는 레지스터를 잘 조절할 수 있어야 한다.

어떠한 기능을 하기 위해서 어떠한 레지스터의 값을 설정(Set)하느냐 삭제(Clear)하느냐에 따라서 마이크로프로세서의 기능이 달라지기 때문이다. 마이크로프로세서를 프로그램하기 위해서는 반드시 알고 있어야 하는 것이 레지스터이기 때문이다.

ATmega128에는 총 32×8의 범용 레지스터와 주변장치 레지스터들이 있다. 이렇게 많은 레지스터를 모두 외운다는 것은 그리 쉽지 않을 것이다. 이러한 레지스터들은 오랜 기간 프로그래밍을 하다보면 자연적으로 외워지게 될 것이다. 따라서 여기서 기술된 레지스터들을 모두 외우려고 노력하지 말고 ATmega128에는 어떠한 레지스터들이 있으며, 어떠한 기능들을 하는지만 알고 있다면 뒤에서 프로그램할 때 쉽게 찾아 볼 수 있을 것이다.

1) 상태 레지스터(Status Register) – SREG

Bit	7	6	5	4	3	2	1	0	
	I	T	H	S	V	N	Z	C	SREG
Read/Write	R/W	R/W	R/W	R/W	R/W	R/W	R/W	R/W	
Initial Value	0	0	0	0	0	0	0	0	

- 비트7 – I : Global Interrupt Enable

전체 인터럽트 Enable/Disable 제어 비트이다.

1 = Enable, 0 = Disable

- 비트6 – T : bit Copy Storage
- 비트5 – H : Half Carry Flag
- 비트4 – S : Sign Bit
- 비트3 – V : Two's Complement Overflow Flag
- 비트2 – N : Negative Flag
- 비트1 – Z : Zero Flag
- 비트0 – C : Carry Flag

2) MCU 제어 레지스터 – MCUCR

Bit	7	6	5	4	3	2	1	0	
	SRE	SRW10	SE	SM1	SM0	SM2	IVSEL	IVCE	MCUCR
Read/Write	R	R/W	R/W	R/W	R/W	R/W	R/W	R/W	
Initial Value	0	0	0	0	0	0	0	0	

- 비트7 – SRE

  External SRAM/XMEM Enable

  외부 메모리를 사용하기 위해서는 1로 설정되어 있어야 한다. SRE의 값이 1일 경우에 AD7:0, AD15:8, ALE, /WR, /RD의 기능을 사용할 수 있다(1 = Enable, 0 = Disable).
- 비트6 – SRW10

  Wait-state Select Bit

  ATmega 103과의 호환을 위한 Wait state 설정을 하는 비트이다(1 = Enable, 0 = Disable).
- 비트5 – SE

  Slep Enable

  슬립 명령으로 슬립 모드로 들어가기 전에 SE가 1 상태가 되어 있어야 한다(1 = Enable, 0 = Disable).

  슬립 명령 실행 직전에 SE = 1로 하는 것이 좋다.
- 비트4~2 – SM2~0

Sleep Mode Select bits 2, 1, and 0

[표 5-8] 슬립모드의 선택기능

SM2	SM1	SM0	슬립모드
0	0	0	Idle
0	0	1	ADC Noise Reduction
0	1	0	Power – Down
0	1	1	Power – save
1	0	0	Reserved
1	0	1	Reserved
1	1	0	Standby
1	1	1	Extended Standby

- 비트1 – IVSEL

  Interrupt Vector Select

  IVSEL = 0이면 인터럽트 벡터의 위치는 플래시 메모리이다.

  IVSEL = 1이면 인터럽트 벡터의 위치는 부트로더 플래시 메모리이다.

  부트로더 메모리에서의 실제 시작 주소는 BOOTSZ 퓨즈비트로 결정한다.

- 비트0 – IVCE

  Interrupt Vector Change Enable

  IVSEL 비트를 변경하기 위해서는 반드시 IVCE의 값이 1로 설정되어 있어야 한다.

➡ 슬립모드로 들어가는 방법

MCUCR 레지스터의 SE 비트를 1로 설정한 직후 SLEEP 명령을 실행한다.

➡ 슬립모드에서 깨어나는 방법

리셋이 발생하였거나, 인터럽트 발생(슬립모드에서 깨어나면 슬립 다운 명령부터 계속 실행한다.)

➡ 슬립모드의 종류

– Idle mode : CPU만 동작 정지, SPI, UART, 아날로그 비교기, A/D 변환기, 타이머/카운터, Watchdog, 인터럽트는 동작을 계속한다. 인터럽트로 CPU를 깨워 아이들

모드에서 빠져나온다.

- Power Down 모드 : CPU 및 외부 발진기 정지
  외부 인터럽트와 Watchdog(enable시켜놓은 경우)은 동작을 계속한다.
  외부 리셋, 워치독 리셋, 외부 레벨 인터럽트만이 CPU를 깨울 수 있다.
  외부 레벨 인터럽트로 CPU를 깨울 때부터 CPU가 깨어날 때까지 Low 레벨을 유지해야 한다.
- Power Save 모드 : Power Down 모드와 유사하나 타이머/카운터 0이 비동기 클록으로 동작하다가 Overflow 혹은 Output Compare 발생시 CPU를 깨울 수 있는 점이 다르다.

3) 외부 인터럽트 마스크 레지스터 – EIMSK

Bit	7	6	5	4	3	2	1	0	
	INT7	INT6	INT5	INT4	INT3	INT2	INT1	INT0	EIMSK
Read/Write	R/W	R/W	R	R	R	R	R	R	
Initial Value	0	0	0	0	0	0	0	0	

- 비트7～0 – INT7～0
  외부 인터럽트 요구 7~0 Enable(1 = Enable, 0 = Disable)
  상승/ 하강 에지 혹은 레벨 인터럽트는 EICRA와 EICRB의 ISC 비트로 설정

4) 외부 인터럽트 플래그 레지스터 – EIFR

Bit	7	6	5	4	3	2	1	0	
	INTF7	INTF6	INTF5	INTF4	INTF3	INTF2	INTF1	INTF0	EIFR
Read/Write	R/W	R/W	R	R	R	R	R	R	
Initial Value	0	0	0	0	0	0	0	0	

외부 인터럽트 핀에 인터럽트 요구가 있으면 해당 인터럽트 플래그가 1로 Set되고 SREG의 I 비트와 EIMSK의 INT 0~7이 Enable되어 있으면 해당 인터럽트가 발생한다. 인터럽트 루틴이 실행되면 자동으로 플래그가 클리어되는데, 또 다른 클리어 방법은 해당 비트에 '1'을 쓰면 된다.

- 비트7～0 – INTF7～0

외부 인터럽트 7~0 요청 플래그, 1 = 인터럽트 요청 발생

0 = 인터럽트 루틴이 실행되거나 이 비트에 1을 쓰면 '0'으로 클리어된다.

5) 타이머/카운터 인터럽트 마스크 레지스터 – TIMSK

Bit	7	6	5	4	3	2	1	0	
	OCIE2	TOIE2	TICIE1	OCIE1A	OCIE1B	TOIE1	OCIE0	TOIE0	TIMSK
Read/Write	R/W	R/W	R/W	R/W	R/W	R/W	R	R/W	
Initial Value	0	0	0	0	0	0	0	0	

- 비트7 – OCIE2

  타이머/카운터 2 Output Compare Match 인터럽트 Enable(1 = Enable, 0 = Disable)
- 비트6 – TOIE2

  타이머/카운터 2 오버플로 인터럽트 Enable(1 = Enable, 0 = Disable)
- 비트5 – TICIE1

  타이머/카운터 1 Input Capture 인터럽트 Enable(1 = Enable, 0 = Disable)
- 비트4 – OCIE1A

  타이머/카운터 1 Output Compare A 인터럽트 Enable(1 = Enable, 0 = Disable)
- 비트3 – OCIE1B

  타이머/카운터 1 Output Compare B 인터럽트 Enable(1 = Enable, 0 = Disable)
- 비트2 – TOIE1

  타이머/카운터 1 오버플로 인터럽트 Enable(1 = Enable, 0 = Disable)
- 비트1 – OCIE0

  타이머/카운트 0 Output Compare 인터럽트 Enable(1 = Enable, 0 = Disable)
- 비트0 – TOIE0

  타이머/카운터 0 오버플로 인터럽트 Enable(1 = Enable, 0 = Disable)

6) 타이머/카운터 인터럽트 플래그 레지스터 – TIFR

Bit	7	6	5	4	3	2	1	0	
	OCIF2	TOV2	ICF1	OCF1A	OCF1B	TOV1	OCF0	TOV0	TIFR
Read/Write	R/W	R/W	R/W	R/W	R/W	R/W	R	R/W	
Initial Value	0	0	0	0	0	0	0	0	

CHAPTER 05

- 비트7 – OCIF2

  타이머/카운터 2 Output Compare 플래그, 1 = 매치 발생

  0 = 인터럽트 루틴이 처리되면 회로적으로 플래그가 클리어된다. 혹은 이 비트를 프로그램에서 강제로 1로 써넣으면 플래그가 클리어된다.

- 비트6 – TOV2

  타이머/카운터 2 오버플로 플래그, 1 = 오버플로 발생

  0 = 인터럽트 루틴이 처리되면 회로적으로 플래그가 클리어된다. 혹은 이 비트를 프로그램에서 강제로 1로 써넣으면 플래그가 클리어된다.

- 비트5 – ICF1

  타이머/카운터 1 Input Capture 플래그, 1 = 입력 캡처 발생

  0 = 인터럽트 루틴이 처리되면 회로적으로 플래그가 클리어된다. 혹은 이 비트를 프로그램에서 강제로 1로 써넣으면 플래그가 클리어된다.

- 비트4 – OCF1A

  타이머/카운터 1A Output Compare Match 플래그, 1 = 출력 비교 매치 발생

  0 = 인터럽트 루틴이 처리되면 회로적으로 플래그가 클리어된다. 혹은 이 비트를 프로그램에서 강제로 1로 써넣으면 플래그가 클리어된다.

- 비트3 – OCF1B

  타이머/카운터 1B Output Compare Match 플래그, 1 = 출력 비교 매치 발생

  0 = 인터럽트 루틴이 처리되면 회로적으로 플래그가 클리어된다. 혹은 이 비트를 프로그램에서 강제로 1로 써넣으면 플래그가 클리어된다.

- 비트2 – TOV1

  타이머/카운터 1 오버플로 플래그, 1 = 오버플로 발생

  0 = 인터럽트 루틴이 처리되면 회로적으로 플래그가 클리어된다. 혹은 이 비트를 프로그램에서 강제로 1로 써넣으면 플래그가 클리어된다.

- 비트1 – OCF0

  타이머/카운터 0 Output Compare Match 플래그, 1 = 출력 비교 매치 발생

  0 = 인터럽트 루틴이 처리되면 회로적으로 플래그가 클리어된다.

- 비트0 – TOV0

  타이머/카운터 0 오버플로 플래그, 1 = 오버플로 발생

  0 = 인터럽트 루틴이 처리되면 회로적으로 플래그가 클리어된다.

혹은 이 비트를 프로그램에서 강제로 1로 써넣으면 플래그가 클리어된다.

7) 리셋과 인터럽트 처리

ATmega128은 35개의 인터럽트 소스 및 별개의 리셋 벡터를 갖추고 있다. 이들 인터럽트들과 리셋 벡터는 프로그램 메모리 내에 각각의 영역을 차지하고 있다. 대개의 마이크로프로세서에서와 마찬가지로 AVR 계열도 프로그램 메모리 영역의 가장 낮은 메모리 번지부터 리셋과 인터럽트가 발생했을 때 먼저 실행할 순서를 정해놓은 우선순위(Priority)가 높은 인터럽트 벡터 순서로 메모리의 낮은 번지부터 차례로 배치되어 있다.

다음은 ATmega128에 갖춰져 있는 리셋 벡터 및 인터럽트 벡터 테이블이다. 번호가 낮은 것이 우선순위가 높으며 번지 또한 낮은 순서로 배치되어 있음을 알 수 있다.

[표 5-9] 리셋 및 인터럽트의 처리

벡터 번호	메모리 번지	인터럽트 소스	인터럽트 정의
1	$0000	RESET	External Pin, Power-on Reset, Brown-out Reset, Watchdog Reset, JTAG AVR Reset
2	$0002	INT0	External Interrupt Request 0
3	$0004	INT1	External Interrupt Request 1
4	$0006	INT2	External Interrupt Request 2
5	$0008	INT3	External Interrupt Request 3
6	$000A	INT4	External Interrupt Request 4
7	$000C	INT5	External Interrupt Request 5
8	$000E	INT6	External Interrupt Request 6
9	$0010	INT7	External Interrupt Request 7
10	$0012	TIMER2 COMP	Timer/Counter2 Compare Match
11	$0014	TIMER2 OVF	Timer/Counter2 Overflow
12	$0016	TIMER1 CAPT	Timer/Counter1 Capture Event
13	$0018	TIMER1 COMPA	Timer/Counter1 Compare Match A
14	$001A	TIMER1 COMPB	Timer/Counter1 Compare Match B
15	$001C	TIMER1 OVF	Timer/Counter1 Overflow
16	$001E	TIMER0 COMP	Timer/Counter0 Compare Match
17	$0020	TIMER0 OVF	Timer/Counter0 Overflow

벡터 번호	메모리 번지	인터럽트 소스	인터럽트 정의
18	$0022	SPI, STC	SPI Serial Transfer Complete
19	$0024	USART0, RX	USART0, Rx Complete
20	$0026	USART0, UDRE	USART0 Data Register Empty
21	$0028	USART0, TX	USART0, Tx Complete
22	$002A	ADC	ADC Conversion Complete
23	$002C	EE READY	EEPROM Ready
24	$002E	ANALOG COMP	Analog Comparator
25	$0030	TIMER1 COMPC	Timer/Counter1 Compare Match C
26	$0032	TIMER3 CAPT	Timer/Counter3 Captuer Event
27	$0034	TIMER3 COMPA	Timer/Counter3 Compare Match A
28	$0036	TIMER3 COMPB	Timer/Counter3 Compare Match B
29	$0038	TIMER3 COMPC	Timer/Counter3 Compare Match C
30	$003A	TIMER3 OVF	Timer/Counter3 Overflow
31	$003C	USART1, RX	USART1, Rx Complete
32	$003E	USART1, UDRE	USART1 Data Register Empty
33	$0040	USART1, TX	USART1, Tx Complete
34	$0042	TWI	Two-wire Serial Interface
35	$0044	SPM READY	Store Program Memory Ready

8) 리셋 소스 및 종류

ATmega128에는 2개의 리셋 소스가 있다.

(1) 파워 온 리셋 : VCC에 전원이 공급되는 순간 리셋이 걸린다.

(2) 외부 리셋 : /RESET 핀에 Low 상태가 50ns이상 걸릴 때 리셋된다.

(3) 워치독 리셋 : 워치독 타이머에 의한 리셋

리셋이 걸리면 CPU는 0번지부터 프로그램을 실행하고, CPU의 상태 레지스터를 제외한 모든 입출력 레지스터를 초기값으로 설정한다.

04 ATmega128 입출력 포트

ATmega128은 32개의 입출력 포트(Port A, Port B, Port C, Port D)를 가지고 있는데 이에 대해 서술하겠다. AVR 계열의 마이크로프로세서들은 입출력 포트를 프로그램에서 각 핀마다 입출력 방향을 지정할 수 있다.

1) 포트 A(Port A)

내부에 풀업 기능이 있는 양방향성 8비트 포트로 2개의 레지스터(PORTA, DDRA)와 1개의 입력 핀 상태 번지(PINA)로 구성되어 입출력 방향 및 데이터값을 제어한다.

포트 A의 출력은 20mA까지 싱크(Sink)할 수 있어 직접 LED를 구동할 수 있다.

(1) PORT A 데이터 방향 레지스터 – DDRA

Bit	7	6	5	4	3	2	1	0	
	DDA7	DDA6	DDA5	DDA4	DDA3	DDA2	DDA1	DDA0	DDRA
Read/Write	R/W	R/W	R/W	R/W	R/W	R/W	R/W	R/W	
Initial Value	0	0	0	0	0	0	0	0	

각각의 비트들에 대해 입출력 방향을 독립적으로 지정할 수 있다.

DDAn = 0이면 입력 방향, DDAn = 1이면 출력 방향(여기서 n = 0~7)이다.

예를 들어 DDRA = 0xfe로 값을 지정했다면 PORT A의 비트 0에 해당하는 핀은 입력으로 지정하고 나머지 핀들은 모두 출력으로 지정한 것이다.

(2) PORT A 데이터 레지스터 – PORTA

Bit	7	6	5	4	3	2	1	0	
	PORTA7	PORTA6	PORTA5	PORTA4	PORTA3	PORTA2	PORTA1	PORTA0	PORTA
Read/Write	R/W	R/W	R/W	R/W	R/W	R/W	R/W	R/W	
Initial Value	0	0	0	0	0	0	0	0	

데이터 방향 레지스터 DDRA에서 각 핀들의 방향을 설정했다면 데이터 레지스터 PORTA는 각 핀별로 지정된 입출력 방향에 따라 핀별 입출력 데이터가 저장되는 레지스

터이다.

① 출력 모드일 때 즉, 해당 핀의 데이터 방향(DDRA 레지스터의 각 비트값 DDAn이 1)이 '1'로 지정되었을 때 포트 A의 해당 핀에서 출력되는 값을 제어한다. PORTAn = 0이면 LOW 출력, PORTAn = 1이면 High 출력이다.

② 입력 모드일 때 즉, 해당 핀의 데이터 방향(DDRA 레지스터의 각 비트값 DDAn이 0)이 '0'으로 지정되었을 때 포트 A의 해당 핀으로 데이터값을 입력한다. 값이 '0'이면 Low 입력, 값이 '1'이면 High 입력이다.

(3) PORT A 입력 핀 어드레스 – PINA

Bit	7	6	5	4	3	2	1	0	
	PINA7	PINA6	PINA5	PINA4	PINA3	PINA2	PINA1	PINA0	PINA
Read/Write	R	R	R	R	R	R	R	R	
Initial Value	N/A	N/A	N/A	N/A	N/A	N/A	N/A	N/A	

PINA는 입력으로 설정된 포트의 레지스터값이 아닌 입력 핀의 상태를 직접 읽는데 사용한다. PINA를 읽으면 핀의 실제 상태값을 읽어오고, PORTA를 읽으면 포트 A의 데이터 임시저장소인 데이터 레지스터에 래치되어 있는 값을 읽어온다.

[표 5-10] 포트 A의 입력 어드레스와 데이터 레지스터

DDAn	PORTAn	I/O	Pull-Up	비고
0	0	입력	No	3-state(Hi-Z)
0	1	입력	Yes	외부 핀 상태가 Low이면 전류가 공급됨
1	0	출력	No	0 출력
1	1	출력	No	1 출력

예를 들어, 프로그램의 포트 초기화 루틴에서 DDRA = 0xfe로 설정하고, PORTA = 0xff로 설정했다면 포트 A의 0번 핀(PA0)은 입력 방향이면서 풀업 상태가 된다. 나머지 핀들(PA1~ PA7)은 모두 출력 방향이면서 풀업되지 않은 상태가 된다.

2) 포트 B(Port B)

내부에 풀업 기능이 있는 양방향성 8비트 포트로 2개의 레지스터(PORTB, DDRB)와

1개의 입력 핀 상태 번지(PINB)로 구성되어 입출력 방향 및 데이터값을 제어한다.

포트 B의 출력도 20mA까지 싱크(Sink)할 수 있어 직접 LED를 구동할 수 있다.

(1) PORT B 데이터 방향 레지스터 – DDRB

Bit	7	6	5	4	3	2	1	0	
	DDB7	DDB6	DDB5	DDB4	DDB3	DDB2	DDB1	DDB0	DDRB
Read/Write	R/W	R/W	R/W	R/W	R/W	R/W	R/W	R/W	
Initial Value	0	0	0	0	0	0	0	0	

각각의 비트들에 대해 입출력 방향을 독립적으로 지정할 수 있다.

DDBn = 0이면 입력 방향

DDBn = 1이면 출력 방향(여기서 n = 0~7)

(2) PORT B 데이터 레지스터 – PORTB

Bit	7	6	5	4	3	2	1	0	
	PORTB7	PORTB6	PORTB5	PORTB4	PORTB3	PORTB2	PORTB1	PORTB0	PORTB
Read/Write	R/W	R/W	R/W	R/W	R/W	R/W	R/W	R/W	
Initial Value	0	0	0	0	0	0	0	0	

① 출력 모드(DDRB의 DDBn = 1)일 때 포트 B에 출력되는 값을 제어한다.
PORTBn = 0이면 Low 출력, PORTBn = 1이면 High 출력이다.

② 입력 모드(DDRB의 DDBn = 0)일 때 포트 B의 입력 핀의 풀업을 제어한다.
PORTBn = 0이면 풀업하지 않고 하이임피던스 상태
PORTBn = 1이면 풀업 상태

(3) PORT B 입력 핀 어드레스 – PINB

Bit	7	6	5	4	3	2	1	0	
	PINB7	PINB6	PINB5	PINB4	PINB3	PINB2	PINB1	PINB0	PINB
Read/Write	R	R	R	R	R	R	R	R	
Initial Value	N/A	N/A	N/A	N/A	N/A	N/A	N/A	N/A	

PINB는 역시 데이터 레지스터값이 아닌 입력 핀의 상태를 직접 읽는데 사용한다.

PORT B를 읽으면 포트 B의 레지스터에 래치되어 있는 값을 읽어오지만 PIN B를 읽으면 입력 핀의 실제 상태값을 읽어온다.

[표 5-11] 포트 B의 입력 어드레스와 데이터 레지스터

DDBn	PORTBn	I/O	Pull-Up	비고
0	0	입력	No	3-state(Hi-Z)
0	1	입력	Yes	외부 핀 상태가 Low이면 전류가 공급됨
1	0	출력	No	0 출력
1	1	출력	No	1 출력

3) 포트 C(Port C)

내부에 풀업 기능이 있는 양방향성 8비트 포트로 2개의 레지스터(PORTC, DDRC)와 1개의 입력 핀 상태 번지(PINC)로 구성되어 입출력 방향 및 데이터값을 제어한다.

포트 C의 출력도 20mA까지 싱크(Sink)할 수 있어 직접 LED를 구동할 수 있다.

(1) PORT C 데이터 방향 레지스터 - DDRC

Bit	7	6	5	4	3	2	1	0	
	DDC7	DDC6	DDC5	DDC4	DDC3	DDC2	DDC1	DDC0	DDRC
Read/Write	R/W	R/W	R/W	R/W	R/W	R/W	R/W	R/W	
Initial Value	0	0	0	0	0	0	0	0	

각각의 비트들에 대해 입출력 방향을 독립적으로 지정할 수 있다.

DDCn = 0이면 입력 방향, DDCn = 1이면 출력 방향(여기서 n = 0~7)이다.

(2) PORT C 데이터 레지스터 - PORTC

Bit	7	6	5	4	3	2	1	0	
	PORTC7	PORTC6	PORTC5	PORTC4	PORTC3	PORTC2	PORTC1	PORTC0	PORTC
Read/Write	R/W	R/W	R/W	R/W	R/W	R/W	R/W	R/W	
Initial Value	0	0	0	0	0	0	0	0	

① 출력 모드(DDRC의 DDCn = 1)일 때 포트 C에 출력되는 값을 제어한다.
PORTCn = 0이면 Low 출력, PORTCn = 1이면 High 출력이다.

② 입력 모드(DDRC의 DDCn = 0)일 때 포트 C의 입력 핀의 풀업(Pull-up)을 제어한다.
PORTCn = 0이면 풀업하지 않고 하이임피던스 상태
PORTCn = 1이면 풀업 상태

(3) PORT C 입력 핀 어드레스 – PINC

Bit	7	6	5	4	3	2	1	0	
	PINC7	PINC6	PINC5	PINC4	PINC3	PINC2	PINC1	PINC0	PINC
Read/Write	R	R	R	R	R	R	R	R	
Initial Value	N/A	N/A	N/A	N/A	N/A	N/A	N/A	N/A	

PIN C는 역시 데이터 레지스터값이 아닌 입력 핀의 상태를 직접 읽는데 사용한다.
PORT C를 읽으면 포트 C의 레지스터에 래치되어 있는 값을 읽어오지만, PIN C를 읽으면 입력 핀의 실제 상태값을 읽어온다.

[표 5-12] 포트 C의 입력 어드레스와 데이터 레지스터

DDCn	PORTCn	I/O	Pull-Up	비고
0	0	입력	No	3-state(Hi-Z)
0	1	입력	Yes	외부 핀 상태가 Low이면 전류가 공급됨
1	0	출력	No	0 출력
1	1	출력	No	1 출력

4) 포트 D(Port D)

내부에 풀업 기능이 있는 양방향성 8비트 포트로 2개의 레지스터(PORTD, DDRD)와 1개의 입력 핀 상태 번지(PIND)로 구성되어 입출력 방향 및 데이터값을 제어한다.
포트 D의 출력도 20mA까지 싱크(Sink)할 수 있어 직접 LED를 구동할 수 있다.

(!) PORT D 데이터 방향 레지스터 – DDRD

Bit	7	6	5	4	3	2	1	0	
	DDD7	DDD6	DDD5	DDD4	DDD3	DDD2	DDD1	DDD0	DDRD
Read/Write	R/W	R/W	R/W	R/W	R/W	R/W	R/W	R/W	
Initial Value	0	0	0	0	0	0	0	0	

각각의 비트들에 대해 입출력 방향을 독립적으로 지정할 수 있다.

DDDn = 0이면 입력 방향, DDDn = 1이면 출력 방향(여기서 n = 0~7)이다.

(2) PORT D 데이터 레지스터 - PORTD

Bit	7	6	5	4	3	2	1	0	
	PORTD7	PORTD6	PORTD5	PORTD4	PORTD3	PORTD2	PORTD1	PORTD0	PORTD
Read/Write	R/W	R/W	R/W	R/W	R/W	R/W	R/W	R/W	
Initial Value	0	0	0	0	0	0	0	0	

① 출력 모드(DDRD의 DDDn = 1)일 때 포트 D에 출력되는 값을 제어한다.
PORTDn = 0이면 Low 출력, PORTDn = 1이면 High 출력이다.

② 입력 모드(DDRD의 DDDn = 0)일 때 포트 D의 입력 핀의 풀업(Pull-up)을 제어한다.
PORTDn = 0이면 풀업하지 않고 하이임피던스 상태
PORTDn = 1이면 풀업 상태

(3) PORT D **입력 핀 어드레스** – PIND

Bit	7	6	5	4	3	2	1	0	
	PIND7	PIND6	PIND5	PIND4	PIND3	PIND2	PIND1	PIND0	PIND
Read/Write	R	R	R	R	R	R	R	R	
Initial Value	N/A	N/A	N/A	N/A	N/A	N/A	N/A	N/A	

핀 D는 역시 데이터 레지스터값이 아닌, 입력 핀의 상태를 직접 읽는데 사용한다.

포트 D를 읽으면 포트 D의 레지스터에 래치되어 있는 값을 읽어오지만 PIND를 읽으면 입력 핀의 실제 상태값을 읽어온다.

[표 5-13] 포트 D의 입력 어드레스와 데이터 레지스터

DDDn	PORTDn	I/O	Pull-Up	비고
0	0	입력	No	3-state(Hi-Z)
0	1	입력	Yes	외부 핀 상태가 Low이면 전류가 공급됨
1	0	출력	No	0 출력
1	1	출력	No	1 출력

5) 포트 E(Port E)

내부에 풀업 기능이 있는 양방향성 8비트 포트로 2개의 레지스터(PORTE, DDRE)와 1개의 입력 핀 상태 번지(PINE)로 구성되어 입출력 방향 및 데이터값을 제어한다.

포트 D의 출력도 20mA까지 싱크(Sink)할 수 있어 직접 LED를 구동할 수 있다.

(1) PORT E 데이터 방향 레지스터 – DDRE

Bit	7	6	5	4	3	2	1	0	
	DDE7	DDE6	DDE5	DDE4	DDE3	DDE2	DDE1	DDE0	DDRE
Read/Write	R/W	R/W	R/W	R/W	R/W	R/W	R/W	R/W	
Initial Value	0	0	0	0	0	0	0	0	

각각의 비트들에 대해 입출력 방향을 독립적으로 지정할 수 있다.

DDEn = 0이면 입력 방향, DDEn = 1이면 출력 방향(여기서 n = 0~7)이다.

(2) PORT E 데이터 레지스터 – PORTE

Bit	7	6	5	4	3	2	1	0	
	PORTE7	PORTE6	PORTE5	PORTE4	PORTE3	PORTE2	PORTE1	PORTE0	PORTE
Read/Write	R/W	R/W	R/W	R/W	R/W	R/W	R/W	R/W	
Initial Value	0	0	0	0	0	0	0	0	

① 출력 모드(DDRE의 DDEn = 1)일 때 포트 E에 출력되는 값을 제어한다.
   PORTEn = 0이면 Low 출력, PORTEn = 1이면 High 출력이다.

② 입력 모드(DDRE의 DDEn = 0)일 때 포트 E의 입력 핀의 풀업(Pull-up)을 제어한다.
   PORTEn = 0이면 풀업하지 않고 하이임피던스 상태
   PORTEn = 1이면 풀업 상태

(3) PORT E 입력 핀 어드레스 – PINE

Bit	7	6	5	4	3	2	1	0	
	PINE7	PINE6	PINE5	PINE4	PINE3	PINE2	PINE1	PINE0	PINE
Read/Write	R	R	R	R	R	R	R	R	
Initial Value	N/A	N/A	N/A	N/A	N/A	N/A	N/A	N/A	

핀 E는 역시 데이터 레지스터값이 아닌 입력 핀의 상태를 직접 읽는데 사용한다.

포트 E를 읽으면 포트 E의 레지스터에 래치되어 있는 값을 읽어오지만 PINE를 읽으면 입력 핀의 실제 상태값을 읽어온다.

[표 5-14] 포트 E의 입력 어드레스와 데이터 레지스터

DDEn	PORTEn	I/O	Pull-Up	비고
0	0	입력	No	3-state(Hi-Z)
0	1	입력	Yes	외부 핀 상태가 Low이면 전류가 공급됨
1	0	출력	No	0 출력
1	1	출력	No	1 출력

6) 포트 F(Port F)

내부에 풀업 기능이 있는 양방향성 8비트 포트로 2개의 레지스터(PORTF, DDRF)와 1개의 입력 핀 상태 번지(PINF)로 구성되어 입출력 방향 및 데이터값을 제어한다.

포트 D의 출력도 20mA까지 싱크(Sink)할 수 있어 직접 LED를 구동할 수 있다.

(1) PORT F 데이터 방향 레지스터 – DDRF

Bit	7	6	5	4	3	2	1	0	
	DDF7	DDF6	DDF5	DDF4	DDF3	DDF2	DDF1	DDF0	DDRF
Read/Write	R/W	R/W	R/W	R/W	R/W	R/W	R/W	R/W	
Initial Value	0	0	0	0	0	0	0	0	

각각의 비트들에 대해 입출력 방향을 독립적으로 지정할 수 있다.

DDFn = 0이면 입력 방향

DDFn = 1이면 출력 방향(여기서 n = 0~7)

(2) PORT F 데이터 레지스터 – PORTF

Bit	7	6	5	4	3	2	1	0	
	PORTF7	PORTF6	PORTF5	PORTF4	PORTF3	PORTF2	PORTF1	PORTF0	PORTF
Read/Write	R/W	R/W	R/W	R/W	R/W	R/W	R/W	R/W	
Initial Value	0	0	0	0	0	0	0	0	

① 출력 모드(DDRF의 DDFn = 1)일 때 포트 F에 출력되는 값을 제어한다.
PORTFn = 0이면 Low 출력, PORTFn = 1이면 High 출력이다.

② 입력 모드(DDRF의 DDFn = 0)일 때 포트 F의 입력 핀의 풀업(Pull-up)을 제어한다.
PORTFn = 0이면 풀업하지 않고 하이임피던스 상태
PORTFn = 1이면 풀업 상태

(3) PORT F 입력 핀 어드레스 – PINF

Bit	7	6	5	4	3	2	1	0	
	PINF7	PINF6	PINF5	PINF4	PINF3	PINF2	PINF1	PINF0	PINF
Read/Write	R	R	R	R	R	R	R	R	
Initial Value	N/A	N/A	N/A	N/A	N/A	N/A	N/A	N/A	

핀 F는 역시 데이터 레지스터값이 아닌 입력 핀의 상태를 직접 읽는데 사용한다. 포트 F를 읽으면 포트 F의 레지스터에 래치되어 있는 값을 읽어오지만 PINF를 읽으면 입력 핀의 실제 상태값을 읽어온다.

[표 5-15] 포트 F의 입력 어드레스와 데이터 레지스터

DDFn	PORTFn	I/O	Pull-Up	비고
0	0	입력	No	3-state(Hi-Z)
0	1	입력	Yes	외부 핀 상태가 Low이면 전류가 공급됨
1	0	출력	No	0 출력
1	1	출력	No	1 출력

7) 포트 G(Port G)

내부에 풀업 기능이 있는 양방향성 5비트 포트로 2개의 레지스터(PORTG, DDRG)와 1개의 입력 핀 상태 번지(PING)로 구성되어 입출력 방향 및 데이터값을 제어한다.

포트 G의 출력도 20mA까지 싱크(Sink)할 수 있어 직접 LED를 구동할 수 있다.

(1) PORT G 데이터 방향 레지스터 – DDRG

Bit	7	6	5	4	3	2	1	0	
	–	–	–	DDG4	DDG3	DDG2	DDG1	DDG0	DDRG
Read/Write	R/W	R/W	R/W	R/W	R/W	R/W	R/W	R/W	
Initial Value	0	0	0	0	0	0	0	0	

각각의 비트들에 대해 입출력 방향을 독립적으로 지정할 수 있다.

DDGn = 0이면 입력 방향

DDGn = 1이면 출력 방향(여기서 n = 0~7)

(2) PORT G 데이터 레지스터 - PORTG

Bit	7	6	5	4	3	2	1	0	
	–	–	–	PORTG4	PORTG3	PORTG2	PORTG1	PORTG0	PORTG
Read/Write	R/W	R/W	R/W	R/W	R/W	R/W	R/W	R/W	
Initial Value	0	0	0	0	0	0	0	0	

① 출력 모드(DDRG의 DDGn = 1)일 때 포트 G에 출력되는 값을 제어한다.
PORTGn = 0이면 Low 출력, PORTGn = 1이면 High 출력이다.

② 입력 모드(DDRG의 DDGn = 0)일 때 포트 G의 입력 핀의 풀업(Pull-up)을 제어한다.
PORTGn = 0이면 풀업하지 않고 하이임피던스 상태
PORTGn = 1이면 풀업 상태

(3) PORT G 입력 핀 어드레스 - PING

Bit	7	6	5	4	3	2	1	0	
	–	–	–	PING4	PING3	PING2	PING1	PING0	PING
Read/Write	R	R	R	R	R	R	R	R	
Initial Value	N/A	N/A	N/A	N/A	N/A	N/A	N/A	N/A	

핀 G는 역시 데이터 레지스터값이 아닌 입력 핀의 상태를 직접 읽는데 사용한다. 포트 G를 읽으면 포트 G의 레지스터에 래치되어 있는 값을 읽어오지만 PING를 읽으면 입력 핀의 실제 상태값을 읽어온다.

[표 5-16] 포트 G의 입력 어드레스와 데이터 레지스터

DDGn	PORTGn	I/O	Pull-Up	비고
0	0	입력	No	3-state(Hi-Z)
0	1	입력	Yes	외부 핀 상태가 Low이면 전류가 공급됨
1	0	출력	No	0 출력
1	1	출력	No	1 출력

05 ADC(Analog to Digital Converter)

ATmega128은 10비트 분해능의 8채널 입력 가능한 ADC를 가지고 있다. 이를 사용하기 위해서는 다음과 같은 레지스터를 숙지하여야 한다.

1) ADC 멀티플렉서 선택 레지스터 – ADMUX

Bit	7	6	5	4	3	2	1	0
	REFS1	REFS0	ADLAR	MUX4	MUX4	MUX4	MUX4	MUX4
Read/Write	R/W	R/W	R/W	R/W	R/W	R/W	R/W	R/W
InitialValue	0	0	0	0	0	0	0	0

- Voltage Reference Selection

[표 5-17] 전압 리퍼런스 선택

REFS1	REFS0	Voltage Reference Selection
0	0	AREF, Internal Vref turned off
0	1	AVCC with external capactior at AREF pin
1	0	Reserved
1	1	Internal 2.56V Voltage Reference with external capacitor at AREF pin

- 비트 5 – ADLAR : ADC Left Adjust Result
  ① 1 = ADC 결과값을 좌측부터 정렬한다.
  ② 0 = ADC 결과값을 우측부터 정렬한다.

- ADC 채널 및 GAIN 선택(비트 4~비트 0)

[표 5-18] ADC 채널 및 GAIN 선택

MUX4..0	Single Ended Input	Positive Differential Input	Negative Differential Input	Gain
00000	ADC0	N/A		
00001	ADC1			
00010	ADC2			
00011	ADC3			
00100	ADC4			
00101	ADC5			
00110	ADC6			
00111	ADC7			
01000[1]		ADC0	ADC0	10x
01001		ADC1	ADC0	10x

2) ADC 제어/ 상태 레지스터 – ADCSRA

Bit	7	6	5	4	3	2	1	0
	ADEN	ADSC	ADFR	ADIF	ADIE	ADPS2	ADPS1	ADPS0
Read/Write	R/W	R/W	R/W	R/W	R/W	R/W	R/W	R/W
Initial Value	0	0	0	0	0	0	0	0

- 비트7 – ADEN

  ADC 동작 설정 비트(1 = Enable, 0 = Disable)

- 비트6 – ADSC

  ADC 동작 START 설정 비트

  1 = 변환시작, AD 변환동안 1을 유지하며 끝나면 0이 된다.

- 비트5 – ADFR

  ADC 프리런 선택 비트, 1 = 프리런 모드 선택, 0 = 프리런 모드는 끝난다.

- 비트4 – ADIF

  ADC Interrupt Flag,

  AD 컨버터가 끝나고 데이터 레지스터가 업데이트될 때 이 비트는 1이 된다. 만약 ADIE = 1, I = 1(SREG)이면 AD변환 끝 인터럽트를 실행하게 된다.

  인터럽트 처리 벡터를 실행하면 자동으로 이 비트가 0으로 된다.

- 비트3 – ADIE

  ADC 인터럽트 설정 비트(1 = Enable, 0 = Disable)

• ADC 프리스케일 선택(분주선택)

[표 5-19] ADC 프리스케일 선택

ADPS2	ADPS1	ADPS0	Division Factor
0	0	0	2
0	0	1	2
0	1	0	4
0	1	1	8
1	0	0	16
1	0	1	32
1	1	0	64
1	1	1	128

06 8비트 타이머/카운터

타이머/카운터 0은 범용목적의 단일 채널 8비트 타이머 카운터 모듈이다. 타이머 카운터 모듈을 사용하기 위해서 모듈을 제어하고 상태를 나타내는 레지스터를 알아보자.

1) 8비트 타이머 카운터 제어 레지스터 - TCCR0

Bit	7	6	5	4	3	2	1	0
	FOC0	WGM00	COM01	COM00	WGM01	CS02	CS01	CS00
Read/Write	W	R/W	R/W	R/W	R/W	R/W	R/W	R/W
Initial Value	0	0	0	0	0	0	0	0

• 비트7 - FOC0 : 강제 출력 비교

FOC0 비트는 WGM 비트가 PWM 모드를 설정하지 않았을 경우에만 활성화된다. 반대로 앞으로의 디바이스와의 호환을 위해서 이 비트는 반드시 0으로 설정되어서 PWM 모드로 동작시 TCCR0이 씌어지도록 한다. FOC0 비트에 논리적으로 1이 씌어진다면 즉시 비교 매치가 파형출력 유닛에 강제로 이루어진다.

OC0 출력은 그것의 COM01 : 0비트 설정에 대해 바뀌게 된다. 주의할 것은 FOC0 비트는 스트로브로 구현된다는 것이다. 그러기 때문에 그것은 강제 비교 효과를 결정하는 COM01: 0 비트의 값을 나타낸다.

FOC0 스트로브는 어떤 인터럽트에서도 발생하지 않으며 OCR0을 TOP처럼 사용하는 CTC 모드에서 타이머를 클리어하지 않는다. FOC0 비트는 항상 0으로 읽혀진다.

- 비트6, 3 – WGM01 : 0 : 파형출력 모드

이들 비트는 카운터의 카운터 순서를 제어한다. 즉 최대(TOP) 카운터값과 어떤 형태의 파형을 출력할 것인지를 제어한다. 타이머/카운터 유닛이 제공하는 동작 모드는 노멀모드, 비교 매치시 타이머 클리어모드(CTC), PWM 모드이다.

[표 5-20] 타이머 카운터 제어 파형출력 모드 선택

Mode	WGM01 (CTC0)	WGM00 (PWM0)	Timer/Counter Mode of Operation	TOP	Update of OCR0 at	TOV0 Flag Set on
0	0	0	Normal	0xFF	Immediate	MAX
1	0	1	PWM, Phase Correct	0xFF	TOP	BOTTOM
2	1	0	CTC	OCR0	Immediate	MAX
3	1	1	Fast PWM	0xFF	TOP	MAX

- 비트5 : 4 – COM01 : 0 : 비교 매치 출력 모드

이들 비트는 출력 비교 핀(OC0)의 동작을 제어한다. 만일 한 개 혹은 COM0 : 10비트 두 개가 1로 설정되어 있으면 OC0 출력은 I/O 핀이 일반 포트 기능보다 우위에 선다. 반대로, 데이터 방향 레지스터(DDR) 비트와 상응하는 OC0 핀은 출력을 활성화시키도록 1로 세팅되어야 한다. OC0이 핀에 연결되어있으면 COM01 : 0 비트는 WGM01 : 0 비트 설정에 따라 기능이 결정된다.

- WGM01 = 0, WGM00 = 0(Normal)

[표 5-21] 비교 매치 출력 모드(1)

COM01	COM00	설 명
0	0	Normal port operation, OC0 disconnected
0	1	Toggle OC0 on compare match
1	0	Clear OC0 on compare match
1	1	Set OC0 on compare match

- WGM01 = 1, WGM00 = 1(Fast PWM)

[표 5-22] 비교 매치 출력 모드(2)

COM01	COM00	설 명
0	0	Normal port operation, OC0 disconnected
0	1	Reserved
1	0	Clear OC0 on compare match, set OC0 at TOP
1	1	Set OC0 on compare match, clear OC0 at TOP

- WGM01 = 0, WGM00 = 0(PWM, Phase Correct)

[표 5-23] 비교 매치 출력 모드(3)

COM01	COM00	설 명
0	0	Normal port operation, OC0 disconnected
0	1	Reserved
1	0	Clear OC0 on compare match when up-counting. Set OC0 on compare match when downcounting.
1	1	Set OC0 on compare match when up-counting Clear OC0 on compare match downcounting.

- 비트2 : 0 – CS02 : 0 : 클록 선택

세 가지 클록 선택 비트가 있어서 타이머 카운터로 사용될 클록소스를 선택할 수 있다.

[표 5-24] 타이머 카운터로 사용될 클록소스를 선택

CS02	CS01	CS00	설 명
0	0	0	No clock source(Timer/Counter stopped)
0	0	1	clkTOS/(No prescaling)
0	1	0	clkTOS/8(From prescaler)
0	1	1	clkTOS/32(From prescaler)
1	0	0	clkTOS/64(From prescaler)
1	0	1	clkTOS/128(From prescaler)
1	1	0	clkTOS/256(From prescaler)
1	1	1	clkTOS/1024(From prescaler)

2) 타이머 / 카운터 레지스터 – TCNT0

Bit	7	6	5	4	3	2	1	0
	TCNT0 [7 : 0]							
Read/Write	R/W	R/W	R/W	R/W	R/W	R/W	R/W	R/W
Initial Value	0	0	0	0	0	0	0	0

타이머/카운터 레지스터는 직접 접근해서 타이머/카운터 유닛의 8비트 카운터에 읽기 쓰기 동작이 가능하다. TCNT0 레지스터 블록에 쓰면 다음 클록에 따라오는 비교 매치에 적용이 된다. 카운터가 동작중에 카운터(TCNT0)를 수정하면 TCNT0과 OCR0 레지스터의 비교 매치 오류가 날 위험이 있다.

3) 출력 비교 레지스터 – OCR0

Bit	7	6	5	4	3	2	1	0
	OCR0 [7 : 0]							
Read/Write	R/W	R/W	R/W	R/W	R/W	R/W	R/W	R/W
Initial Value	0	0	0	0	0	0	0	0

출력 비교 레지스터는 지속적으로 카운터값(TCNT0)과 비교하는 8비트값을 갖고 있다. 매치는 출력 비교 인터럽트나 OC0 핀에 파형출력을 발생시키는데 사용될 수 있다.

4) 타이머/카운터 인터럽트 마스크 레지스터 – TIMSK

Bit	7	6	5	4	3	2	1	0
	OCIE2	TOIE2	TICIE1	OCIE1A	OCIE1B	TOIE1	OCIE0	TOIE0
Read/Write	R/W	R/W	R/W	R/W	R/W	R/W	R/W	R/W
Initial Value	0	0	0	0	0	0	0	0

- 비트1 – OCIE0 : 타이머/카운터0 출력 비교 매치 인터럽트 활성화

OCIE0 비트에 1이 설정되고 상태 레지스터의 I비트가 1로 설정되면, 타이머/카운터 0 비교 매치 인터럽트가 활성화된다. 만일 타이머/카운터0에서 비교 매치가 발생하면 이에 상응하는 인터럽트가 실행된다.

- 비트0 – TOIE0 : 타이머/카운터 오버플로 인터럽트 활성화

TOIE0 비트가 1이 되고 상태레지스터의 I비트가 1로 설정되면, 타이머/카운터0 오버플

로 인터럽트가 활성화된다. 타이머/카운터0에서 오버플로가 발생하면 이에 상응하는 인터럽트가 실행된다.

5) 타이머/카운터 인터럽트 플래그 레지스터 – TIFR

Bit	7	6	5	4	3	2	1	0
	OCF2	TOV2	ICF1	OCF1A	OCF1B	TOV1	OCF0	TOV0
Read/Write	R/W	R/W	R/W	R/W	R/W	R/W	R/W	R/W
Initial Value	0	0	0	0	0	0	0	0

- 비트1 – OCF0 : 출력비교 플래그0

타이머/카운터0과 OCR0의 데이터사이에 비교 매치가 발생하면 이 OCF0 비트가 1이 된다. 이에 상응하는 인터럽트 핸들링 벡터가 실행되면 OCF0은 하드웨어에 의해 클리어된다. 반대로 플래그에 1을 써 넣으면 OCF0은 클리어된다.

- 비트0 – TOV0 : 타이머/카운터0 오버플로 플래그

타이머/카운터0에서 오버플로가 발생되면 TOV0 비트는 1이 된다. 이에 상응하는 인터럽트 핸들링 벡터가 실행되면 TOV0은 하드웨어에 의해 클리어된다. 반대로 플래그에 1을 써 넣으면 TOV0은 클리어된다.

6) 특수 기능의 I/O 레지스터 – SFIOR

Bit	7	6	5	4	3	2	1	0
	TSM	–	–	–	ACME	PUD	PSR0	PSR321
Read/Write	R/W	R	R	R	R/W	R/W	R/W	R/W
Initial Value	0	0	0	0	0	0	0	0

- 비트7 – TSM : 타이머/카운터 동기 모드

TSM 비트에 1을 써 넣으면 타이머/카운터 동기 모드로 활성화된다. 이 모드에서 PSR0과 PSR321 비트에 쓰여진 값이 유지된다.

- 비트1 – PSR0 : 프리스케일러 리셋 타이머/카운터0

이 비트가 1이면 타이머/카운터0 프리스케일러가 리셋된다. 이 비트는 일반적으로 하드웨어에 의해 즉시 클리어된다.

7) 타이머 값을 설정하는 방법(10ms, 16MHz, 8분주)

① 1개의 CLK이 소모하는 시간 = (1/Source CLK) * 분주비

즉, (1 / 16,000,000) * 8 = 0.0000005 = 0.5us = 1개의 CLK이 소모하는 시간

② 10ms 동안 사용되는 CLK의 수 = 10ms / 1개의 CLK이 소모되는 시간

즉, 10ms/0.5us = 0.01/0.0000005 = 20000 = 10ms 동안 사용되는 CLK의 수

③ 계산된 CLK의 수를 헥사 값으로 변환

즉, 20000 = 0x4E20

④ 타이머가 TOP값을 향해서 증가한다고 할 때(16비트 타이머 기준) 다음 식 이용

TCNT = 0xFFFF − 계산된 CLK의 수

즉, TCNT = 0xFFFF − 0x4E20 = B1DF

CHAPTER 06

AVR 개발 툴 사용 방법

01 USB AVR ISP 디바이스 드라이버 설치

모바일 로보틱스(ED-7275 Mobile Omni-directional Robot)에 펌웨어(Firmware)를 다운로드하기 위해서는 USB AVR ISP 다운로더가 필요하다. USB AVR ISP를 사용하기 위해서는 다음과 같이 디바이스 드라이버를 설치하여야 한다.

모바일 로보틱스(ED-7275 Mobile Omni-directional Robot)제품에 USB AVR ISP와 디바이스 드라이버가 CD로 제공된다.

AVR 컴파일러(Compiler)의 중의 하나인 Imagecraft 사의 컴파일 C(이하 ICC)의 설치 및 사용법에 대해 알아보자.

1) USB AVR ISP 드라이버 설치

① USB AVR ISP의 USB를 PC와 연결한다.

② PC는 "USB ↔ Serial"이라는 새 하드웨어를 발견한다.

③ 목록 또는 특정 위치에서 설치(고급)(S)를 선택한다.

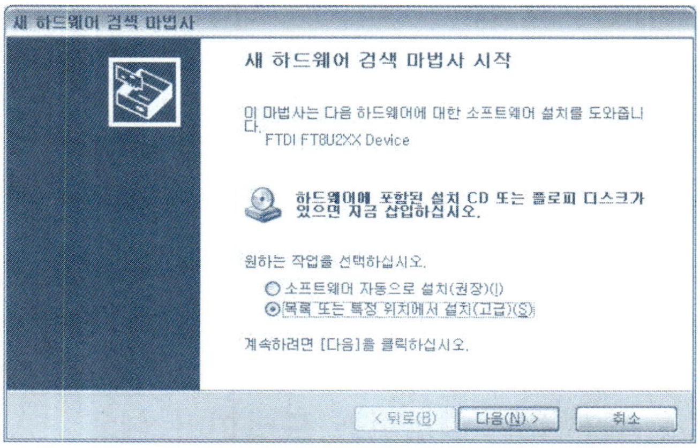

④ "USB AVR ISP" USB 드라이버 폴더를 지정해준다.

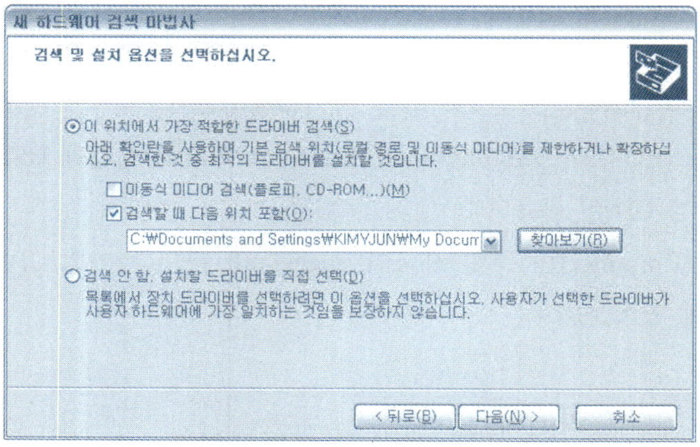

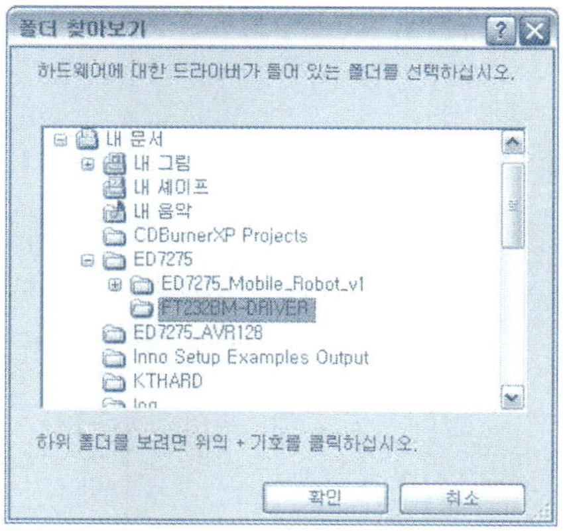

※ ..₩FT232BM-DRIVER

⑤ 다음을 클릭하면 “USB Serial Converter”의 설치를 진행한다.

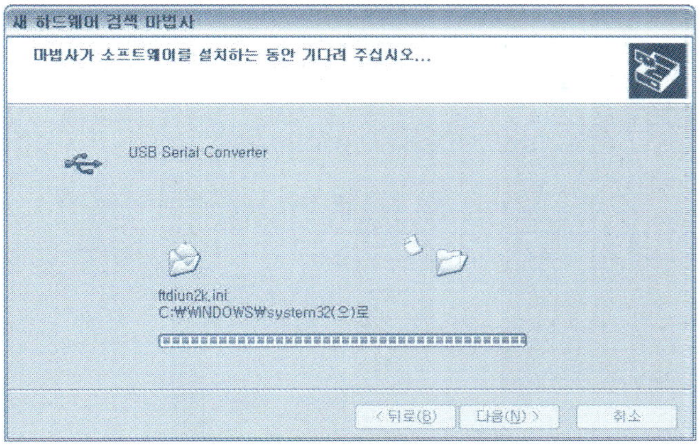

⑥ 다음과 같은 메시지가 출력되면 마침을 클릭하면 “USB Serial Converter” 설치가 완료된다.

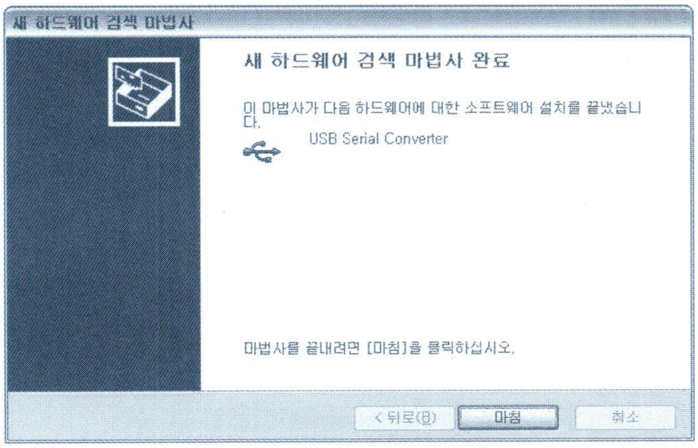

⑦ “USB Serial Port”라는 새 하드웨어를 발견한다.

8 목록 또는 특정 위치에서 설치(고급)(S)를 선택한다.

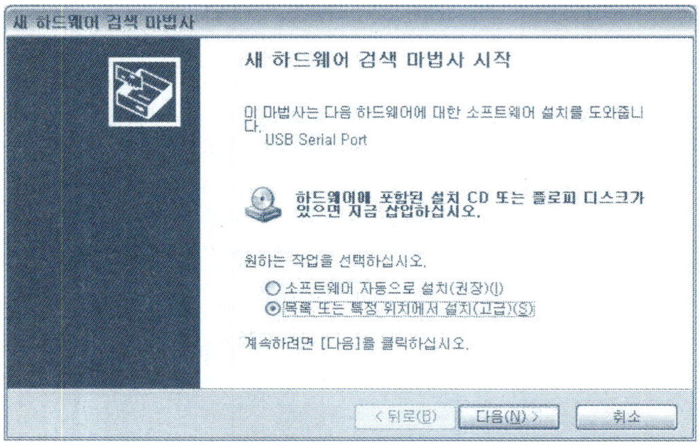

9 “USB AVR ISP” USB 드라이버 폴더를 지정해준다.

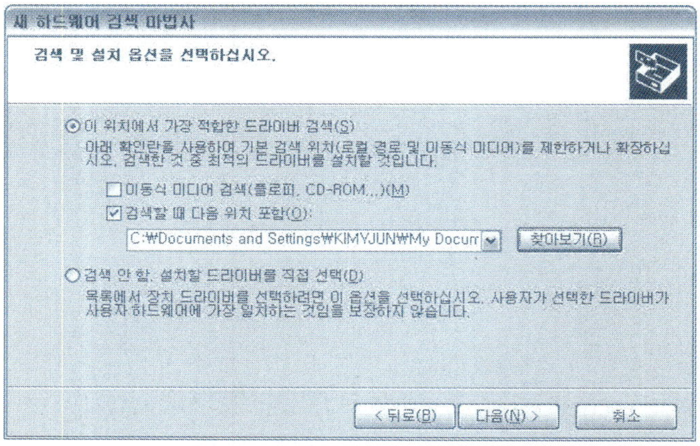

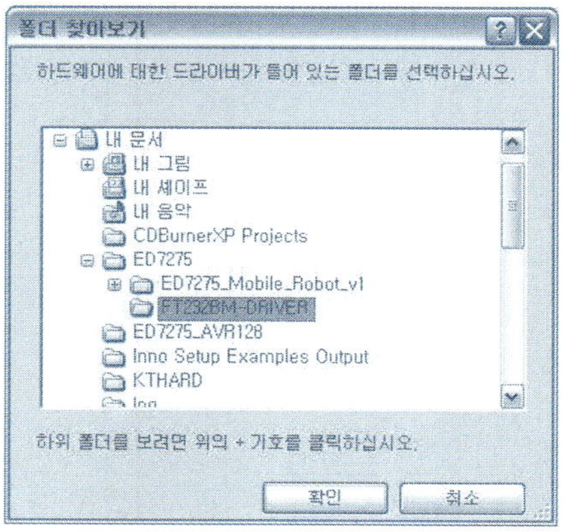

※ ..₩FT232BM-DRIVER

⑩ 다음을 클릭하면 "USB Serial Port"의 설치를 진행한다.

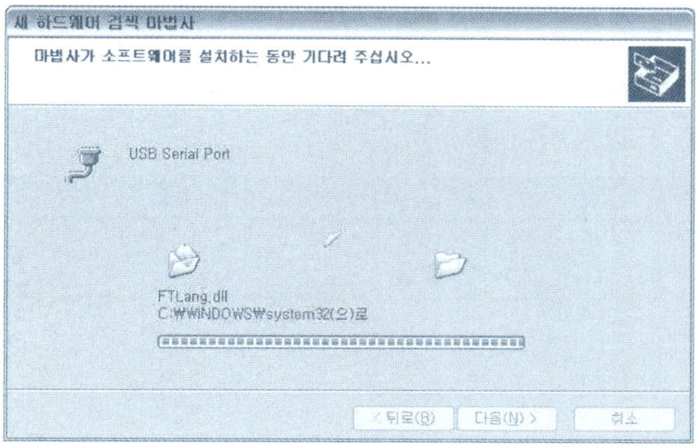

⑪ 다음과 같은 메시지가 출력되면 USB AVR ISP 드라이버 설치가 모두 완료된다.

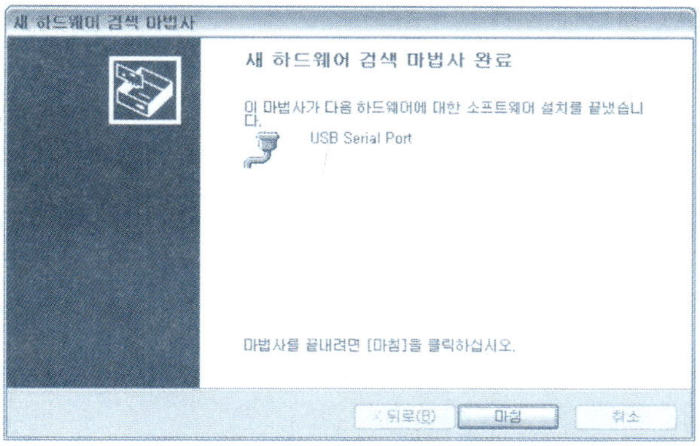

2) USB AVR ISP 설정

① 드라이버 설치 완료 후 "시작 → 제어판 → 시스템"을 실행한다.

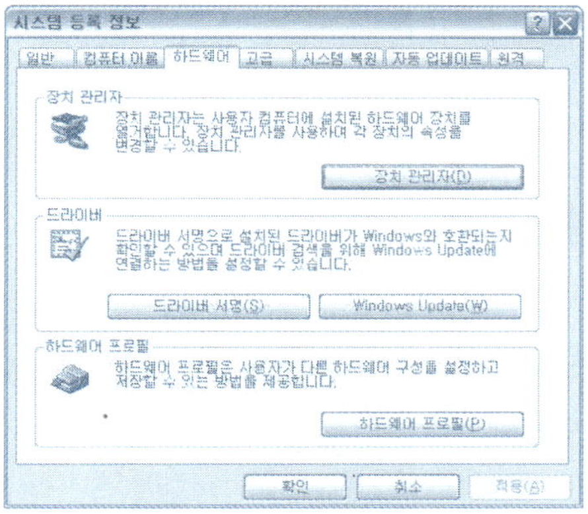

2 하드웨어 탭에 있는 "장치관리자"를 클릭한다.

3 장치관리자 목록 중 "포트(COM 및 LPT)"의 "USB Serial Port(COM??)"가 설치된 USB AVR ISP 드라이버이다.

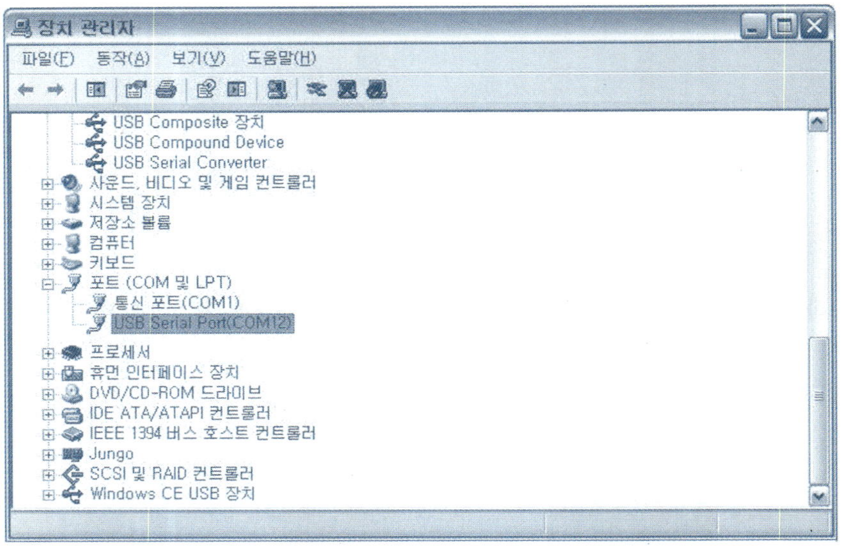

4 USB Serial Port(COM??)에서 마우스 오른쪽 버튼 클릭의 "속성"을 클릭한다.

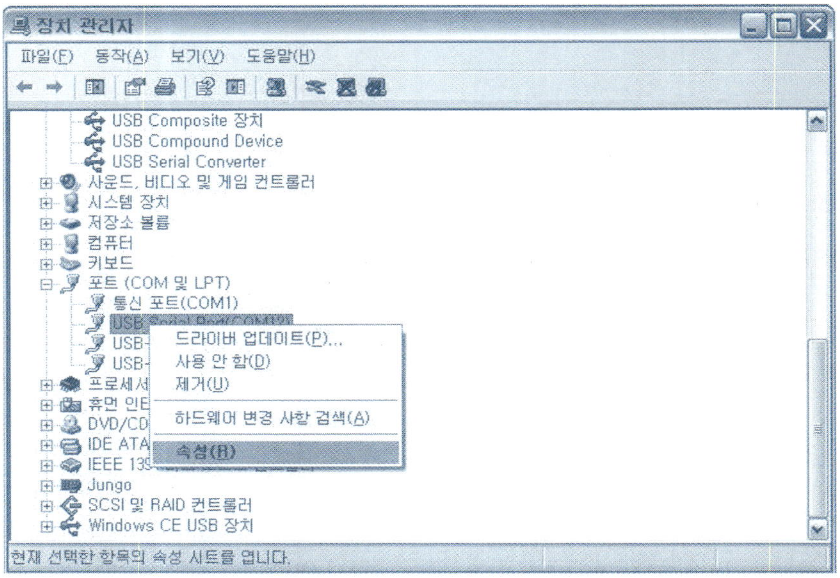

⑤ Port Settings 탭에 있는 “Advanced..”를 클릭한다.

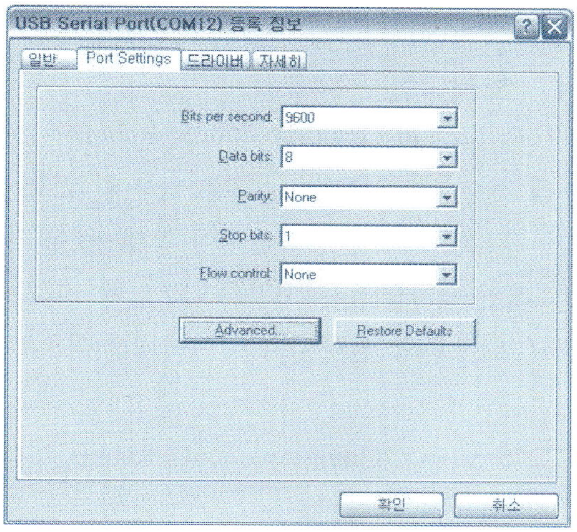

⑥ COM Port Number를 COM2~COM9 사이로 변경하고 현재의 값이 COM2~COM9 사이의 값일 경우 변경하지 않고 “OK”를 클릭한다.

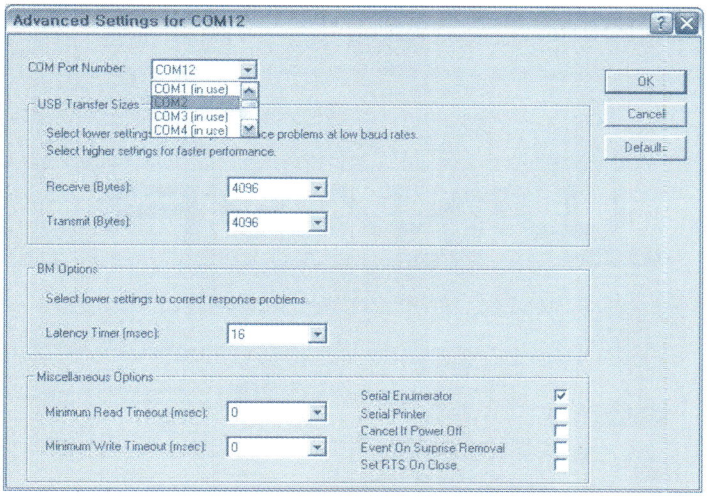

⑦ “확인” 버튼을 클릭 후 장치관리자 창을 닫고 설정을 완료한다.

02 WINAVR 컴파일러 설치

모바일 로보틱스(ED-7275 Mobile Omni-directional Robot)에 사용되는 MAIN CPU는 ATmel사의 ATmega128을 사용한다. ATmega128은 내부에 128Kbyte의 메모리 저장공간을 가지고 있어 사용자가 작성한 소스를 컴파일하여 펌웨어(Firmware) 칩내부에 넣을 수 있다. 이때 사용되는 대표적인 컴파일러가 “WINAVR”이다. 그밖에 CodeVision, 유료 컴파일러인 IAR 등이 있다. WINAVR 컴파일러는 인터넷상에서 무료로 다운로드받을 수 있다.

모바일 로보틱스(ED-7275 Mobile Omni-directional Robot) 제품에 현재 최신 버전 의 WINAVR 설치 파일이 CD로 제공된다.

1) WINAVR 컴파일러 최신 버전 다운로드 방법

① WINAVR 홈페이지로 접속한다(http://winavr.sourceforge.net)

② 왼쪽 메뉴에 “[Download]”를 클릭한다.

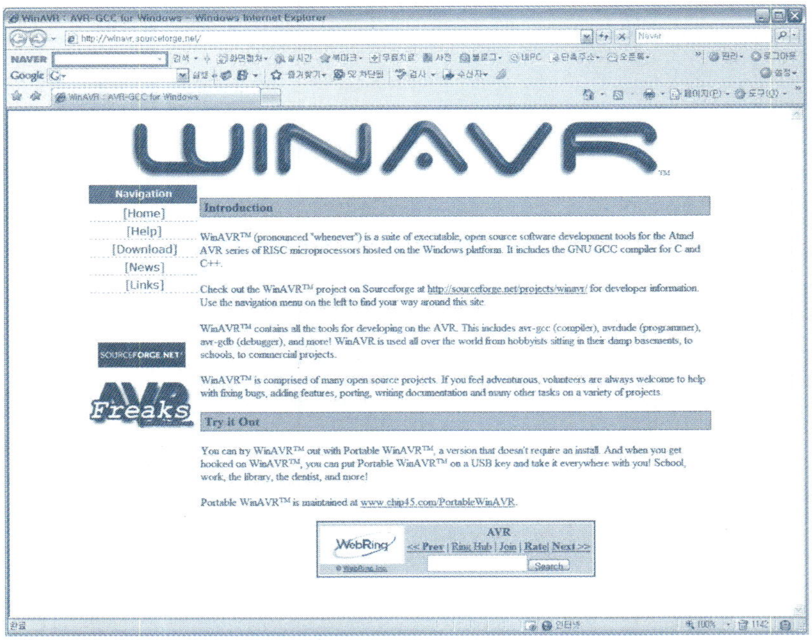

③ "SourceForge.net WinAVR download page."를 클릭한다.

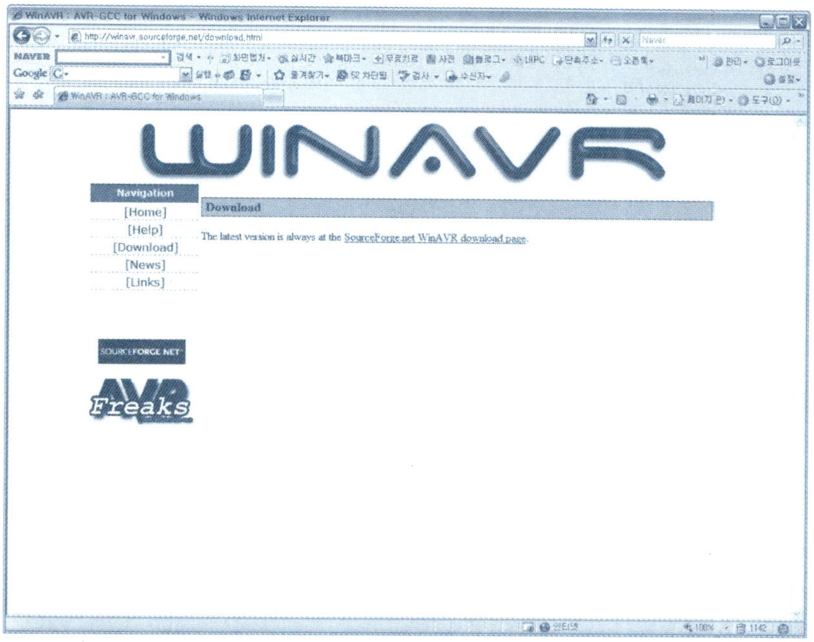

④ "WinAVR" 라인에 있는 "Download"를 클릭한다.

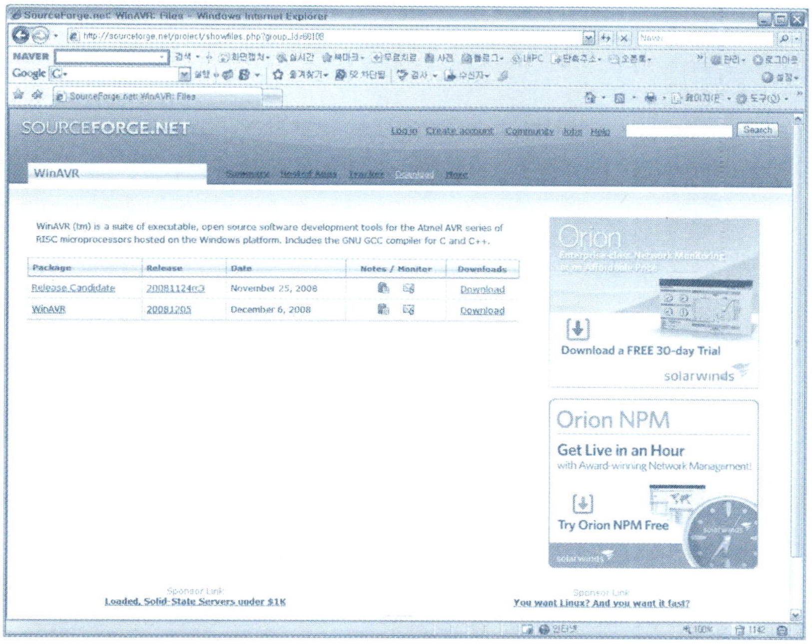

⑤ "WinAVR-20081205-install.exe"를 클릭하여 현재의 최신 버전을 다운로드받는다.

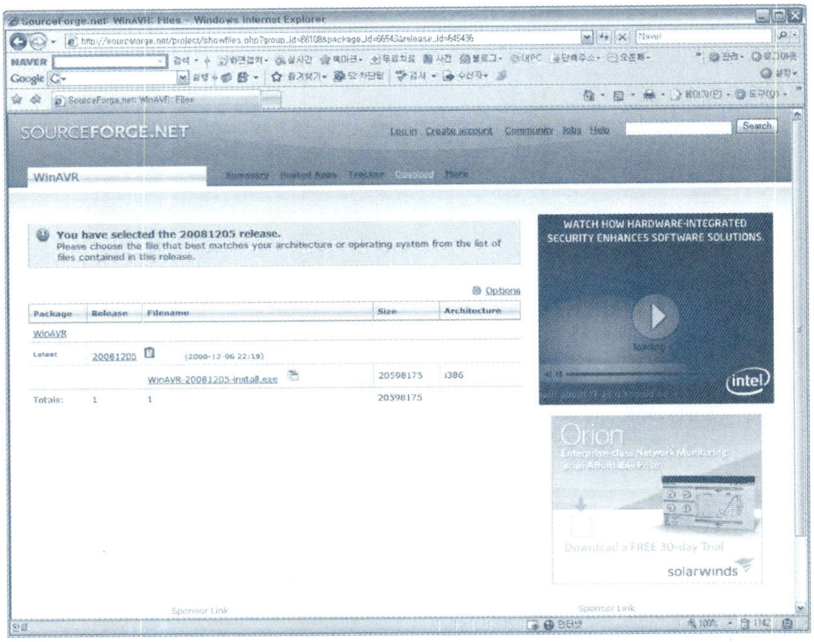

⑥ 팝업 경고가 뜨면 팝업 경고창에 클릭하여 "파일 다운로드"를 선택하여 파일을 다운로드한다.

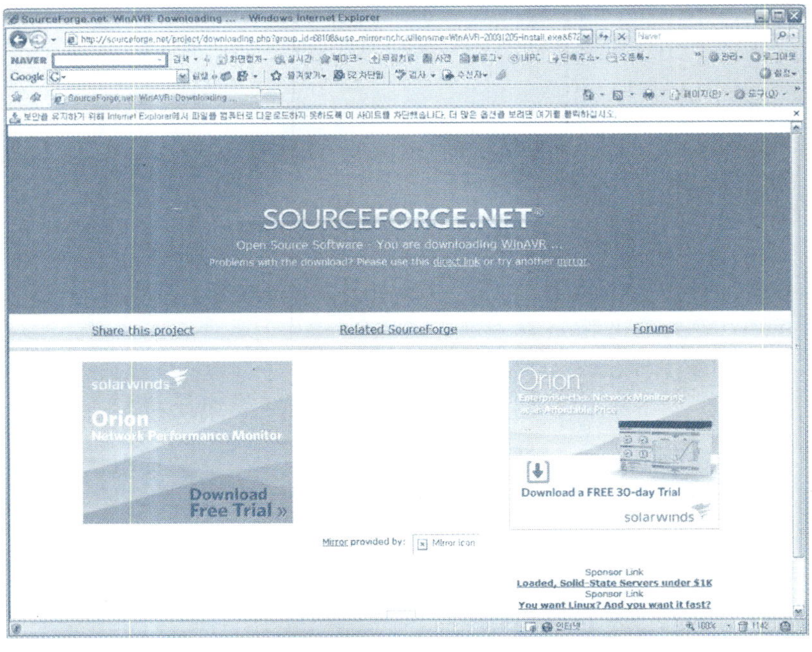

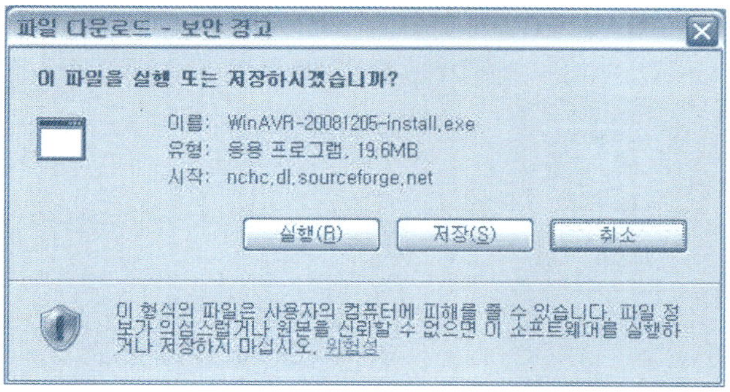

2) WINAVR 컴파일러 설치

1 "WinAVR-20081205-install.exe"를 실행한다.

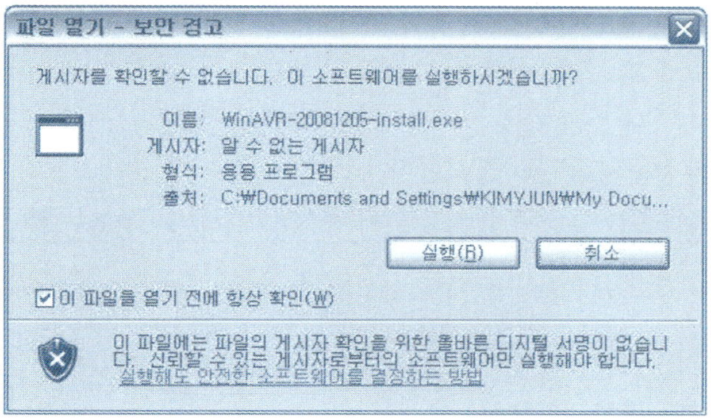

2 설치 언어를 선택한다.

③ "다음>"을 클릭하여 설치를 시작한다.

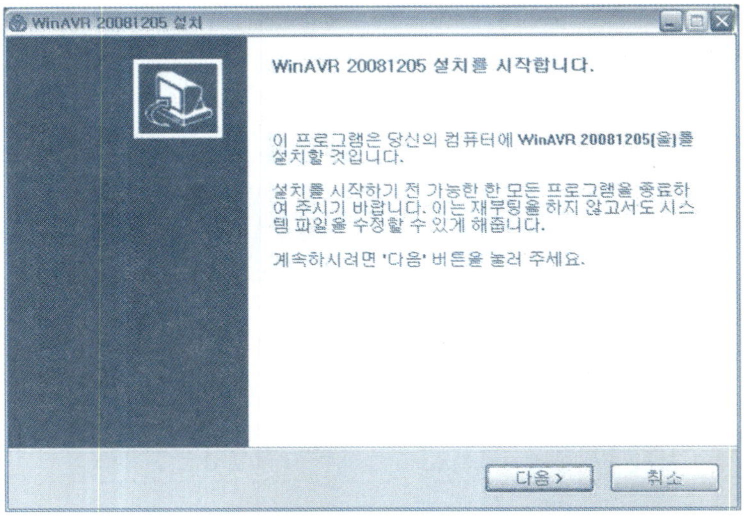

④ 사용권 계약에 "동의함"을 클릭한다.

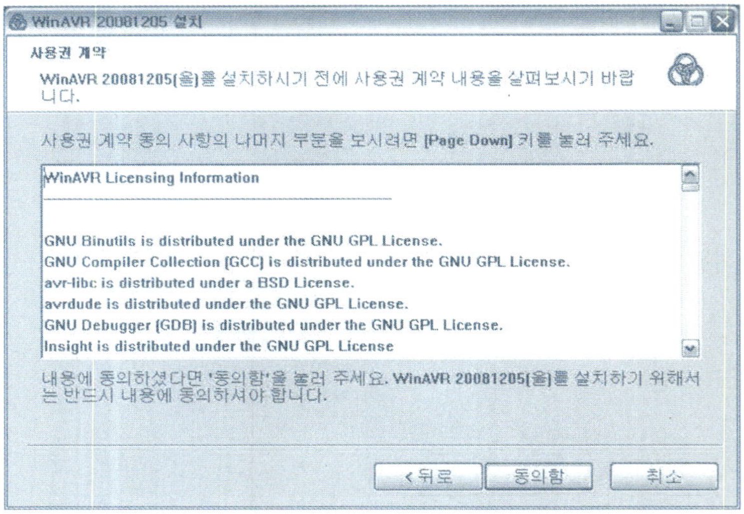

5 설치 경로를 선택한다. 이때 설치 폴더명을 "C:\WinAVR-20081205"→"C:\WinAVR"로 변경하고 "다음>"을 클릭한다.

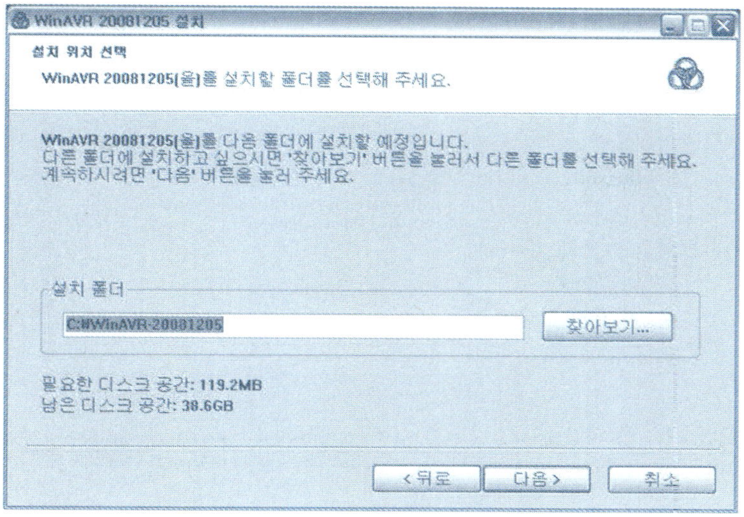

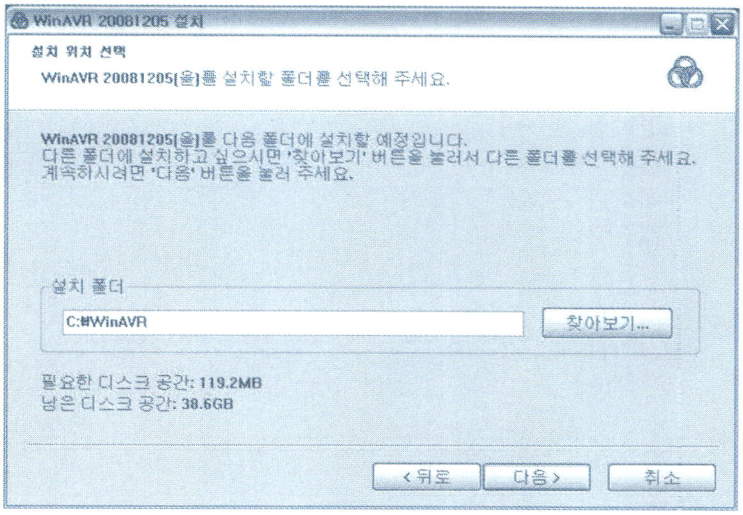

⑥ 설치 구성요소를 모두 선택하고 "설치"를 클릭한다.

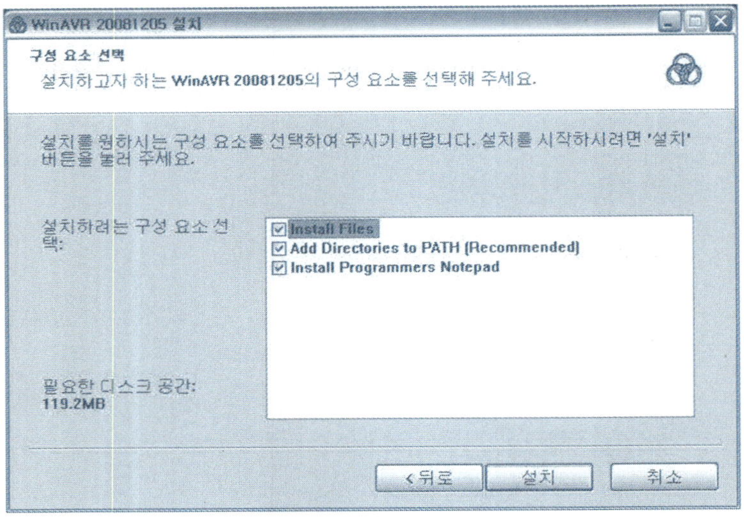

⑦ 설치가 시작된다.

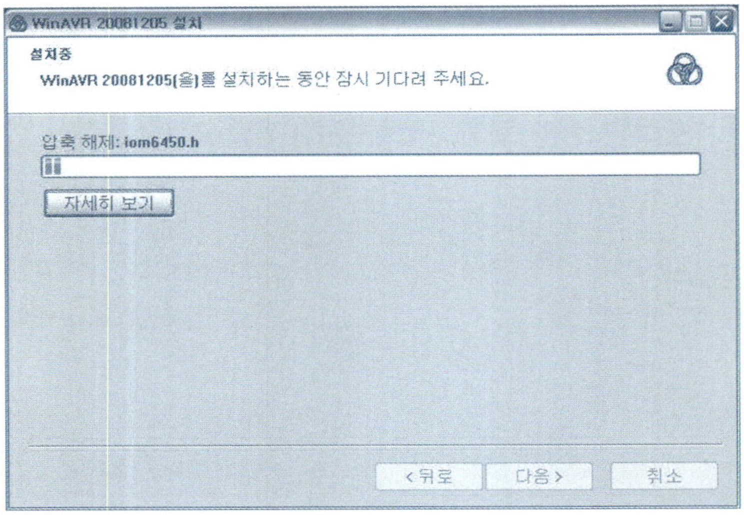

8 "마침"을 클릭하여 설치를 완료한다.

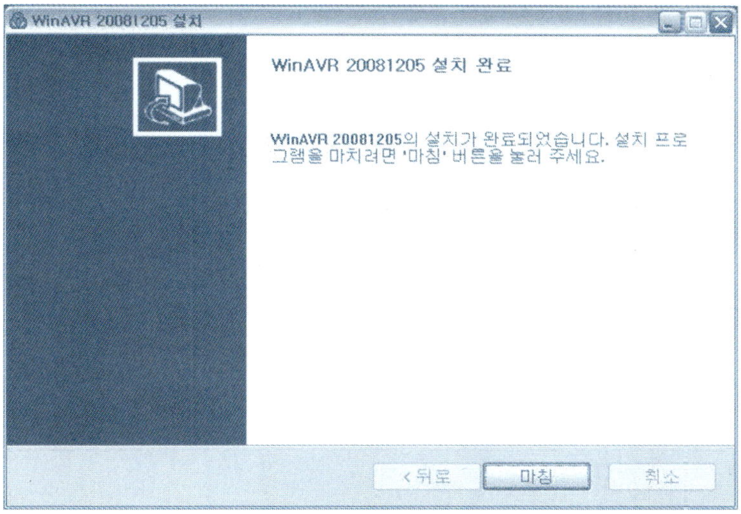

※ WINAVR 컴파일러 사용법은 다음 AVRSTUDIO 설치 및 사용법에서 다루도록 한다.

CHAPTER 07

AVRStudio 설치 및 구현

AVR 컴파일러(Compiler)에서 생성된 HEX 파일을 다운로드하기 위해서 사용되는 대표적인 툴은 ATmel사의 AVRSTUDIO이다. 이것은 다운로드와 어셈블리어로 작성된 프로그램을 컴파일하는 기능을 갖고 있다.

AVRStudio를 다운받을 수 있는 ATmel사의 홈페이지이다. 해당 홈페이지에서는 관련 툴 및 컨트롤러를 사용하는데 이용할 수 있는 제작 칩을 정리해놓은 문서들을 얻을 수 있다.

모바일 로보틱스(ED-7275 Mobile Omni-directional Robot)의 메인 CPU인 ATmega128의 칩 벤더인 ATmel사에서 소스 코딩 및 프로젝트 관리, 펌웨어(Firmware) 다운로드 툴, 컴파일러 연결 등을 하나의 툴로 작업할 수 있도록 제공해주고 있는 것이 AVRSTUDIO이다. AVRSTUDIO 설치 후 WINAVR 컴파일러를 AVRSTUDIO에 연결하여 개발환경을 구축할 것이다.

모바일 로보틱스(ED-7275 Mobile Omni-directional Robot) 제품 출하시 현재 최신 버전의 AVRSTUDIO 설치 파일이 CD로 제공된다.

01 AVR Studio 최신 버전 다운로드 방법

1) AVRSTUDIO 다운로드 방법

① ATmel사의 AVRSTUDIO 다운로드 페이지로 접속한다.

(http://www.atmel.com/dyn/products/tools_card.asp?tool_id=2725)

② 아래쪽에 있는 "AVR Studio 4.15(build 623)" 앞에 있는 Register 아이콘을 클릭한다.

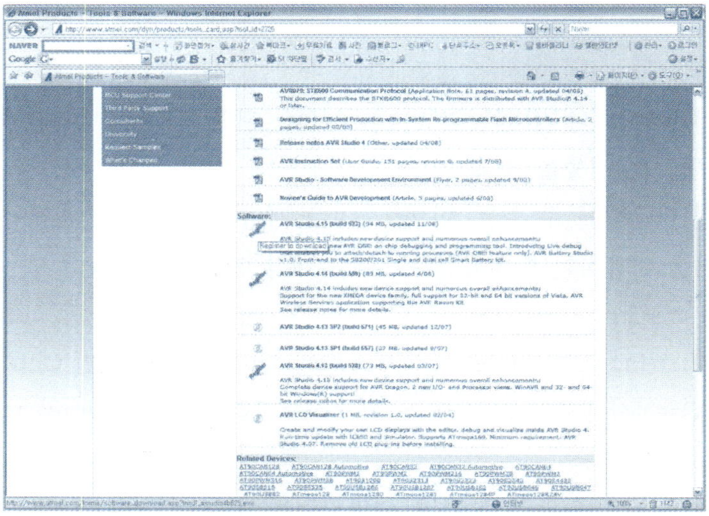

③ 무료 배포 본인을 확인하는 절차이므로 정보를 작성한다.

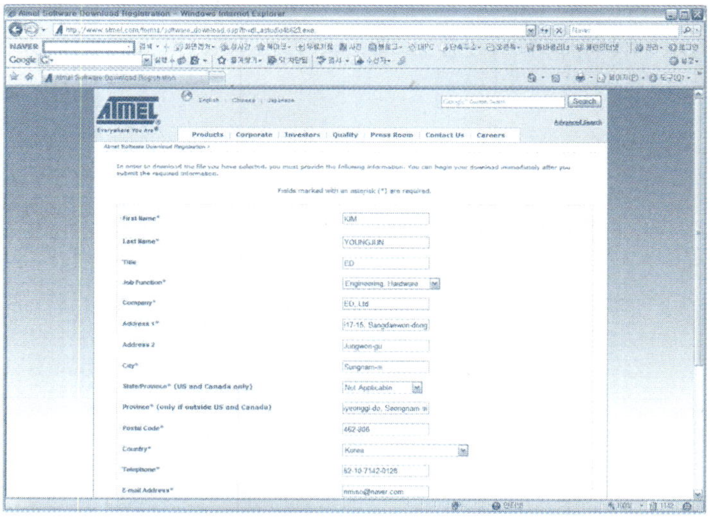

④ 모두 작성하였으면 맨 하단의 [Click to Download] 버튼을 클릭한다.

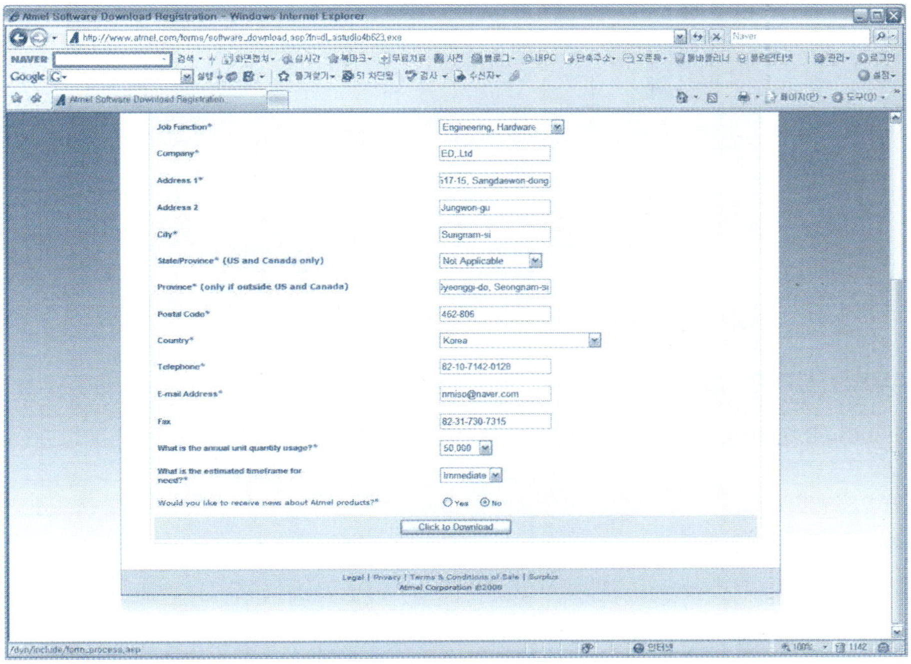

⑤ 다운로드 페이지에서 here를 클릭한다.

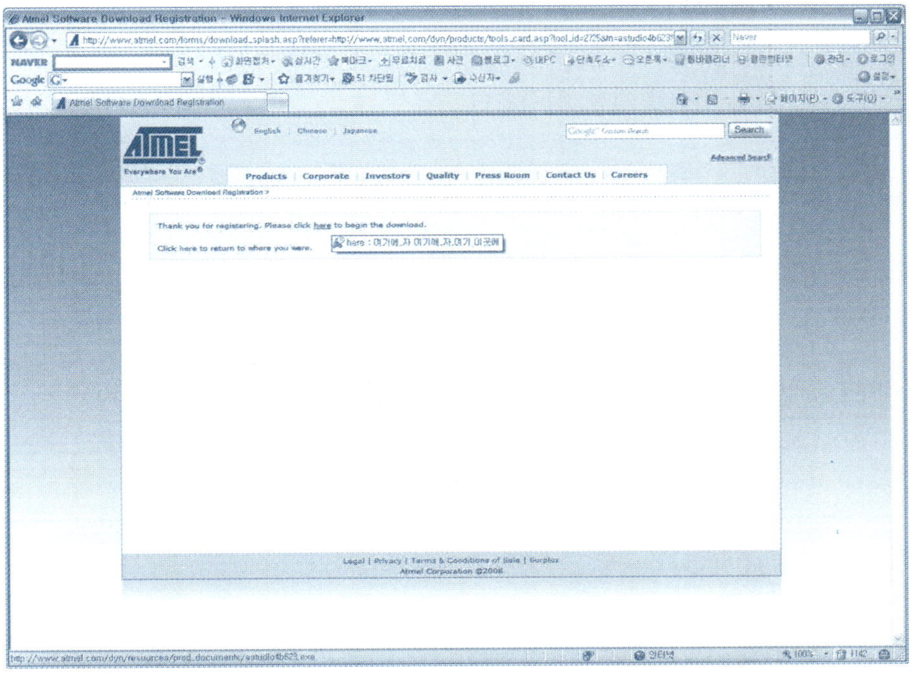

⑥ "저장"을 클릭하여 AVRSTUDIO의 설치 파일을 다운로드한다.

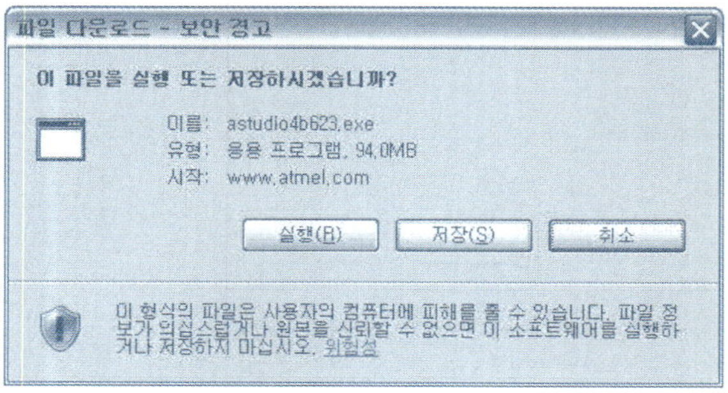

2) AVRSTUDIO 설치

① "astudio4b623.exe"를 실행한다.

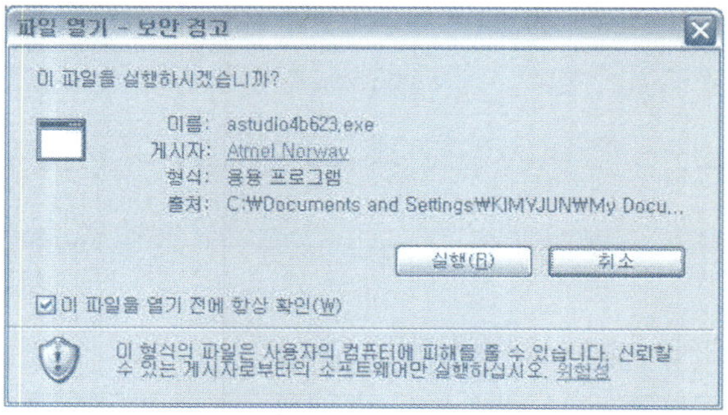

② "Next>"를 클릭하여 설치를 시작한다.

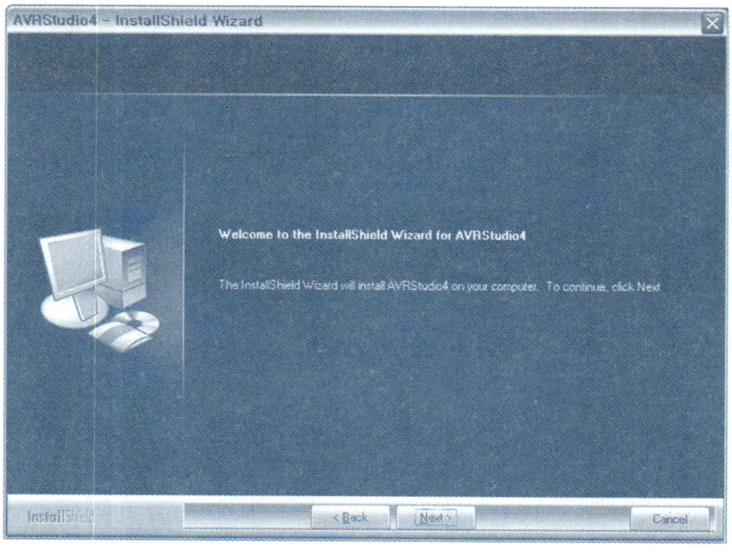

③ “I accept the terms of the license agreement ”를 선택하여 동의하고 “Next>”를 클릭한다.

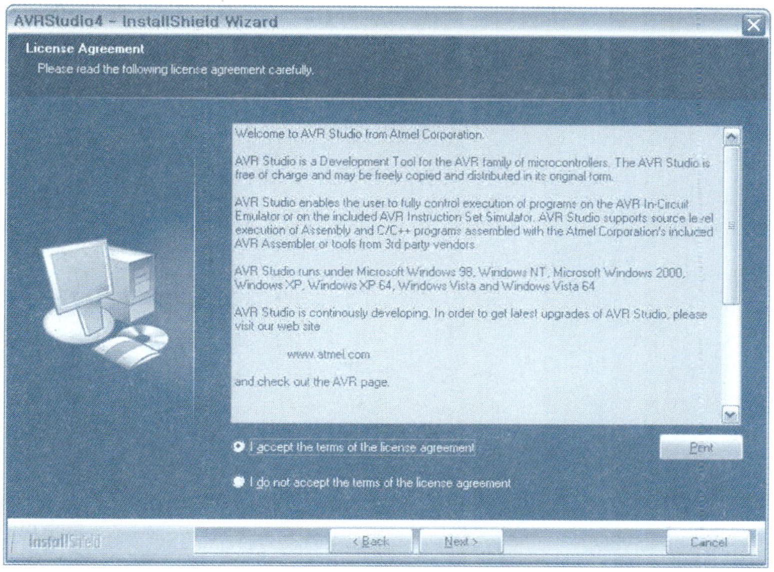

④ 설치경로를 확인하고 “Next>”를 클릭한다.

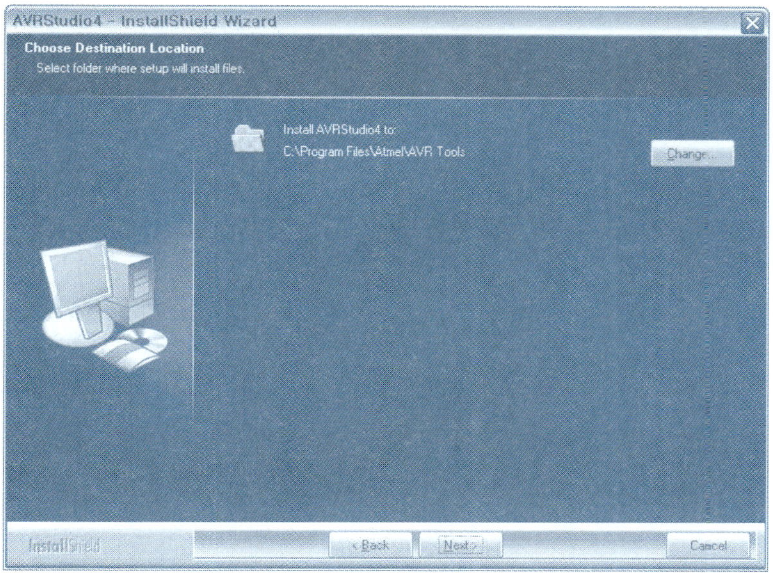

CHAPTER 07

5 에뮬레이터에서 USB 드라이버 설치 여부를 체크하고 "Next>"를 클릭한다.

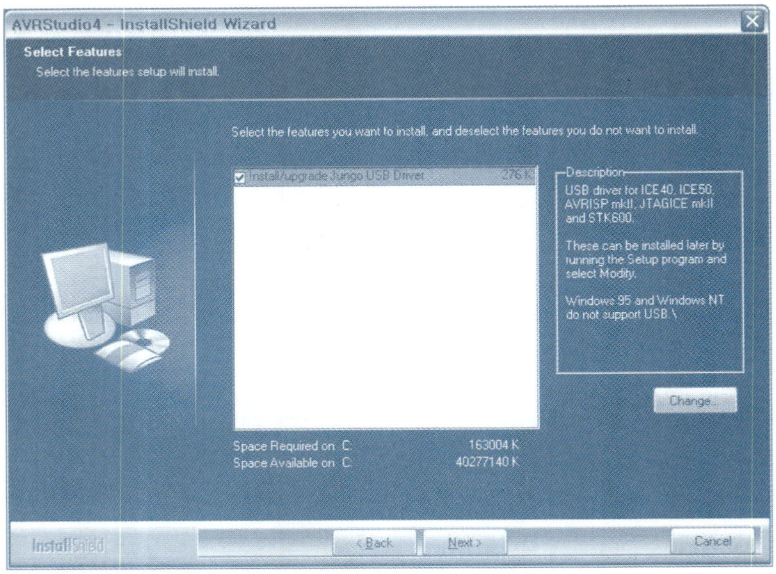

6 "Install"을 클릭하여 설치를 시작한다.

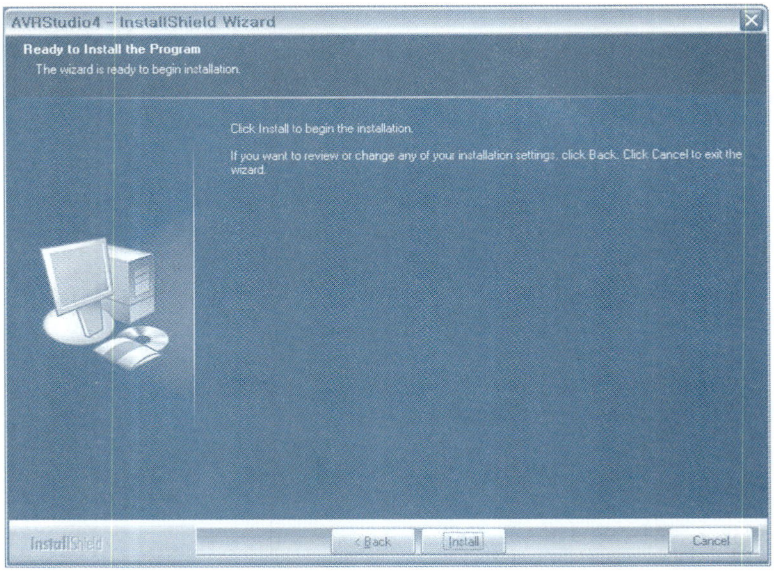

⑦ 설치가 시작된다.

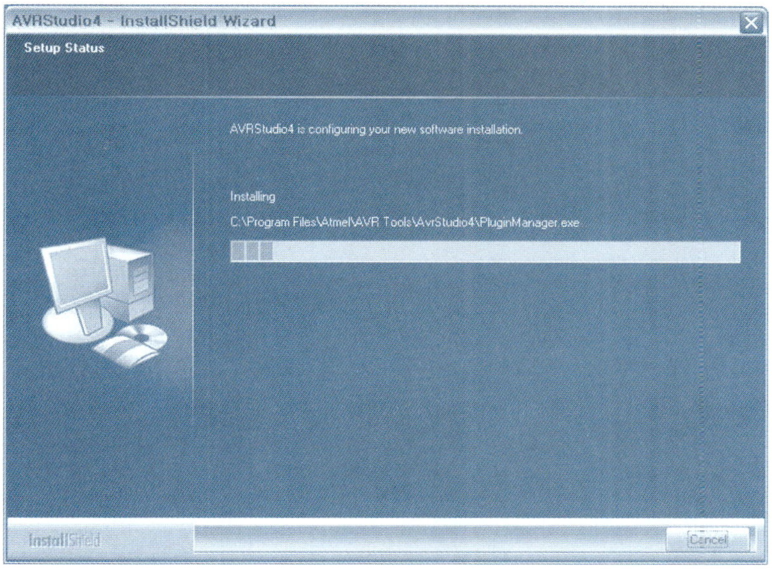

⑧ 설치가 완료되면 "Finish"를 클릭하여 설치를 완료한다.

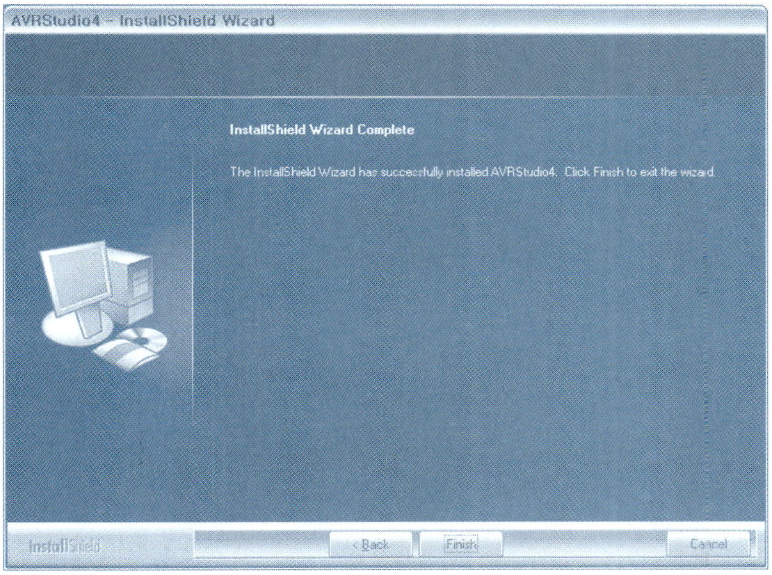

02 AVRStudio 4 실행

'AVRStudio 4 실행'에서는 프로그램을 작성하고 컴파일을 수행해서 생성된 HEX파일을 디바이스에 다운로드하는 방법을 나타낸다. 진행하는 과정에서 사용된 디바이스는 ATmega128이며 사용된 다운로더는 AVRISP이므로 마이크로프로세서 콤보에 포함되어 있는 구성품을 그대로 사용할 수 있다.

1 시작 → 모든 프로그램 → ATmel AVR Tools → AVR Studio 4를 실행한다.

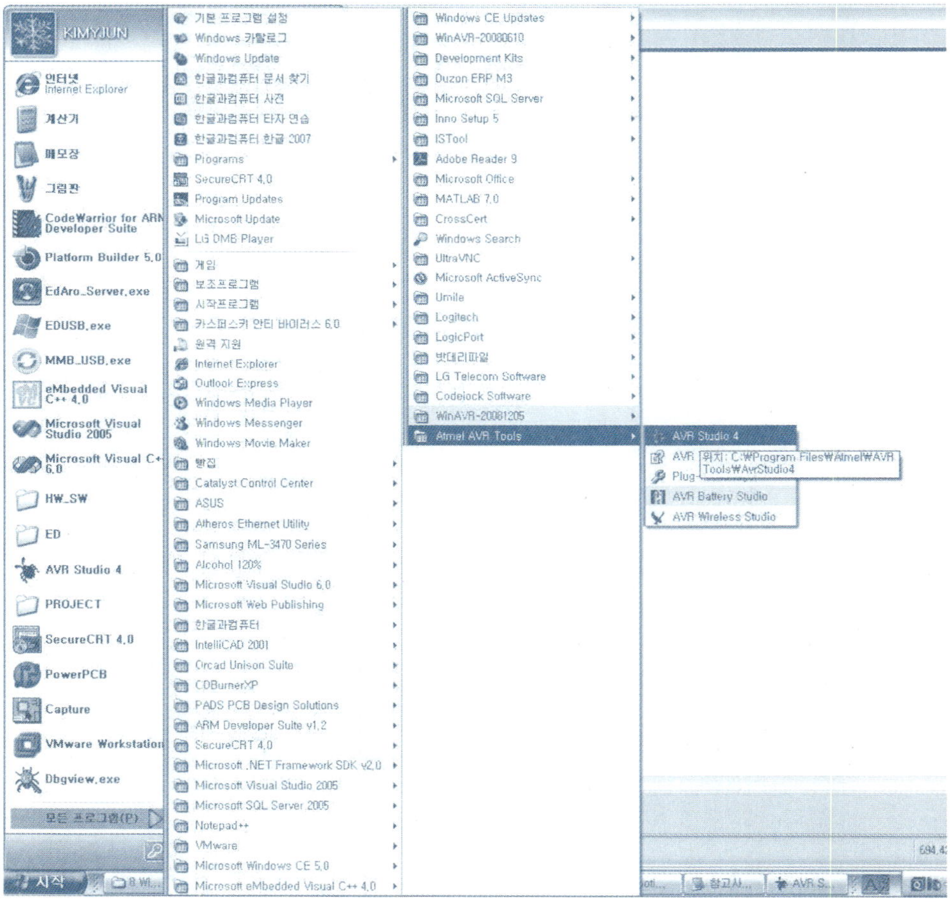

② 기본적인 사용 방법을 확인하기 위해 새 프로젝트를 생성하여 컴파일해보도록 한다.

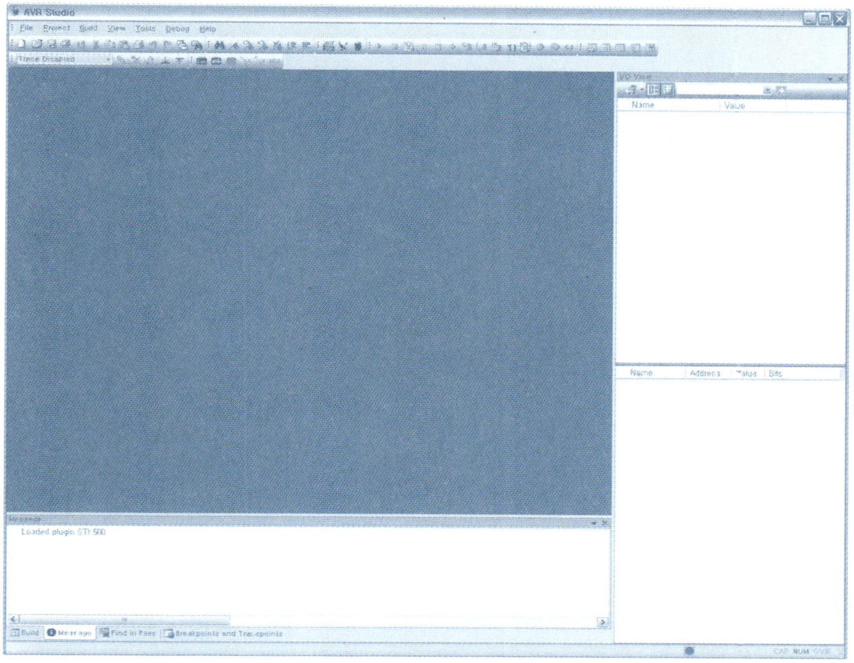

③ 메뉴에 Project → New Project를 선택한다.

④ 뜨는 팝업창에서 AVR GCC 컴파일러(WINAVR)를 선택한다.

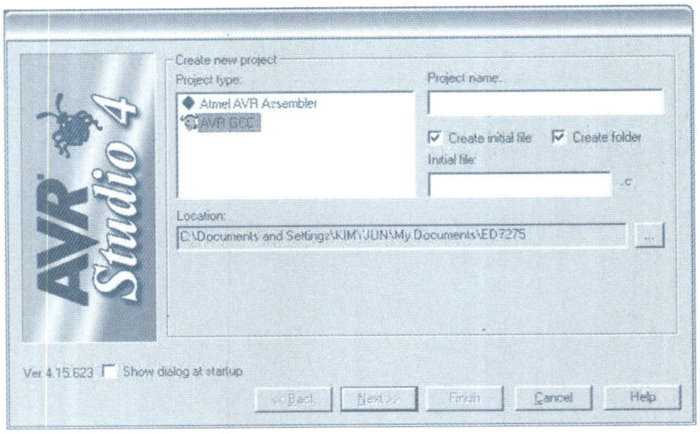

⑤ Project name을 "ED7275_Mobile_Robot_v1"으로 적고, Initial File 란에는 "main"을 적고 "Next>"를 클릭한다.

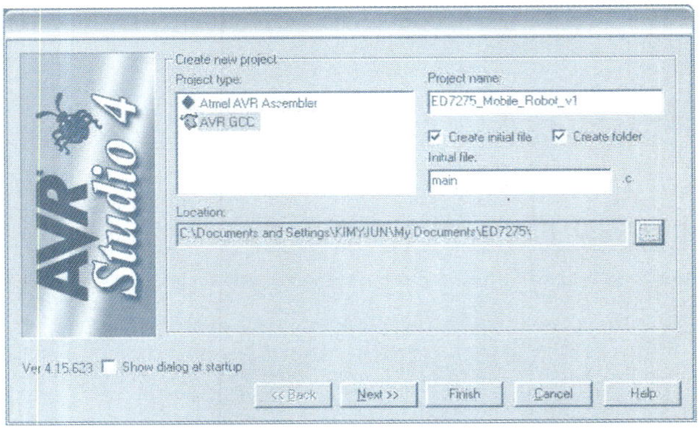

⑥ 디버거로 사용될 에뮬레이터를 설정하는 곳이다. 현재 디버거는 사용하지 않으므로 Device에서만 ATmega128를 선택한 후 "Finish"를 클릭한다.

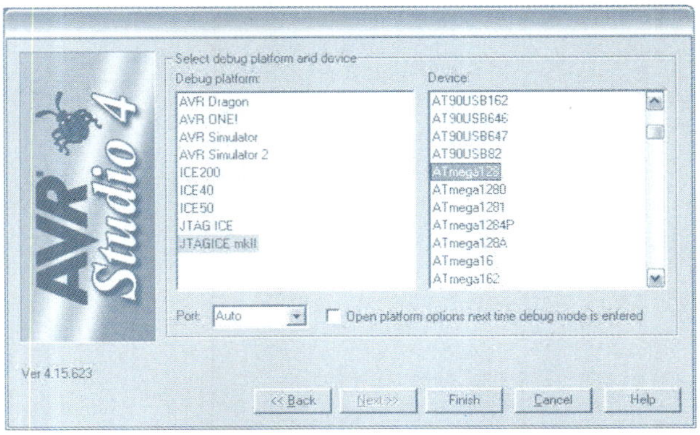

7 아래와 같이 새 프로젝트가 생성된다.

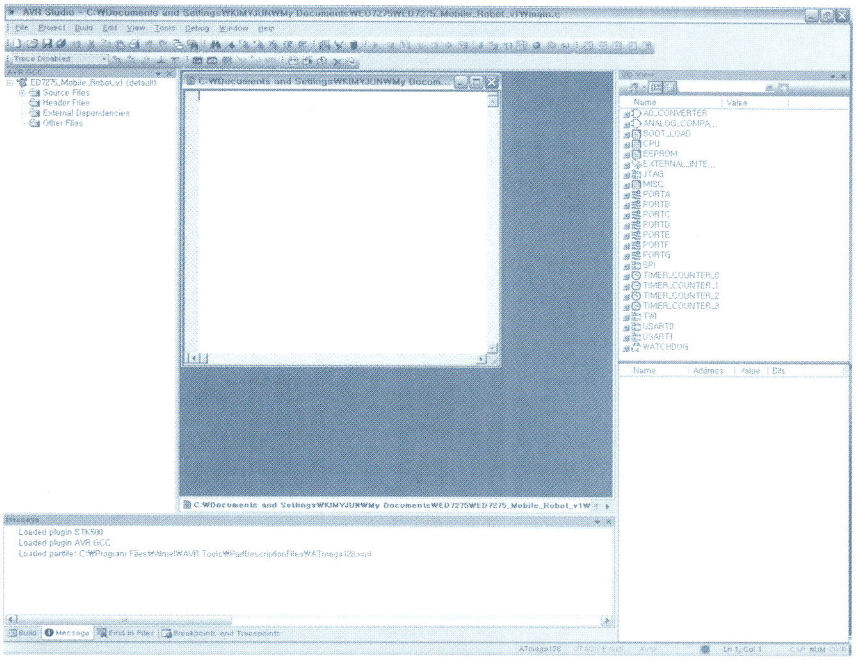

8 메뉴에 Project → Configuration Options를 선택한다.

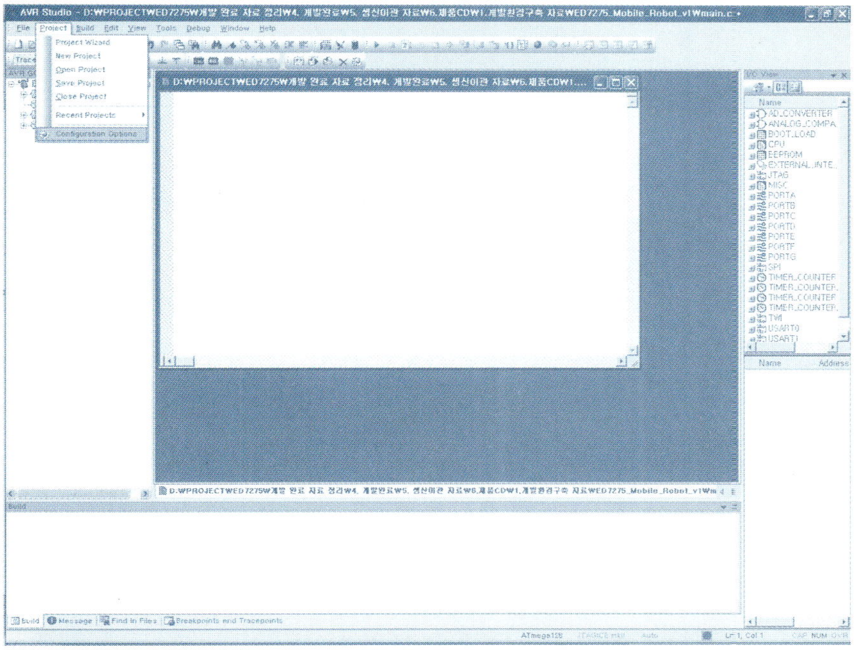

⑨ Frequency에 8000000으로 설정해준 후 "확인"을 누른다.

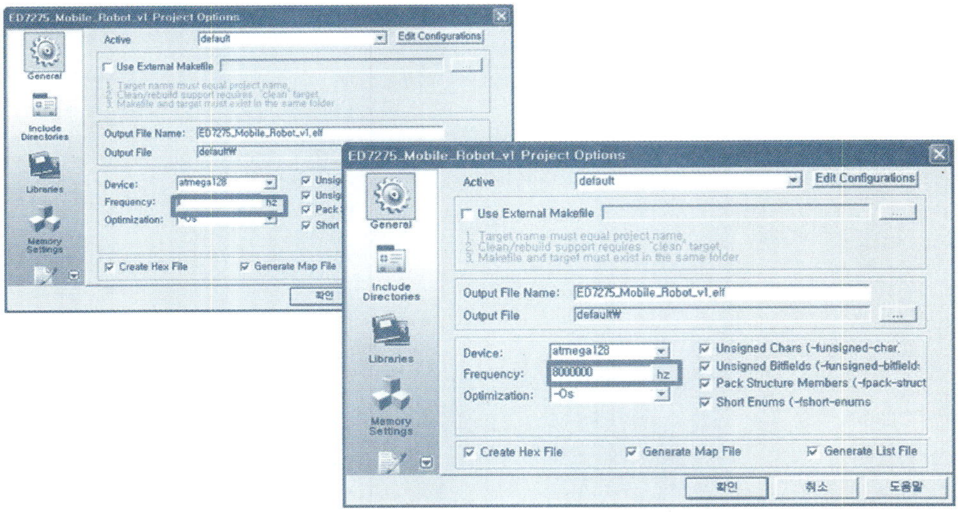

⑩ 메뉴에 Project → Save Project를 선택하여 변경된 값을 저장한다.

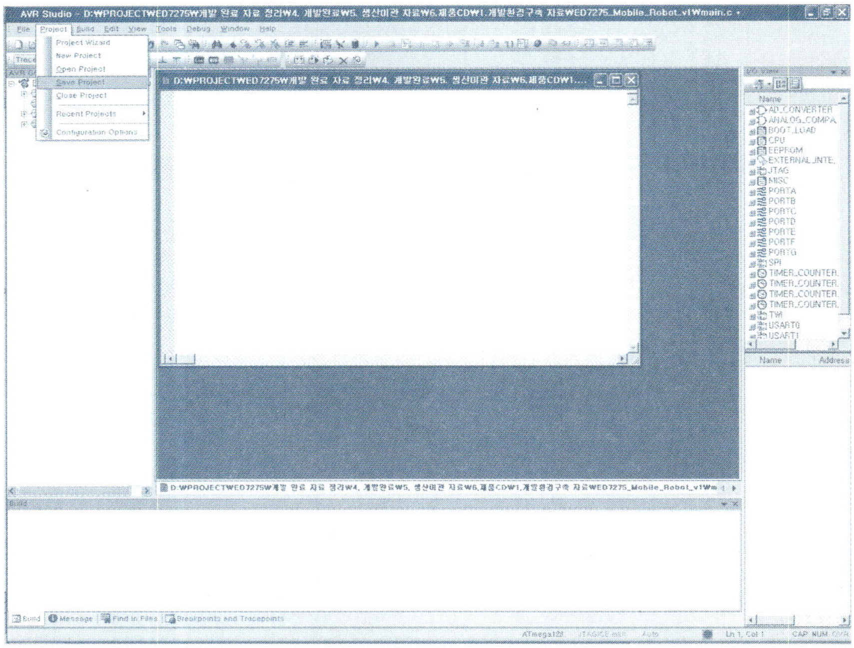

⑪ 왼쪽에 있는 Source File 트리를 열어 main.c 소스를 확인한다.

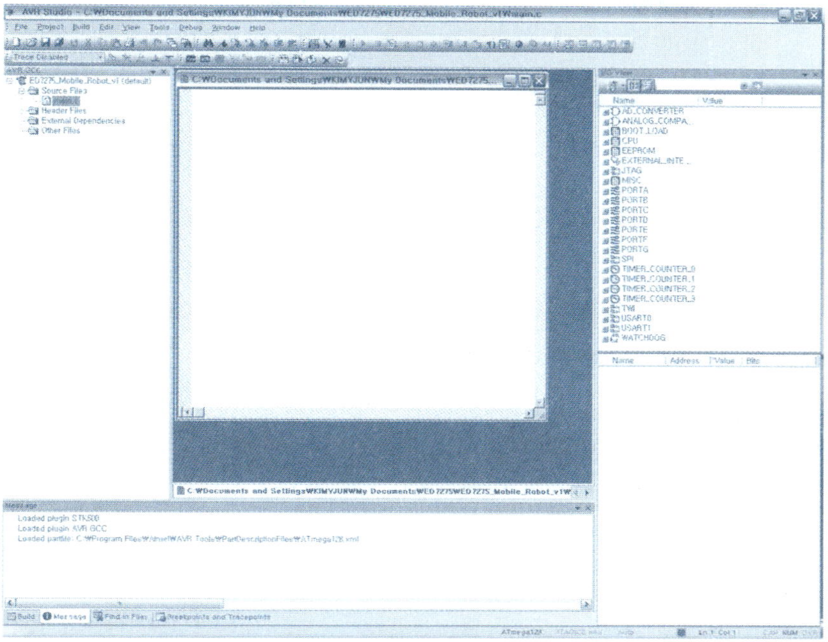

⑫ main.c 소스 파일에 아래와 같이 테스트용 기본 코드를 적어준다.

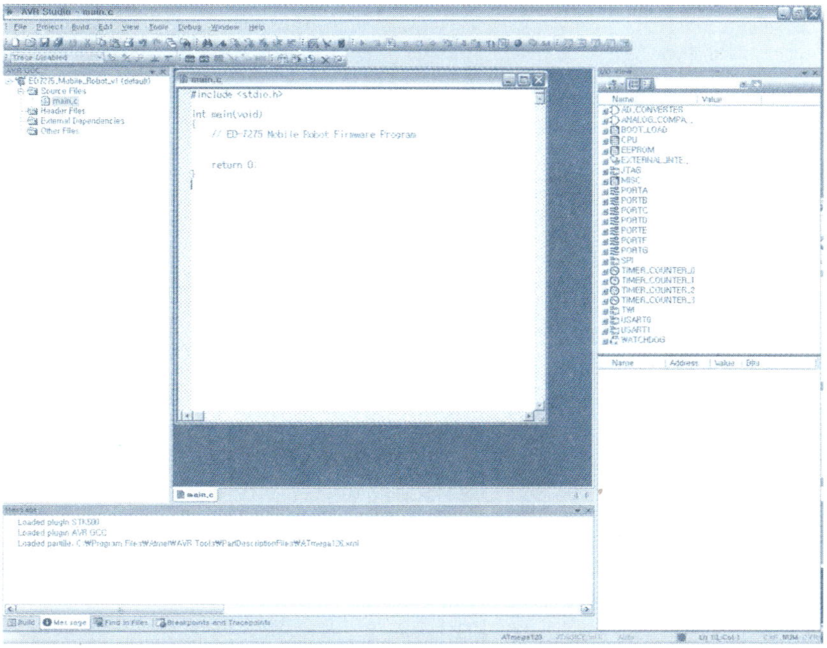

```
#include <stdio.h>
int main(void)
{
        // ED-7275 Mobile Robot Firmware Program


        return 0;
}
```

13  아이콘을 클릭하거나, 메뉴 → Build → Build를 선택하여 소스를 컴파일한다.

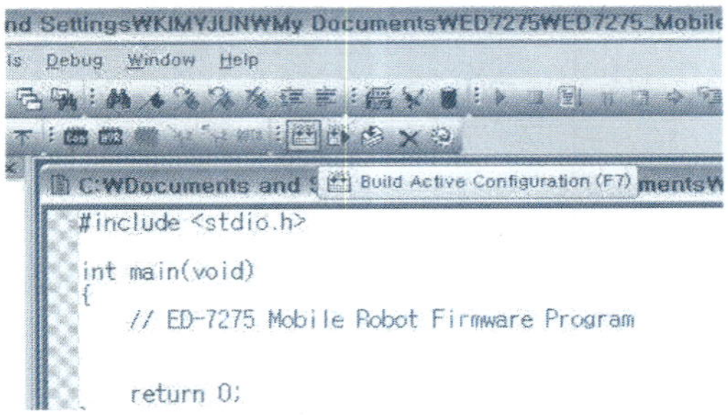

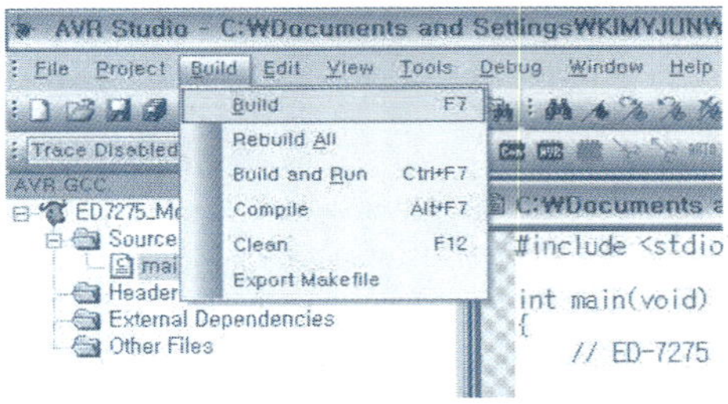

14 Build가 정상적으로 완료하였는지 아래의 창에서 확인할 수 있다.

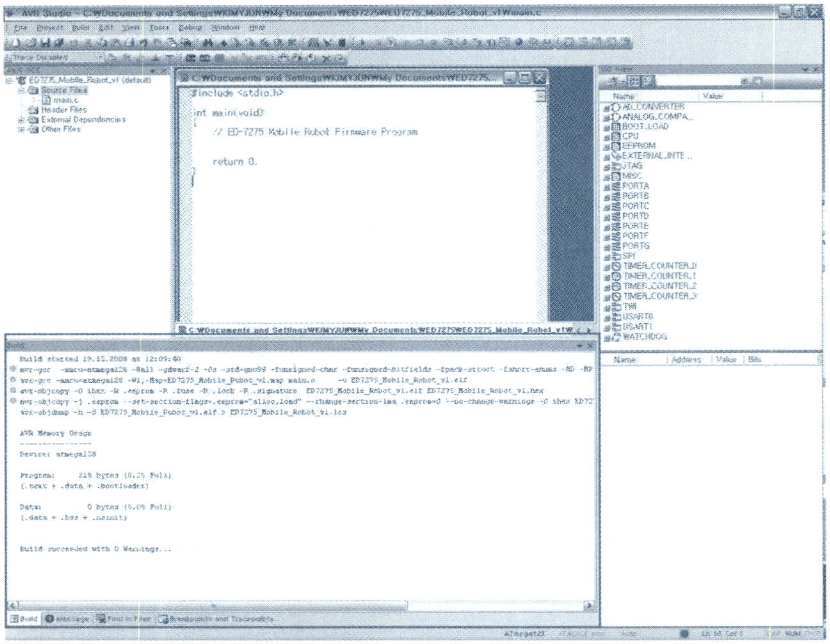

⑮ 정상적으로 빌드(Build)가 되었다면 빌드(Build)를 하여 생성된 HEX 파일을 확인하자. 경로는 생성한 프로젝트가 있는 폴더 내에→default 폴더 안에 ED7275_Mobile_Robot_v1.hex 파일이 있음을 확인할 수 있다. → 실제 로봇에 다운로드하는 Firmware 파일이 ED7275_Mobile_Robot_v1.hex 파일이다.

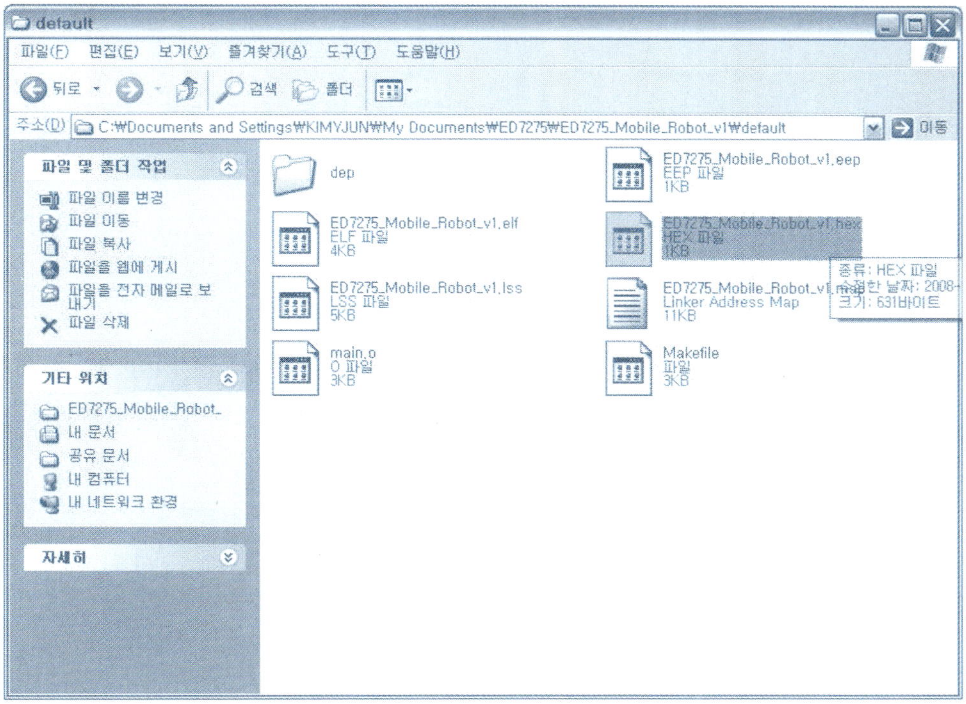

⑯ 작성된 HEX 파일을 로봇에 다운로드하기 위해 먼저 USB AVR ISP를 PC에 USB로 연결하고 로봇의 전원을 켠 후 USB AVR ISP 의 6핀 커넥터를 로봇의 ISP 단자에 연결한다. 연결을 하였으면 다시 AVR Studio 4의 창을 열어 아래 그림처럼 아이콘을 선택하거나 메뉴→Tools→Program AVR→Auto Connect를 클릭한다.

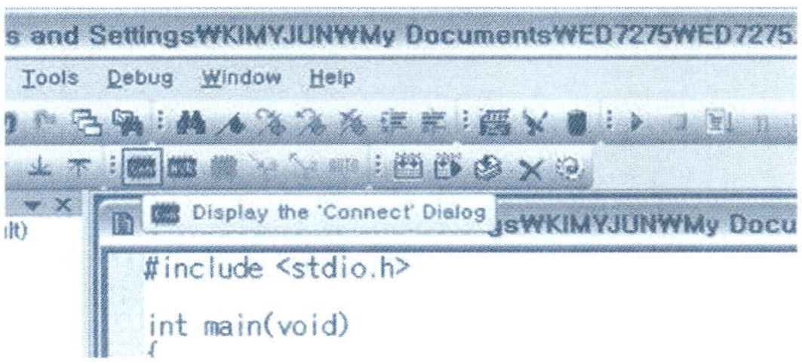

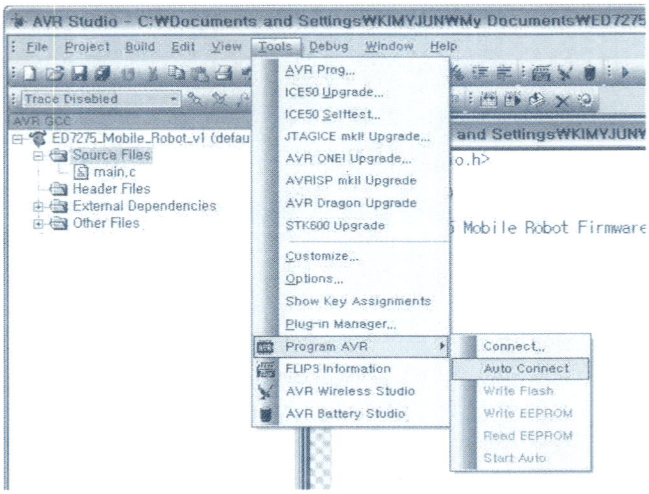

⑰ 다운로드할 ISP 선택창이 뜬다. Platform:은 “STK500 or AVRISP”를 선택하고, Port:에는 USB AVR ISP를 설정할 때 변경했던 COM 포트 번호를 선택해준다. 선택 후 “Connect”을 클릭한다.

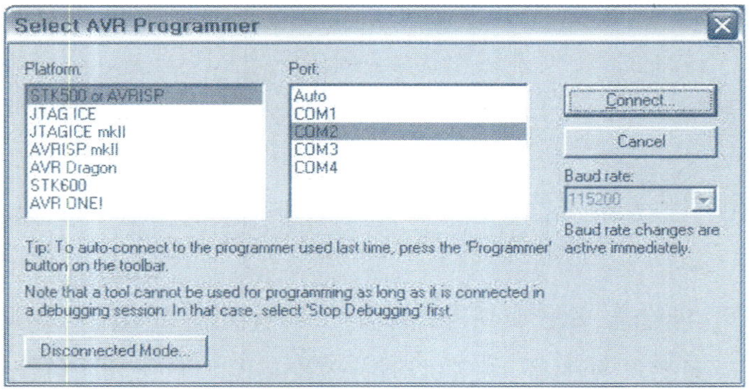

⑱ 정상적으로 연결되었을 경우 아래와 같은 창이 뜬다. 여기에서 반드시 “취소”를 선택한다.

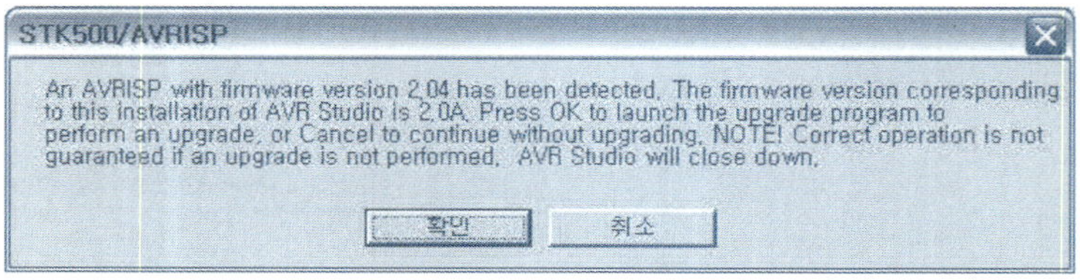

"확인"을 선택하였을 경우 다시 뜨는 창을 모두 닫고 AVR Studio 4를 다시 실행해 주어야 한다. 만약, 위와 같은 메시지 창이 안뜰 경우에는 USB AVR ISP 연결을 다시 확인하여야 한다.

⑲ 아래 창에서 Device and Signature Bytes 그룹에 No device selected 다이얼로그 박스를 열어 ATmega128을 선택한다.

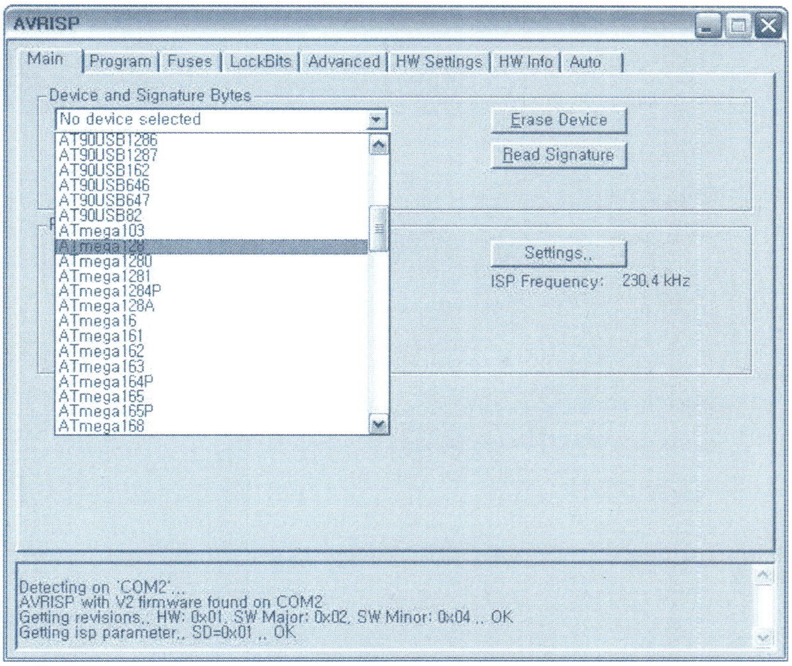

⑳ 세 번째 탭인 Fuses 탭을 선택하여 아래와 같이 체크를 한다.

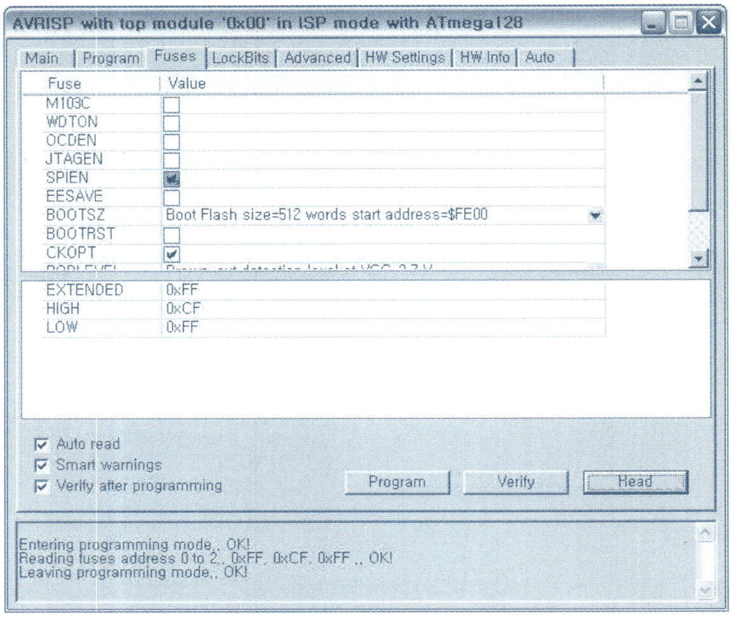

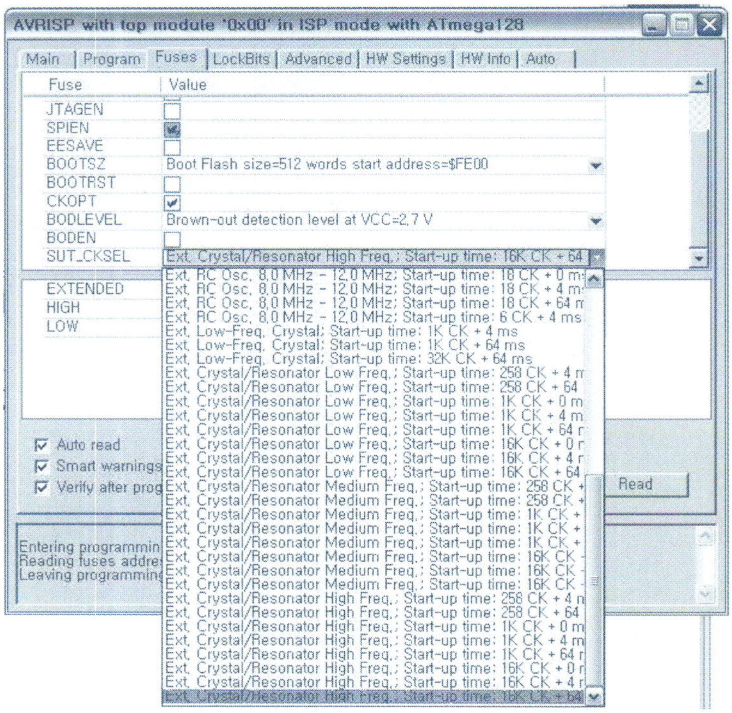

㉑ 이와 같이 체크박스 및 다이얼로그 박스의 항목을 선택 후 “Program” 버튼을 클릭해서 퓨즈 비트를 세팅해준다(퓨즈비트는 로봇의 클록과 CPU의 내부 동작 방법을 퓨즈 비트로 설정해주는 곳이다. 보다 자세한 사항은 ATmega128 데이터 시트 참조).
ATmega128 DataSheet :
http://www.atmel.com/dyn/resources/prod_documents/doc2467.pdf
Fuses 비트 세팅은 ATmega128 칩을 처음 사용할 때 한 번만 설정해주어도 된다.

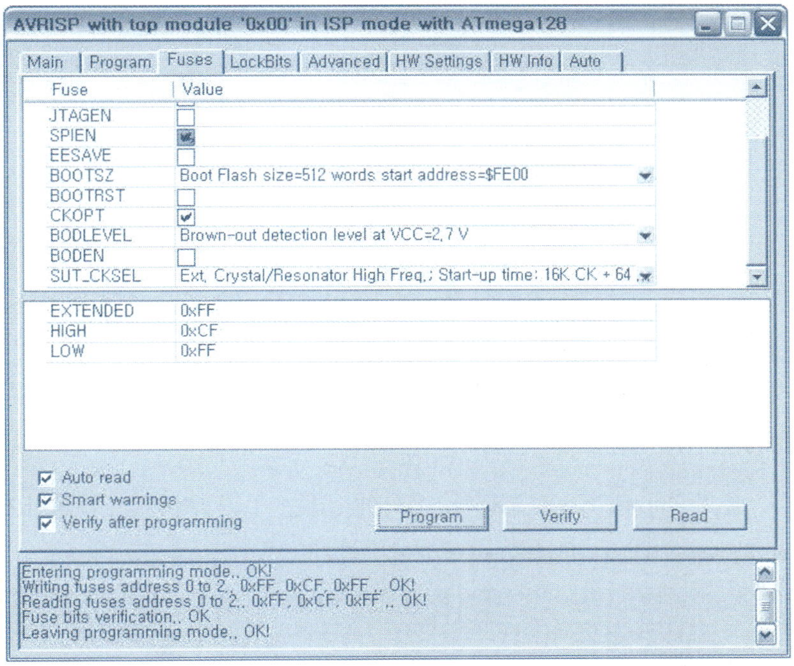

만약, 하단에 위와 같은 메시지 창이 안 뜰 경우에는 USB AVR ISP 연결을 다시 확인하여야 한다(로봇의 전원 ON 상태, USB AVR ISP가 PC(USB)와 로봇(ISP단자－6핀 커넥터)에 연결된 상태이어야 함).

㉒ HEX 파일을 다운로드하기 위해 두 번째 탭의 Program을 선택한다.

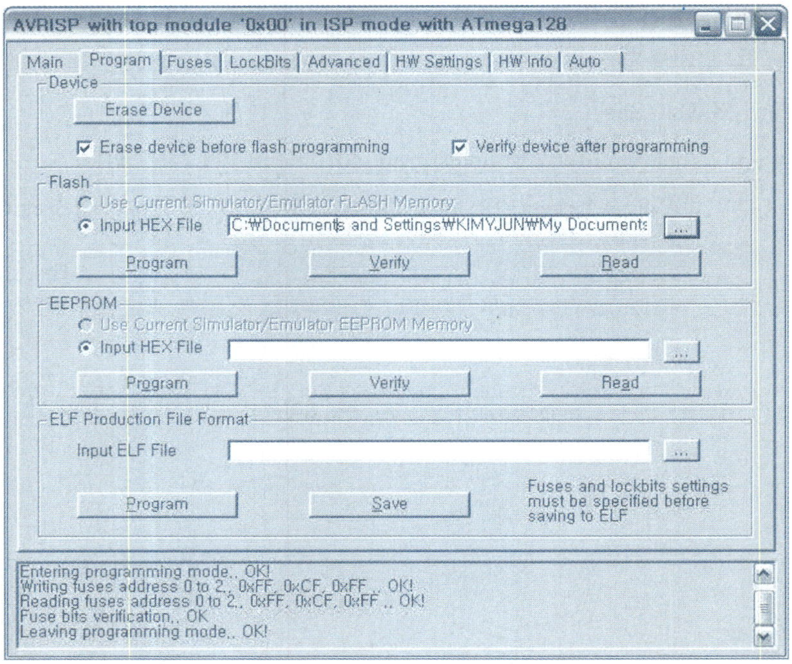

㉓ Flash 그룹의 Input HEX File의 우측에 있는 "..." 버튼을 클릭하여 ED7275_Mobile_Robot_v1.hex 파일을 선택하여 "열기" 버튼을 클릭한다.

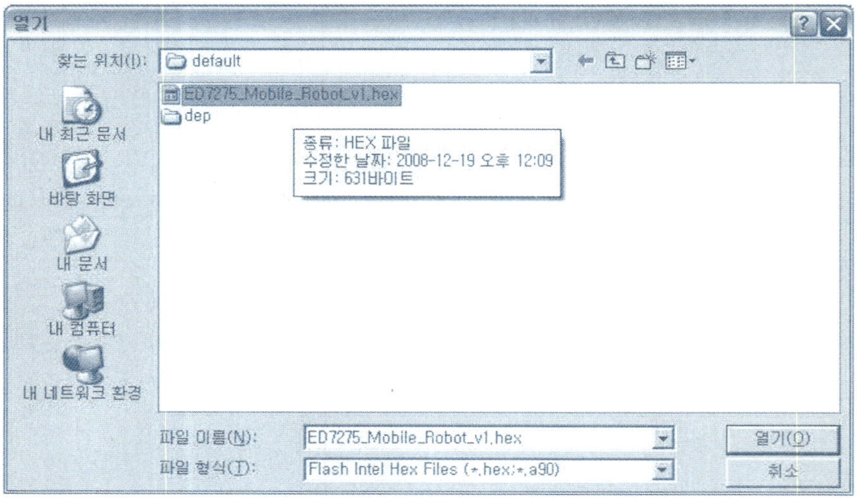

㉔ Flash 그룹의 Program 버튼을 클릭하여 로봇에 HEX 파일을 다운로드하여 Firmware를 업데이트해준다.

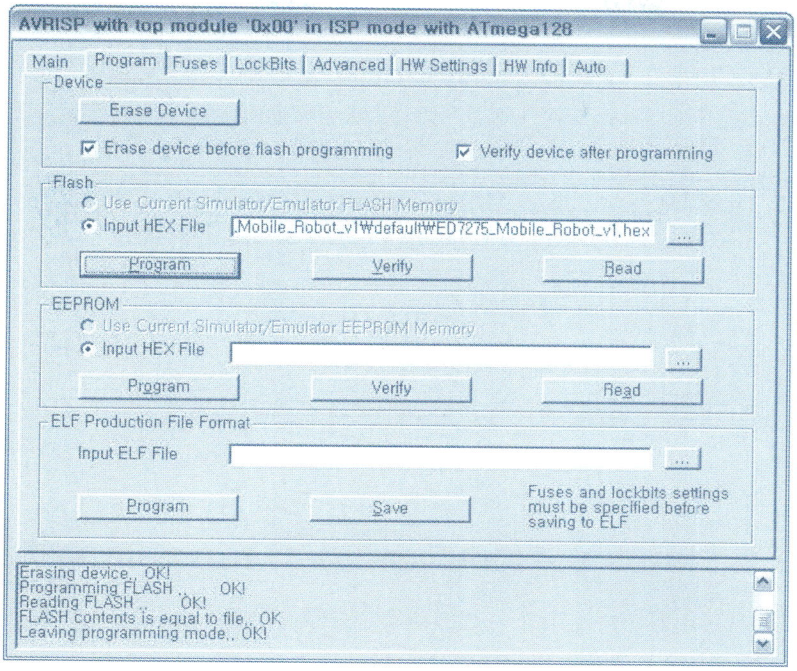

㉕ 다운로드가 완료되었으면 로봇 동작을 확인한다. 현재 다운로드한 ED-7275_Mobile_Robot_v1.hex는 기본 소스코드만 작성하여 컴파일된 Firmware이므로 로봇이 아무런 동작을 하지 않는다.

03 모바일 로보틱스의 테스트 프로그램 다운로드 및 확인

1 제공하는 CD에서 ED7275_MobileRobot_v2 폴더를 연다.

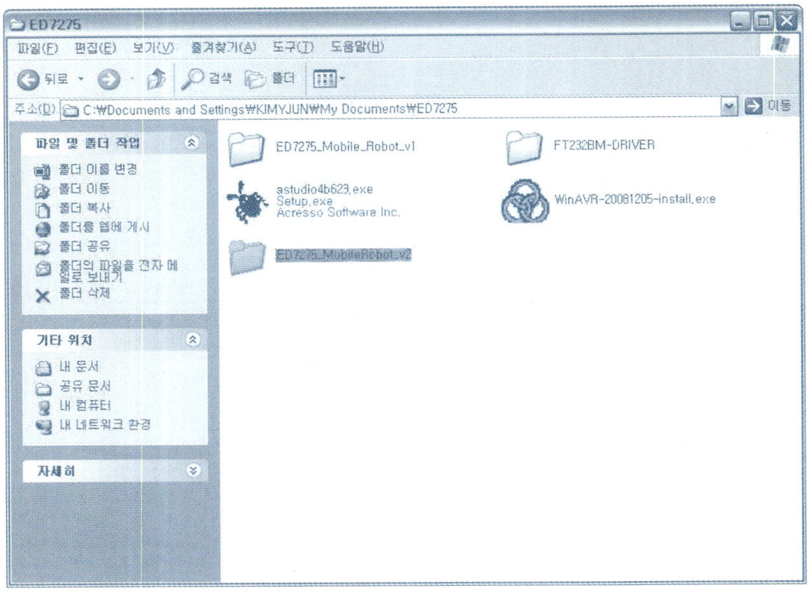

2 ED7275_MobileRobot_v2.aps 파일을 더블클릭하여 프로젝트를 OPEN한다.

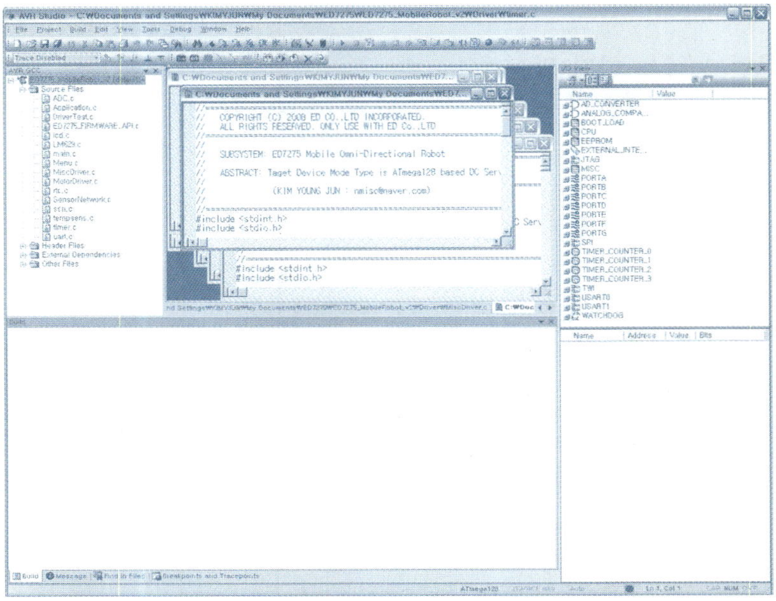

③ 빌드 메뉴를 선택하여 프로그램을 빌드 후 빌드 로그를 확인한다.

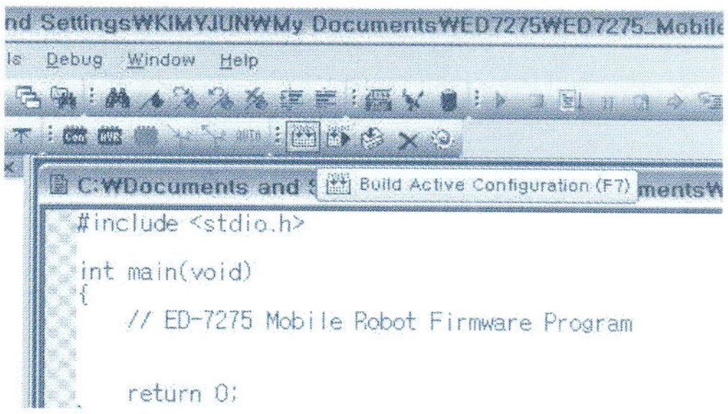

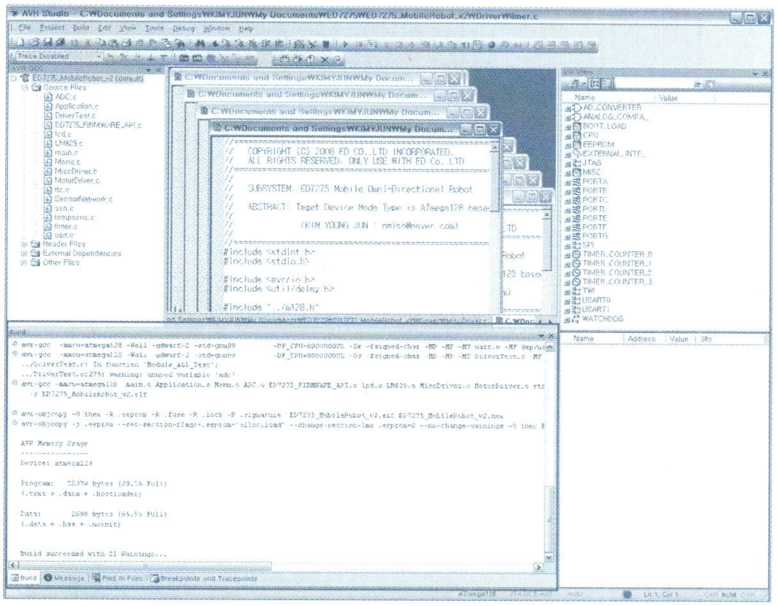

④ AVR 아이콘을 선택하여 프로그램 다운로더창을 실행한다.

AVR 아이콘 옆에 있는 Con 아이콘과 다른 점은 다운로더 선택을 하지 않고 바로 프로그램 다운로더창을 실행해주는 점이다.

5 Program 탭에서 Flash그룹의 Input HEX File의 "..." 버튼을 클릭하여 ED7275_MobileRobot_v2 폴더의 Build 폴더 안에 있는 ED7275_MobileRobot_v2.HEX 파일을 선택해준다.

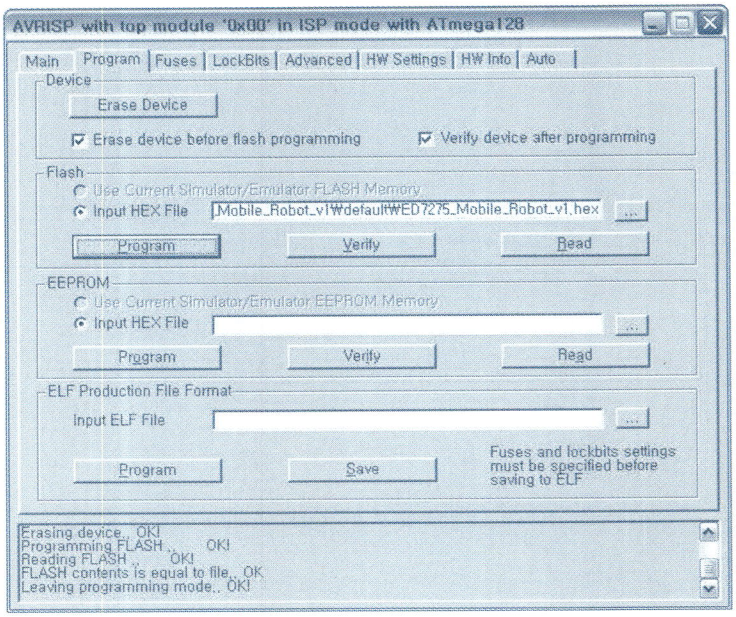

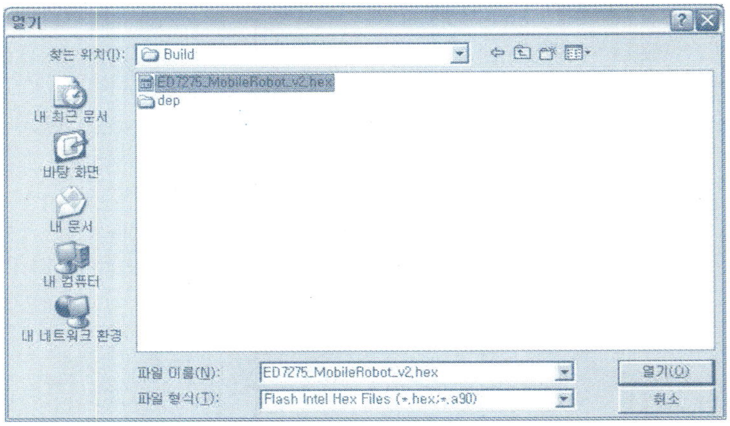

⑥ 다운로드 진행중 AVR Studio 하단의 Progress Bar에서 다운로드 진행률을 확인할 수 있다.

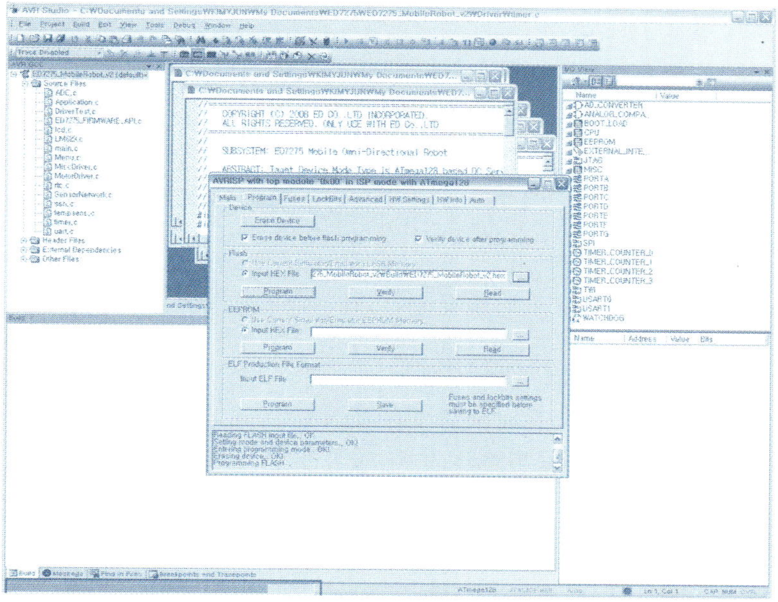

⑦ AVRISP 다운로더창의 최소화 버튼을 클릭한다.

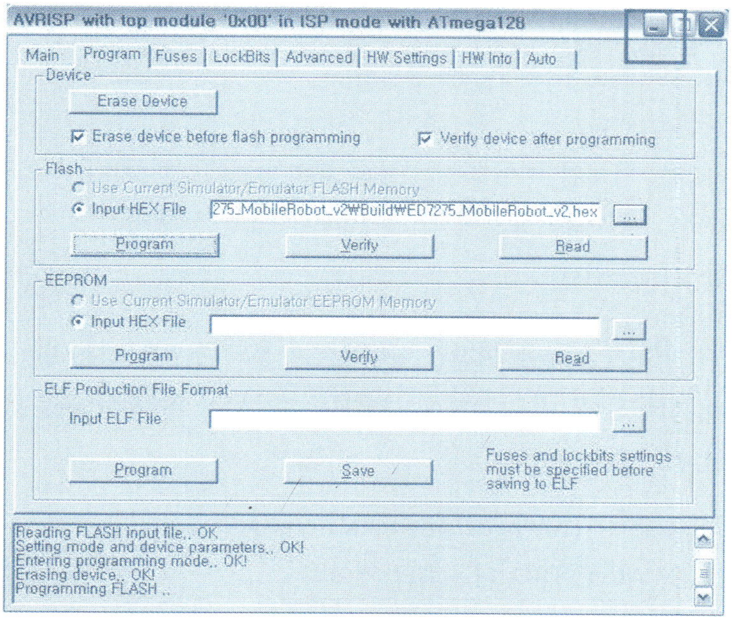

8 아래와 같이 Write Flash Memory Using Current Settings 아이콘이 활성화된다. 이 아이콘을 클릭하면 프로그램 다운로드창을 띄우지 않고도 다운로드를 바로 진행할 수 있다.

9 프로그램 다운로드가 완료되면 로봇의 동작을 확인하여 본다.

04 기 타

(1) 로봇과 USB AVR ISP 연결 순서

① USB AVR ISP의 USB를 PC에 연결한다.

② 로봇의 전원을 켠다.

③ USB AVR ISP의 6핀 케이블을 로봇의 ISP 단자에 연결한다.

④ AVRStudio를 이용하여 로봇에 프로그램을 다운로드 한다.

⑤ 로봇의 동작을 확인한다.

(2) USB AVR ISP가 로봇에 연결된 상태에서 로봇의 전원을 끄는 방법

로봇의 전원을 완전히 끌 경우 로봇에 연결된 USB AVR ISP의 케이블을 뺀 후 로봇의 전원을 꺼야 한다.

① WINAVR 홈페이지 : http://winavr.sourceforge.net

② ATmel사의 AVRSTUDIO 다운로드 페이지 :
http://www.atmel.com/dyn/products/tools_card.asp?tool_id=2725

③ ATmega128 DataSheet:http://www.atmel.com/dyn/resources/prod_documents/doc2467.pdf

CHAPTER

08 모바일 로보틱스의 C언어 및 응용

01 왜 C언어인가

마이크로프로세서 시스템에 있어서 몇 가지 공통적인 특징 중의 하나는 C언어를 사용하는 것이다. 다른 어떤 언어보다 C언어는 마이크로프로세서 프로그래머에게 주로 이용되었다. 물론 현재 C가 항상 사용되고 있거나 앞으로도 변함없이 사용될 것이라는 뜻은 아니다. 그러나 이 시점에서는 C는 마이크로프로세서 시스템의 표준에 가깝다.

소프트웨어를 성공적으로 개발하기 위해서는 먼저 프로젝트에 적합한 언어를 선택하는 것이 중요하다. 하나의 프로그래밍 언어가 8비트 프로세서에서 64비트 프로세서까지, 한 명에서 수십 명으로 구성되는 모든 프로젝트에 적합하다고 증명된 것은 놀라운 일이다. 그 언어가 C언어이다.

C는 작고 배우기 쉽고, 요즘 사용되는 모든 프로세서의 컴파일러가 존재하며 경험이 많은 C프로그래머가 상당수 존재하는 장점이 있다. 더욱이 C는 프로세서와 독립적이므로 프로그래머는 특정 프로세서의 구조와 상관없이 알고리즘과 응용 프로그램에만 전념할 수 있다. 그러나 이와 같은 특징은 대부분의 상위 레벨 언어의 특징이기도 하다. 그럼 왜 C는 다른 많은 언어들이 실패한 이 분야에서 성공을 하였는가?

C의 최대의 장점은 파스칼(PASCAL)이나 포트란(FORTRAN)과 같은 언어와 달리 "하위 레벨' 특성을 갖는 상위 레벨 언어라는 점이다. 이 문서에서 살펴보겠지만 C를 이용하면 마이크로프로세서 프로그래머는 상위 레벨의 이점을 가지면서 하드웨어를 직접 제어할 수 있다. C는 일반적인 상위 레벨 언어와는 달리 거의 모든 프로세서에서 간결하고 효율적인 코드를 만들어 낼 수 있다. 프로그래머는 C를 통해서 하드웨어를 쉽게 제어할 수 있다.

물론 C만이 마이크로프로세서 프로그래머 사이에서만 사용되는 언어는 아니다. 적어도 3가지 다른 언어(어셈블러, C, Ada)에 대해서는 좀 더 다룰 필요가 있다.

초창기 시절의 마이크로프로세서 소프트웨어는 대부분 타깃 프로세서의 어셈블리어로 작성되었다. 따라서 프로그래머는 프로세서와 하드웨어를 완전하게 제어할 수 있었지만 가격이 문제였다. 어셈블리어는 비싼 소프트웨어 개발 비용과 프로그램 코드의 이식성이 부족한 점 등의 많은 단점을 갖고 있다. 더구나 최근에는 숙련된 어셈블리어 프로그래머를 찾는 것이 무척 힘들게 되었다. 오늘날 어셈블리어는 상위 레벨 언어를 보조하는 기능으로 주로 상용된다. 아주 효율적이어야 하거나 최대한 간결해야 하는 부분, 또는 다른 방법으로서는 작성될 수 없는 곳에 코드의 일부분으로만 이용된다.

C++은 C의 객체 지향성을 가진 언어로 마이크로프로세서 프로그래머 사이에서 점차 인기를 끌고 있다. C++ 핵심적인 특징은 C와 동일하며 여기에 보다 향상된 데이터 추상화 기법 및 보다 강화된 객체 지향 프로그래밍 기법 등을 추가하였다. 이와 같은 새로운 특징은 소프트웨어 개발자에게 매우 유익하지만, 일부 실행 프로그램의 효율성을 떨어뜨리기도 한다. 따라서 C++은 프로그램의 효율성보다 개발자에게 편이성이 우선하는 대규모 개발팀에서 인기가 있다.

에이다(Ada)는 C++과 상당히 다른 객체 지향 언어이다. Ada는 미국 국방성에서 군사용 소프트웨어를 개발하기 위해 고안되었다. 두 번이나 국제표준(Ada83, Ada95)으로 승인되었지만 미국의 국방 산업 및 우주 산업 이외의 부분에서는 그 기반을 확보하지 못했다. 최근에는 이 두 분야에서도 점차 기반을 잃어가고 있는 실정이다. 그러나 Ada는 C++에 비해 마이크로프로세서 소프트웨어 개발을 좀 더 단순하게 할 수 있는 많은 특징을 가지고 있다.

C는 대부분의 마이크로프로세서 시스템에서 다루어지고 있다. 이 시스템에서도 설명과 예제 모두 C와 관련되어 작성되었다. 어셈블리어는 제한된 범위 내에서 다루어지고 가능한 모든 부문에서 사용되지 않았다. 다시 말하면 어셈블리어는 다른 방식으로는 구현할 수 없는 프로그램의 특정 부분에서만 사용하였다.

이와 같이 C와 어셈블리어를 같이 사용하는 것은 현재 마이크로프로세서 소프트웨어가 실제 개발되는 상황과 미래를 정확히 반영하였다. 이러한 시스템에서 C언어를 선택함으로써 실제 시스템의 개발에 도움을 주고 많은 사람들이 사용하였다.

02 C언어의 장점

오늘날 컴퓨터 프로그램을 작성할 때는 C, 파스칼(Pascal), 베이직(BASIC), 모듈러(Modular)와 같이 많은 고급 언어 중에서 필요한 것을 사용할 수 있다. 하지만 전문가들은 몇 가지 이유 때문에 C를 쓰고 있다.

① C는 강력한 기능을 제공하고 융통성을 발휘하는 언어이다.
② C는 이식성이 뛰어나다.
③ C는 키워드라는 몇 개의 단어만을 사용하여 프로그램을 구성하는 간편함을 제공한다.
④ C는 모듈을 기본으로 한다.

03 C프로그램과 C언어

C언어는 main()으로 프로그램 시작을 한다.

```
main()                                  /* 프로그램의 시작    */
{        /*  함수 또는 블록의 시작을 나타낸다. */
             printf("Hello, world !");   /* ";" 문장의 끝을 나타내는 기호. */
}                           /*main 함수의 끝*/
```

결과

```
Hello, world !
```


프로그램이 시작되면 printf()라는 함수를 호출하며 소괄호 사이에 들어 있는 내용이 화면에 출력된다.

'\n'은 다음 줄로 넘어가라는 것을 의미한다. \n은 스트링의 어느 위치에나 올 수가 있으며 그 의미는 항상 같다.

따라서 printf("Hello,\nworld !\n");을 수행하게 되면 다음과 같은 출력을 얻게 된다.

```
main()
{
```

```
        int height, base = 5;           /* height : 높이, base : 밑변의 길이 */
        float extent;                    /* extent : 면적 */

        printf("Enter the length of the height : ");
        scanf("%d",&height);
        extent = 0.5 * base * height;   /* 면적을 계산      */
        printf("The extent of a triangle is %f₩n",extent);
}
```

결과

```
Enter the length of the height : 4
The extent of a triangle is 10.000000
```

```
scanf("%d",&height);
```

scanf 함수는 printf 함수와 함께 C의 입출력 함수 중 가장 많이 쓰이는 함수이다. 여기서 '%d'는 10진수의 입력을 받겠다는 뜻이며, height 앞의 &기호의 의미는 그 다음에 붙어 있는 변수의 주소를 알려준다. 왜냐하면 scanf 함수는 입력받고자 하는 변수의 주소를 원하기 때문이다.

printf문 내의 '%f'는 부동소수점형(floating type)으로 출력을 하라는 뜻이다.

04 데이터 유형

1) 정수 데이터 유형

[표 8-1] C언어의 정수 데이터 유형

정수형	바이트수	정수형 데이터의 허용범위
short int(short, signed short int)	2바이트	–32,768~32,767
unsigned short int(unsigned short)	2바이트	0~65,535
int(signed, signed int)	2바이트	–32,768~32,767
unsigned int(unsigned)	2바이트	0~65,535
long int(long, signed long int)	4바이트	–2,147,483,648~2,147,483,647
unsigned long int(unsigned long)	4바이트	0~4,294,967,295

앞에서 괄호 안의 이름들은 모두 대신 사용할 수 있는 것들이며 unsigned가 붙은 것과 붙지 않은 것, 크게 두 종류로 구분할 수 있는데 unsigned가 붙은 것은 말 그대로 부호가 필요 없는 정수, 즉 양의 정수를 의미한다. unsigned가 없는 것들은 당연히 부호가 있는 일반 정수를 의미하며 여기에는 양의 정수와 음의 정수가 다 존재할 수 있다. 반면에 unsigned를 빼면 short int와 그냥 int, long int로 나눌 수 있는데 이는 정수의 크기에 따른 분류이다. 이름에서 알 수 있듯이 short int는 크기가 작은 정수들을 의미하며, long int는 그 보다는 큰 정수들을 의미한다.

정수형(int)은 양의 방향으로 최대가 32767인데 만약 int로 선언한 변수의 값이 이 범위를 넘어갔을 경우 결과는 다음과 같다.

```
#include <stdio.h>

main()
{
        int boxes, kilogram;
        int total;
        kilogram = 30;
        boxes = 1500;
        total = boxes * kilogram;
        printf("There are %d kilograms in 1500 boxes of apple.₩n",total);
}
```

결과

```
There are -20536 kilograms in 1500 boxes of apple.
```

%d의 %는 출력할 위치를 나타내고 d는 정수(decimal)임을 나타낸다.

C 컴파일러는 에러를 내지 않는다. 프로그래머가 알아서 조치를 취해야만 하는데 여기서는 int형 대신에 unsigned int나 long형을 쓰면 올바른 답을 얻을 수 있다. 단, long형으로 고칠 경우에는 printf문 내의 '%d'를 '%ld'로 고쳐야 한다(unsigned int형일 경우 %u).

2) 실수 데이터 유형

float

double

long double

float은 4바이트(32bit)를 사용하여 실수를 나타내고 있으며, double은 8바이트(64bit), 그리고 long double은 10바이트(80bit)를 사용하고 있다. 컴퓨터에서 실수를 표현할 때에는 지수 부분과 가수 부분으로 나누어 표현한다.

float은 소수점 이하 7자리까지의 수를 표현할 수 있으며 double은 소수점 이하 15자리까지, long double은 소수점 이하 19자리까지 수를 표현할 수 있다. 따라서 보다 더 정밀한 계산을 하고자 할 때에는 double이나 long double을 사용하면 된다.

```
#include <stdio.h>
main()
{
        float f_amount;
        double d_amount;
        f_amount = 123456750.12;
        d_amount = 123456750.12;
        printf("Float type result = %f₩n",f_amount);
        printf("Double type result = %lf₩n",d_amount);
}
```

결과

```
Float type result = 123456752.000000
Double type result = 123456750.120000
```

3) 문자 데이터 유형

[표 8-2] C언어의 문자 데이터 유형

데이터형	바이트수	정수형 데이터 허용범위
char(signed char)	1바이트	−128~127
unsigned char	1바이트	0~255

C에서의 문자 데이터는 문자하나, 즉 글자 한 글자를 의미하며 정수 데이터 유형의 경우와 같이 unsigned가 붙어 있는 것과 그렇지 않은 것이 있는 것을 알 수 있다.

문자를 컴퓨터에 표현하려면 특정 코드를 사용하여야 하는데 C에서는 이 코드로 ASCII라는 이름의 코드를 사용하고 있다. ASCII 코드는 7bit로 1문자를 나타내기 때문에 C에서도 7bit로 문자를 나타내게 되는데 메모리의 기본 단위가 1byte = 8bit이기 때문에 8bit로 한 문자를 나타내게 된다. 그런데 이 코드라는 것이 2진수이기 때문에 겉으로 볼 때 정수와 전혀 차이가 없다. 그래서 C언어에서는 아예 이 둘 사이의 구분을 없애버렸다.

단지 문자 데이터 유형은 1바이트의 크기를 갖는 정수 데이터 유형으로 간주하게 된 것이다.

즉, C에서 문자 데이터 유형은 크기가 1바이트인 정수 데이터 유형으로 생각하면 된다. 문자 데이터 유형은 정수 데이터 유형과 같이 나타낼 수 있는 수의 범위가 존재하게 되는데 크기가 모두 1바이트이기 때문에 char는 $-2(8-1) \sim (2(8-1)-1) = -128 \sim +127$ 사이의 정수를 나타낼 수 있으며 unsigned char는 $0 \sim (2(8)-1) = 0 \sim 255$의 정수를 표현할 수 있다.

```
#include <stdio.h>
main()
{
          char c;
          char string;
          c='a'
string="Hanback"

          printf("char c=%c₩n",c);
          printf("char String=%s₩n",string);
}
```

결과

```
char c=a
string=Hanback
```

05 기본 입출력

1) 정수 데이터 유형의 출력

[표 8-3] 정수 데이터 유형의 출력

포 맷	의 미
%Nd	int 유형의 데이터를 N칸에 맞게 10진수로 출력
%No	unsigned int 유형의 데이터를 N칸에 맞게 8진수로 출력
%Nx	unsigned int 유형의 데이터를 N칸에 맞게 16진수로 출력
%Nu	unsigned int 유형의 데이터를 N칸에 맞게 10진수로 출력
%Nhd	short int 유형의 데이터를 N칸에 맞게 10진수로 출력
%Nho	unsigned short int 유형의 데이터를 N칸에 맞게 8진수로 출력

포 맷	의 미
%Nhx	unsigned short int 유형의 데이터를 N칸에 맞게 16진수로 출력
%Nhu	unsigned short int 유형의 데이터를 N칸에 맞게 10진수로 출력
%Nld	long int 유형의 데이터를 N칸에 맞게 10진수로 출력
%Nlo	unsigned long int 유형의 데이터를 N칸에 맞게 8진수로 출력
%Nlx	unsigned long int 유형의 데이터를 N칸에 맞게 16진수로 출력
%Nlu	unsigned long int 유형의 데이터를 N칸에 맞게 10진수로 출력

```
main()
{
        int i = 10, j = 2;
        short int s = 12;
        long int l = 10000L;
        unsigned u = 32000u;
        printf("i = %5d₩nj = %5d₩ns = %5hd₩nl = %5ld₩nu = %5u₩n", I, j, s, l, u);
        printf("i + 1 = %d, j - 3 = %d, s * 20 = %hd, l - 5000 * 2 = %ld, u - 27000
= %u₩n", i+1,j-3,s*20,l-5000L*2L,u-27000ul);
}
```

결과

```
i =     10
j =      2
s =     12
l = 10000
u = 32000
i + 1 = 11, j - 3 = -1, s * 20 = 240, l - 5000 * 2 = 0, u - 27000 = 5000
```

2) 실수 데이터 유형의 출력

[표 8-4] 실수 데이터 유형

포 맷	의 미
%N.Mf	float 유형의 데이터를 N칸에 맞게 소수점 이하 M자리를 소수점 형태로 출력
%N.Me	float 유형의 데이터를 N칸에 맞게 소수점 이하 M자리를 지수 형태로 출력
%N.Mlf	double 유형의 데이터를 N칸에 맞게 소수점 이하 M자리를 소수점 형태로 출력
%N.Mle	double 유형의 데이터를 N칸에 맞게 소수점 이하 M자리를 지수 형태로 출력
%N.MLf	long double 유형의 데이터를 N칸에 맞게 소수점 이하 M자리를 소수점 형태로 출력
%N.MLe	long double 유형의 데이터를 N칸에 맞게 소수점 이하 M자리를 지수 형태로 출력

```
main()
{
        float f = 1.789f;
        double g = 32.789345678;
        long double a = 12.345e-100L;
        printf("f = %f,  g = %lf,  a = %Lf₩n",f,g,a);
        printf("f = %e,  g = %le,  a = %Le₩n",f,g,a);
        printf("f = %E,  g = %lE,  a = %LE₩n",f,g,a);
}
```

결과

```
f = 1.789000,  g = 32.789346,  a = 0.000000
f = 1.78900e+00,  g = 3.27893e+01,  a = 1.23450e-99
f = 1.78900E+00,  g = 3.27893E+01,  a = 1.23450E-99
```

첫 번째 printf 문은 실수 변수의 값을 소수점 형태로 출력하고 있는데 f와 g는 주어진 값이 비슷하게 나오지만 a는 값이 너무 작기 때문에 0으로 출력된다. 그 다음 printf 문에서는 지수 형태로 출력하기 때문에 제대로 출력된다. 마지막 printf 문은 %e 대신에 %E를 사용한 것으로 이때 출력은 소문자 'e' 대신에 대문자 'E'가 나오게 된다.

3) 문자 데이터 유형의 출력

[표 8-5] 문자 데이터 유형

포 맷	의 미
%c	char 유형이나 unsigned char 유형의 데이터를 문자로 출력
%d	char 유형의 데이터를 10진수의 숫자로 출력
%u	unsigned char 유형의 데이터를 10진수의 숫자로 출력


```
main()
{
        char c = 65;
        char d = 'z';
        unsigned char u = 179;
        printf("c = %c,  d = %d,  u = %c₩n",c,d,u);
        printf("c + 10 = %c,  d - 5 = %c, u + 1 = %c₩n",c+10,d-5 u+1);
        printf("%c %c %c %c %c %c₩n",'a'+1,'z'-3,'0'+2,'9'-4,'F'+32,'q'-32);
}
```

결과

```
c = A,  d = 122,  u = |
c + 10 = K,  d - 5 = u,  u + 1 = +
b w 2 5 f Q
```

06 연산자

1) 산술 연산자

[표 8-6] 산술 연산자

기 호	인자의 수	위 치	의 미
+	단일	전치	양의 부호
-	이진	전치	음의 부호
+	이진	중치	덧셈
-	이진	중치	뺄셈
*	이진	중치	곱셈
/	이진	중치	나눗셈
%	이진	중치	나머지
++	단일	전치, 후치	1증가
--	단일	전치, 후치	1감소

```
main()
{
        int i = 10, j = 10;
        printf("  i = %d      j = %d₩n",i,j);
        printf("++i = %d  j++ = %d₩n",++i,j++);
        printf("  i = %d      j = %d₩n",i,j);
}
```

결과

```
i = 10      j = 10
++i = 11   j++ = 10
i = 11      j = 11
```

2) 할당 연산자

[표 8-7] 할당 연산자

기 호	인자의 수	위　치	의　미
=	이진	중치	오른쪽 값을 할당
*=	이진	중치	곱한 값을 할당
/=	이진	중치	나눈 값을 할당
%=	이진	중치	나머지 값을 할당
+=	이진	중치	더한 값을 할당
-=	이진	중치	뺀 값을 할당
<<=	이진	중치	왼쪽 시프트한 값을 할당
>>=	이진	중치	오른쪽 시프트한 값을 할당
&=	이진	중치	AND한 값을 할당
^=	이진	중치	XOR한 값을 할당
|=	이진	중치	OR한 값을 할당

3) 관계 연산자

[표 8-8] 관계 연산자

기 호	인자의 수	위　치	의　미
<	이진	중치	작다.
<=	이진	중치	작거나 같다.
>	이진	중치	크다.
>=	이진	중치	크거나 같다.
==	이진	중치	같다.
!=	이진	중치	같지 않다.

>=에서 >와 =는 반드시 붙여 써야 하며, > =와 같이 띄어 쓰게 되면 컴파일할 때 에러가 발생하게 된다. 이는 <=도 마찬가지이다.

모든 연산자는 계산 결과가 있는데, 즉 3 < 4도 계산 결과가 있다는 것이다. 참인 경우는 무조건 계산 결과가 1이 되며, 거짓인 경우는 무조건 계산 결과가 0이 된다. 3 < 4는 참이기 때문에 계산 결과가 1이 되며 7 < 2는 거짓이기 때문에 0이 된다.

```
main()
{
        int i, j;
        printf("Input two integers: ");
        scanf("%d%d",&i,&j);
        printf("₩nYou typed: %d and %d₩n",i,j);
        printf("The result is %d₩n",(i > j) - (i < j));
}
```

결과

```
Input two integers: 2 5

You typed 2 and 5
The result is -1
```

4) 논리 연산자

[표 8-9] 논리 연산자

기 호	인자의 수	위　치	의　미
&&	이진	중치	AND(논리곱)
||	이진	중치	OR(논리합)
!	단일	중치	NOT(부정)

```
main()
{
        int i = 0, j = 3;
        printf("%d₩n",i != 0 && j / i == 1);
        printf("%d₩n",i == 0 || j / i == 1);
}
```

결과

```
0
1
```

```
main()
{
        int i;
        printf("Input score: ");
        scanf("%d",&i);
        printf("The grade is: %c₩n",65 * (i >= 90) + 66 * (80 <= i && i <=89) +
          67 * (70 <= i && i <= 79) + 68 * (60 <= i && i <= 69) + 70 * (i <= 59));
}
```

결과

```
Input score: 95
The grade is: A
```

5) 조건 연산자

조건 연산자는 C에서만 볼 수 있는 연산자인데 특이하게도 3항 연산자이며 다음과 같은 형태로 사용한다.

```
수식1 ? 수식2 : 수식3
```

먼저 수식1을 계산한다. 그래서 그 계산 결과가 참이면 수식2를 계산하고 수식2를 계산한 결과가 이 조건 연산자의 계산 결과가 되며 수식1을 계산한 결과가 거짓이면 수식3을 계산하고 이를 계산한 결과가 바로 이 조건 연산자의 계산 결과가 된다. 주의할 것은 수식2가 계산되면 수식3은 계산되지 않으며, 마찬가지로 수식3이 계산되면 수식2는 계산되지 않는다는 것이다.

```
x = (y < z) ? y : z;
```

```
main()
{
        int x, y, z;
        printf("Input three numbers: ");
        scanf("%d%d%d",&x,&y,&z);
        printf("The largest number is %d₩n",(x = (x > y) ? x : y) > z ? x : z);
}
```

결과

```
Input three numbers: 22 87 -32
The largest number is 87
```

6) 비트 연산자

[표 8-10] 비트 연산자

기호	인자의 수	위 치	의 미
&	이진	중치	비트 단위의 AND
|	이진	중치	비트 단위의 OR
^	이진	중치	비트 단위의 XOR
~	단일	전치	1의 보수
<<	이진	중치	왼쪽 시프트
>>	이진	중치	오른쪽 시프트

```
main()
{
        unsigned int u;
        printf("Input a number: ");
        scanf("%d",&u);
        printf("2₩'s complement is: %x₩n",~u+1);
}
```

결과

```
Input a number: 256
2's complement is: ff00
```

```
main()
{
        unsigned char c;
        printf("Input a character: ");
        scanf("%c",&c);
        printf("%1d",(c & 0x80) >> 7);
        printf("%1d",(c & 0x40) >> 6);
        printf("%1d",(c & 0x20) >> 5);
        printf("%1d",(c & 0x10) >> 4);
        printf("%1d",(c & 0x08) >> 3);
```

```
        printf("%1d",(c & 0x04) >> 2);
        printf("%1d",(c & 0x02) >> 1);
        printf("%1d₩n",(c & 0x01));
}
```

결과

```
Input a character: A
01000001
```

7) 콤마 연산자

C에서는 ,가 두 가지로 사용된다. 인자나 변수를 구분하기 위한 기호로도 사용되며 연산자로도 사용되는데 이때에는 다음과 같이 2진 연산자 형태로 사용한다.

```
main()
{
        int a, b, c, d, e;
        int f = 5;
        d = (a = 5, b = 3, c = 4); /*  괄호는 ','가 연산자임을 나타내기 위해 사용  */
        e = (f = 2, f + 3);
        printf("a = %d, b = %d, c = %d, d = %d, e = %d, f = %d₩n",a,b,c,d,e,f);
}
```

결과

```
a = 5, b = 3, c = 4, d = 4, e = 5, f = 2
```

8) sizeof 연산자

C에서만 볼 수 있는 연산자로 다음과 같은 형태로 사용한다.

```
sizeof 수식
sizeof(데이터 유형)
```

이 연산자는 기호를 사용하지 않고 특이하게 이름을 사용한다. 그리고 인자로 수식이나 데이터 유형의 이름이 올 수 있는데, 인자가 수식일 때에는 괄호를 붙이지 않아도 되지만 어떤 데이터 유형의 이름일 때에는 반드시 괄호를 붙여야 한다.

예를 들어 sizeof ++i에서 ++i는 수식이므로 괄호가 필요없지만 sizeof(int)에서는 int가 데이터 유형의 이름이므로 괄호가 필요하다.

이 sizeof 연산자는 크기를 계산하는 연산자인데 수식의 경우에는 그 수식의 계산 결과의 데이터 유형의 크기를 계산하며 데이터 유형의 경우에는 그대로 데이터 유형의 크기를 계산한다. 계산은 바이트 단위로 계산한다. 따라서 IBM-PC의 경우 sizeof(int)는 2가 되며 sizeof(double)은 8이 된다. 그리고 sizeof("test")는 5가 되는데 스트링은 그 스트링의 길이 + 1이 되기 때문이다.

```
main()
{
        printf("The size of data types is computed₩n₩n");
        printf("          char = %2d byte₩n",sizeof(char));
        printf("     short int = %2d bytes₩n",sizeof(short int));
        printf("           int = %2d bytes₩n",sizeof(int));
        printf("      long int = %2d bytes₩n",sizeof(long int));
        printf("         float = %2d bytes₩n",sizeof(float));
        printf("        double = %2d bytes₩n",sizeof(double));
        printf("long double = %2d bytes₩n",sizeof(long double));
}
```

결과

```
The size of data types is computed
char =  1 byte
short int =  2 bytes
int =  2 bytes
long int =  4 bytes
float =  4 bytes
double =  8 bytes
long double = 10 bytes
```

07 제어구조와 루프

1) if문

C의 if문은 다음과 같은 형태로 사용한다.

```
if(조건식)
{
      문장1;
}
else
{
      문장2;
}
```

조건식이 참이면(0이 아니면) 조건식 뒤의 문장1을 수행하고 if 문 다음 문장을 수행한다. 조건식의 값이 거짓이면(0이면) 문장2를 수행하고 if 문 다음 문장을 수행한다. 만약 문장2가 없을 경우(즉 { }로 둘러싼 부분이 생략되었을 때)에는 그냥 if 문 다음 문장을 수행한다.

```
main()
{
    int a;
    int b;
    a=3;
    b=5;
    if(a<b) printf("b가 a보다 크다.")
    else
    {
        printf("b가 a보다 같거나 ");
        printf("작다.");
    }

}
```

결과

```
b가 a보다 크다.
```

2) while과 do while문

while 문과 do while 문은 조건식이 참일 동안 반복을 수행하게 하는 제어문이다. while 문의 사용법은 다음과 같다.

```
while (조건식)
{
    문장1;
}
```

우선 조건식을 계산하는데 조건식의 계산 결과가 참이면(0이 아니면) 문장1을 수행하고 다시 조건식을 계산하는데, 계산한 결과가 거짓이면(0이면) while 문 다음의 문장으로 간다. 즉, 조건식이 참인 동안 계속해서 문장1을 수행하게 되며 처음부터 조건식의 값이 거짓이면 문장1은 한 번도 실행되지 않는다.

```
main()
{
        char c;
        scanf("%c",&c);
        while (c != 'Q')
        {
                printf("%c",c);
                scanf("%c",&c);
        }
}
```

결과

```
xiontek Q
xiontek
'Q'가 키보드로 입력될 때까지 계속 키보드로부터 입력받은 키값을 출력한다.
```

3) for문

C의 for문은 다음과 같은 형태로 사용한다.

```
for (수식1 ; 수식2 ; 수식3)
{
    문장1;
}
```

수식1 부분에는 제어변수의 초기값을 설정하는 초기식이 들어가고 수식2 부분에는 루프를 계속 실행시킬 것인지의 조건식이 들어가며, 수식3에는 제어변수를 변경시키는 증감식이 들어간다. 즉 수식2의 값이 참인 동안 계속해서 문장1을 수행한다.

```
main()
{
        int i;
        for(i=0;i<10;i++)
        {
            printf("%d   ",i);
        }
}
```

결과

```
0 1  2  3  4  5  6  7  8  9
```

```
main()
{
          int i, n, m;
          printf("Input N and M: ");
          scanf("%d %d",&n,&m);
          for (i = n; i <= m; i++)          /*  N에서 M까지  */
                    if (i % 2 == 0)         /*  2로 나누어 떨어지면  */
                              printf("%2d",i);
}
```

결과

```
Input N and M: 2 20
2   4   6   8   10   12   14   16   18   20
```

4) switch문과 break

switch 문은 어떤 값에 따라 선택적으로 해당하는 실행을 해야 할 때 사용하는 문장으로 다음과 같이 사용한다.

```
switch (수식)
{
        [ case 상수1 : ] [ 문장1 ]
        [ case 상수2 : ] [ 문장2 ]
                  :
        [ case 상수n : ] [ 문장n ]
        [ default  :   ] [ 문장  ]
}
```

먼저 괄호안의 수식을 계산하여 이 수식의 계산 결과와 같은 상수가 case 다음에 있는지 위에서부터 차례로 찾는다. 같은 상수를 발견했으면 그 옆에 있는 문장부터 차례로 switch 문의 끝까지 수행하고 옆에 문장이 없으면 그 다음에 있는 문장부터 차례로 끝까지 수행한다.

같은 상수가 없으면 default : 옆에 있는 문장부터 차례로 switch 문의 끝까지 수행하는데 그 옆에 문장이 없으면 그 다음에 있는 문장부터 차례로 끝까지 수행한다.

```
main()
{
        int i;
        printf("Input a number(1~3): ");
        scanf("%d",&i);
        switch (i)
        {
                case 1: printf("ONE₩n");
                        break;
                case 2: printf("TWO₩n");
                        break;
                case 3: printf("THREE₩n");
                        break;
                default: printf("Error₩n");
        }
}
```

결과

```
Input a number: 2
TWO
```

5) exit, continue와 goto문

(1) exit문

```
exit(정수값);
```

프로그램을 수행하다가 위의 문장을 만나게 되면 무조건 프로그램의 수행을 중단하게 된다. exit 다음의 정수값은 MS-DOS에게 넘겨주는 값으로 에러가 나서 수행을 중단한 경우 보통 0이 아닌 값을 넘겨주게 된다.

```
main()
{
        int i;
        for (i = 1; i <= 10; i++)
        {
            if(i==5) exit(0);
            else printf("%d  ",i);
        }

}
```

결과

```
1 2 3 4
```


에러가 발생하여 프로그램의 수행을 중단하고자 할 때 exit 이외에 break, continue 또는 goto문 등을 사용할 수 있는데 이 중 continue 문은 순환 제어구조 내에서 특정 조건이 만족되었을 경우 나머지 부분을 수행할 필요가 없을 때 이를 건너뛰기 위한 목적으로 사용한다.

(2) continue문

break 문과 같이 for, while, do while 문 내에서만 사용하며 그 외에서 사용하면 컴파일 에러가 발생한다. 또 자신을 둘러싼 for, while, do while 문이 여러 개 있을 때에는 가장 가까운 것에 대해서만 수행된다. 실제로 continue 문은 자신이 속한 for, while, do while 문의 맨 끝으로 이동하여 다음 번 반복을 시작하도록 만드는 역할을 한다.

```
main()
{
        int i;
        for (i = 1; i <= 10; i++)
        {
            if(i==5) continue;
            else printf("%d  ",i);
        }

}
```

결과

```
1 2 3 4 6 7 8 9 10
```

(3) goto문

여러 번 중첩된 루프를 한꺼번에 빠져나와야 할 경우에 사용하는데 이의 사용법은 다음과 같다.

```
goto 레이블
        .
        .
        .
레이블:
        문장
```

goto문은 어느 곳이든 갈 수가 있는데, 실제로 한 함수 안에서만 사용할 수 있으며 다른 함수에 있는 레이블로는 goto문을 사용할 수 없다. 그리고 레이블은 블록의 맨 끝에 올 수 없는데 레이블이 블록의 맨 끝에 오게 될 경우에는 레이블 뒤에 널 문장을 써주어야 한다.

C에서 레이블은 숫자가 아니라 문자, 즉 변수 이름과 같은 식별자이며 미리 선언할 필요 없이 그냥 바로 사용하면 된다. 또 옆에 문장이 없이 레이블만 있을 수도 있으며 같은

문장에 두 개 이상의 레이블을 붙일 수도 있다.

다음은 1부터 100까지 출력하는 프로그램을 if 문과 goto문만으로 작성한 것이다.

```
main()
{
        int i = 1;
    loop:
        if (i >= 100)
        {
            goto end;
        }
        printf("%d",i);
        ++i;
        goto loop;
    end:
        printf("Program End");
}
```

결과

```
1 2 3 4 5 6 . . . . . . 100
```

실제로 if 문과 goto문만 있으면 어떤 문장이든 다 만들 수 있지만 goto문을 많이 사용하면 프로그램을 이해하기 어려워지기 때문에 될 수 있는 한 사용하지 않는 것이 좋다. 그러나 goto문을 사용하면 훨씬 더 편리하고 효율적인 경우가 있는데, 예를 들면 여러 개의 while 문이나 for 문의 안에서 바깥쪽으로 나가고자 할 때에나 반대로 안으로 들어갈 때이다. 또 switch 문에서 나가거나 반대로 switch 문으로 들어올 수도 있다. 그러나 주로 많이 사용되는 것은 바깥쪽으로 나갈 때이다.

08 함수의 메모리 유형

1) 함수의 정의와 호출

함수는 특정한 작업을 수행하도록 설계된 독립적인 프로그램을 의미하는데 C에서는 최소한 하나 이상의 함수가 한 프로그램 내에 있어야 한다.

어떤 함수가 여러 개 모여서 프로그램이 작성되어 있더라도 반드시 main이라는 이름의 함수가 프로그램의 어느 부분에라도 꼭 있어야 하고 프로그램의 실행은 main이라는 함수에서부터 시작된다. 이때 main함수의 정의 영역 밖에서 다른 함수를 정의하여 main 함수 내에서 그 함수명을 호출하는 방법을 취한다.

```
함수명(변수형 매개변수, ...)
{
    [함수 프로그램];
}
```

(1) 매개 변수가 없는 경우

void 키워드는 함수를 호출하고 귀환할 때 함수가 아무런 값도 되돌리지 않음을 선언한다.

```
main()
{
  fun();
}

void fun()
{
    printf("함수 호출");
}
```

결과

```
함수 호출
```

(2) 매개 변수가 있는 경우

```
main()
{
   fun(4,6,'c');
}

void fun(int a, int b,char ch)
{
     printf("%c₩n",ch);
     printf("a+b=%d",a+b);
}
```

결과

```
c
a+b=10
```

(3) Return문 : 값을 되돌려 받을 때 사용

```
[데이터 유형] 함수 이름 ( [형식인자1,.....형식인자n] )
{
       [함수 프로그램];
}
```

```
main()
{
   int sum;
   sum=fun(4,6);
   printf("sum=%d",sum);
}

int fun(int a, int b) /* int : return 되는 변수의 원형을 써준다.*/
{
     return (a+b);
}
```

결과

```
sum=10
```

2) 함수의 선언

함수의 선언은 컴파일러에게 자신이 호출할 함수의 정보를 알려주는 역할을 한다. 즉 함수의 이름과 그 함수가 산출하는 계산 결과의 유형, 인자의 수와 각 인자의 유형 등을 알려줘서 그 후 컴파일러가 그 함수에 대한 호출문을 만났을 때 이 정보를 바탕으로 처리하도록 하는 것이다. 지금까지 함수를 사용한 예를 보면 호출하는 함수 보다 앞에 함수를 정의한 적도 있었고 오히려 뒤에 정의한 적도 있었다. 상당히 불규칙적으로 정의했었는데 실제로 그렇게 정의해야 하기 때문에 그렇게 한 것이었다.

C 컴파일러가 컴파일 도중에 함수 호출문을 만나게 되면 현재까지 처리한 내용 중에 그 함수에 대한 정의가 있는지를 찾는다. 만약 있으면 이를 바탕으로 그 호출문을 처리하게 된다. 즉 그 함수가 계산 결과로 넘겨주는 것의 유형을 찾아 그대로 오도록 해주고 인자의 유형은 맞는지 조사하게 된다. 그런데 이 경우는 함수 호출문 보다 함수가 먼저 정의되어 있는 경우이다. 즉 프로그램 순서상으로 호출될 함수가 호출한 함수 보다 먼저 나타난 경우가 이에 해당된다. 그러나 그 반대일 수도 있는데 이 경우는 호출문을 만났을 때 무조건 그 함수가 int 유형의 값을 계산 결과로 돌려주는 함수로 간주하여 처리한다. 그리고 계속해서 처리해 나가는데, 뒤에 그 호출될 함수가 int 유형의 값을 계산 결과로 돌려주는 함수면 아무 문제가 없지만 만약 다른 데이터 유형의 값을 계산 결과로 산출하는 함수일 경우 컴파일 에러가 나게 된다.

따라서 다음과 같은 사실을 알 수 있다. 함수가 int 유형의 값을 계산 결과로 산출하는 경우에는 함수 호출문보다 앞에 와도 좋고 뒤에 와도 좋지만, int 유형이 아닌 다른 데이터 유형을 산출하는 경우에는 함수 호출문보다 앞에 와야 한다. 지금까지의 함수들은 바로 이 규칙에 따라 작성되었다. 그래서 int 유형을 계산 결과로 산출하는 함수들은 main 다음에 왔었고 그렇지 않은 함수들은 main 보다 앞에 왔었다.

만약 함수가 다른 파일에 있는 경우에도 그 함수가 int 유형의 값을 계산 결과로 산출하는 함수라면 수행시 아무 문제가 없지만 그렇지 않은 경우에는 수행시 잘못된 결과가 나오게 된다. 이를 방지해 주는 것이 바로 함수의 선언으로 다음과 같은 형태로 사용한다.

```
extern int f1(int x, int y);
float f2(float, int);
extern f3();
long int f4(void);
extern void f5(int, int, ...);
```

앞에서 첫 번째는 int 유형의 값을 계산 결과로 산출하는 함수 f1을 사용하겠음을 컴파일러에게 알려주고 있다. 이의 인자는 2개가 있는데 둘 다 int 유형이라는 것도 알려주고 있다.

두 번째는 float 유형의 데이터를 계산 결과로 산출하는 함수 f2를 선언하고 있는데 역시 인자는 2개이고 첫 번째는 float 유형이고 두 번째는 int 유형이라고 컴파일러에게 알려 주고 있다.

그러나 세 번째는 단순히 f3이 int 유형의 값을 계산 결과로 산출한다고만 알려주고 있는데, 이 함수의 인자가 몇 거가 있는지는 나타나 있지 않다. 따라서 컴파일러는 계산 결과만 조사하게 되며 인자는 신경쓰지 않게 된다.

반면에 네 번째 경우에는 f4가 long int 유형의 값을 계산 결과로 산출하고 인자는 없다고 확실히 선언하고 있다. void는 인자가 없음을 의미하는데, 그 후에 f4를 호출하면서 여기에 인자를 주게 되면 컴파일러는 잘못된 것으로 인식하여 에러 메시지를 내게 된다.

마지막 다섯 번째는 f5가 계산 결과가 없는 함수인데 처음 두 개의 인자는 int 유형이여야 하고 그 다음의 인자는 가변적임을, 즉 인자가 더 이상 없을 수도 있고 3개가 올 수도 있고 10개가 올 수도 있고 또는 100개 올 수도 있음을 나타낸다. 이는 맨 끝의 '...'이 나타내고 있으며, 따라서 f5는 printf와 같이 가변 인자 함수임을 알 수 있다.

```
/* 함수 선언부  */
void fun1(int a,int b);
int fun2(int a,int b);
void fun3(char c);
```

```
main()
{
int sum;
fun1(4,6);
  sum=fun2(4,6);          /*  함수 호출  */
printf("sum=%d₩n",sum);
fun3('A');

}

/*  fun1, fun2, fun3     함수 정의부     */
void fun1(int a, int b)  /* void : return 되는 값이 없다.*/
{
   printf("a+b=%d₩n",a+b);
```

```
}
int fun2(int a, int b)   /* int : return 되는 변수의 원형을 써준다.*/
{
    return (a+b);
}

void fun3(char c)   /* void : return 되는 값이 없다.*/
{
    printf("char=%c",c);
}
```

결과

```
a+b=10
sum=10
char=A
```

3) 함수의 재귀 호출

되부름 함수란 자기 자신을 다시 호출하는 함수를 일컫는데 자기가 자기 자신을 부르는 것을 재귀적 호출(recursive call) 또는 리커젼(recursion)이라고 한다.

다음은 하나의 문장을 입력받아 거꾸로 출력해 주는 프로그램이다.

```
#include <stdio.h>

void print_back()
{
        int ch;
        if ((ch = getchar()) != '₩n')  /*  한 글자를 입력받고 줄바꿈 문자인지 확인  */
                print_back();          /*  줄바꿈 문자가 아닌 경우 되부름  */
                putchar(ch);           /*  입력받은 문자 표시  */
}

main()
{
        printf("Enter a line -> ");
        print_back();
}
```

결과

```
Enter a line -> Hello
olleH
```

우선 print_back() 함수를 보면 하나의 문자를 입력받아 그 아스키 코드를 정수형으로 되돌리는 함수인 getchar() 함수를 호출하여 ch에 대입한 후 그 값이 줄바꿈 문자가 아니면 다시 되부름 호출을 한다. 이렇게 계속 나가다가 줄바꿈 문자를 만난 시점에서 되부름 호출을 하지 않고 putchar(ch)를 실행하여 화면에 하나의 문자를 표시하는 과정을 문장의 처음까지 반복하게 되어 문자가 거꾸로 찍히게 된다.

되부름 함수는 스택이라는 메모리를 매우 많이 소비한다. 특히 지역변수인 자동변수가 많은 되부름 함수일 경우 더욱 많은 메모리를 사용한다. 실행중 너무 많은 되부름으로 인해 컴퓨터가 작동을 중지하거나 프로그램에 이상이 생기는 수가 발생할 수도 있다. 이러한 단점 외에도 되부름 함수를 사용함으로써 보통 함수를 사용했을 때보다 더 속도가 느려지거나 프로그램을 이해하기 어려운 상태로 만들어 버리는 경우가 있다.

09 포인터

1) 포인터 변수의 정의

포인터는 주소를 나타내는 데이터 유형이다. 다시 말해서 포인터 데이터 유형의 값은 주소라는 얘기가 되며, 이 주소로 역시 숫자를 사용하고 있다. 단지 주소에는 음수가 있을 수 없기 때문에 포인터 데이터 유형의 주소는 양의 정수가 되며 외관상으로 unsigned 데이터 유형과 같게 된다. 다음은 포인터 변수를 정의한 몇 가지 예이다.

(1) int *ip;

(2) char *cp;

(3) int *ip, *jp;

(4) int *ip, jp;

지금까지의 변수 정의와 다른 것은 변수 앞에 '*'가 있는 것인데, '*'는 뒤의 변수가 포인터 유형의 변수임을 나타내는 역할을 한다.

위에서 (1)은 int 유형의 데이터가 기억되어 있는 주기억장치의 주소를 값으로 갖는 포인터 변수 ip를 정의한 것이고, (2)는 포인터 변수 cp를 정의한 것으로 이 주소에는 char 유형의 데이터가 있음을 의미한다. (3)은 같은 데이터 유형의 포인터 변수들을 한 번에 같이 정의한 것으로, 이때 각 포인터 변수 앞에 '*'를 붙여야 한다. 그러나 (4)와 같이 정의할 경우 ip는 포인터 변수이지만 jp는 그냥 int 유형의 변수가 되므로 주의해야 한다.

실제로 위의 변수들은 주소를 값으로 갖는다는 점에서는 같다. 그러나 그 주소에 어떤 데이터가 있느냐가 다르기 때문에 ip의 값을 cp에 할당할 수 없으며, 마찬가지로 cp의 값을 ip에 할당할 수 없다.

2) & 연산자

포인터 유형의 변수는 주소를 값으로 가지기 때문에 이를 사용하려면 주소를 할당하여야 하는데 C에서는 이를 위해 '&' 연산자를 제공하고 있다. 이는 다음과 같은 형태로 사용한다.

```
&변수이름
```

계산 결과는 바로 뒤 변수의 현재 주소가 된다(이 주소도 역시 메모리 모델에 따라 near 주소가 되거나 far, huge 주소가 되며, 특정 주소로 변경하려면 (int far *)과 같이 형변환 연산자를 사용하면 된다). 주소는 양의 정수이기 때문에 & 연산자의 계산 결과는 양의 정수값이 된다. 따라서 이 값을 %u나 %lu를 사용하여 출력시키면 변수의 주소를 출력할 수 있다.

```
int i;
char c;
float f;
double d;
static int si;
static char sc;
static float sf;
static double sd;

main()
{
        int mi;
        char mc;
        float mf;
        double md;
        printf("Address of i = %u₩n",&i);
```

```
        printf("Address of c = %u₩n",&c);
        printf("Address of f = %u₩n",&f);
        printf("Address of d = %u₩n",&d);
        printf("Address of si = %u₩n",&si);
        printf("Address of sc = %u₩n",&sc);
        printf("Address of sf = %u₩n",&sf);
        printf("Address of sd = %u₩n",&sd);
        printf("Address of mi = %u₩n",&mi);
        printf("Address of mc = %u₩n",&mc);
        printf("Address of mf = %u₩n",&mf);
        printf("Address of md = %u₩n",&md);
}
```

결과

```
Address of  i = 2017
Address of  c = 2004
Address of  f = 2013
Address of  d = 2005
Address of  si = 2032
Address of  sc = 2019
Address of  sf = 2028
Address of  sd = 2020
Address of  mi = 65476
Address of  mc = 65479
Address of  mf = 65480
Address of  md = 65484
```

3) * 연산자

포인터 변수를 사용하는 목적은 그 변수가 값으로 갖고 있는 주소의 데이터를 사용하기 위해서이다. 포인터 변수가 값으로 갖고 있는 주소의 데이터를 사용하고자 할 때에는 '*'를 사용하면 되는데 다음과 같은 형태로 사용한다.

```
int i = 100, j;
int *ip = &i;
j = *ip;
```

ip가 i의 주소를 값으로 갖고 있기 때문에 *ip는 ip가 갖고 있는 주소의 값, 즉 i의 값이 된다. 따라서 j는 i의 값인 100을 갖게 되며 결국 j = *ip;는 j = i;와 같은 의미를 갖게 된다.

```
main()
{
        int i;          /*  int형 변수의 내용은 필요로 한 int값을 저장할 수 있고   */
        int *iptr;   /*int형 포인터 변수의 내용은 int형 변수의 번지수를 저장할 수 있다.*/
        i = 256;
iptr = &i;
        printf("%d₩n",*iptr);   /*  *iptr은 iptr이 가리키고 있는 메모리의 내용   */
}
```

결과

```
256
```

4) 포인터를 이용한 참조에 의한 호출

C에서는 모든 것을 값에 의한 호출 형태로 인자를 전달하고 있다. 값만 넘어가기 때문에 받은 쪽에서는 부른 쪽의 데이터를 변경할 수 없게 된다. 반면에 참조에 의한 호출의 경우에는 변수 자체가 넘어가기 때문에 받은 쪽에서 부른 쪽의 데이터를 변경할 수 있게 되는데 C에서는 참조에 의한 호출을 전혀 지원하지 않기 때문에 이를 기본적으로는 할 수 없지만 포인터를 사용하면 이와 같은 효과를 낼 수 있다. 즉 실인자에 값을 주는 것이 아니라 변수가 할당되어 있는 번지를 건네줌으로써 간접적인 참조에 의한 호출을 행한다. 다음이 그 프로그램이다.

```
void swap(int *ip, int *jp);

main()
{
        void swap(int *, int *);
        int i = 10, j = 20;
        printf("i = %d, j = %d₩n",i,j);
        swap(&i,&j);                    /* & 연산자를 사용하여 주소를 넘겨주고 있다*/
        printf("i = %d, j = %d₩n",i,j);
}

void swap(int *ip, int *jp)       /*  받는 쪽은 주소를 받아야 하므로 포인터가 된다   */
{
        int t;
        t = *ip;
        *ip = *jp;
        *jp = t;
}
```

결과

```
i = 10, j = 20
i = 20, j = 10
```

결과적으로 변수 i와 j를 넘겨준 참조에 의한 호출과 같은 결과를 낳게 되었다. 그러나 실제로 참조에 의한 호출로 인자가 전달된 것은 아니다. 역시 값만 넘어 갔는데 그 값이 바로 주소였기 때문에 swap에서 main의 변수를 사용할 수 있었던 것이다. 즉 어떤 변수를 참조에 의한 호출로 전달하고자 할 때에는 부르는 쪽에서는 그 변수의 주소를 넘겨주고, 받는 쪽에서는 이에 대한 포인터 변수로 받으면 된다. 그러면 받는 쪽에서 부르는 쪽의 변수를 마음대로 사용할 수가 있게 된다.

5) 포인터 연산

포인터 변수는 int형일 수도 있고, char형일 수도 있고 float형 일수도 있다. 하지만 그것에 무관하게 메모리에서 차지하는 양은 단지 2바이트만을 차지한다.

```
char *cptr;    → char형 포인터
int *iptr;     → int형 포인터
float *fptr;   → float형 포인터
```

메모리에서 차지하는 양을 보면 포인터의 형과는 무관하게 단지 2바이트만을 차지하지만 포인터 변수 앞에 정의한 형은 상당히 중요한 역할을 한다. 가리키고 있는 메모리가 int형인지, char형인지를 판단하게 해주는 역할을 한다. 예를 들면,

```
main()
{
        int i, *iptr;
        i = 5;
        iptr = &i;
        printf("iptr = %p₩n",iptr);
        iptr++;
        printf("iptr = %p₩n",iptr);
        iptr = iptr + 2;
        printf("iptr = %p₩n",iptr);
}
```

결과

```
ptr = FFD2
iptr = FFD4
iptr = FFD8
```

포인터의 증감은 그 형의 크기에 따라 증가 또는 감소한다. 즉 int형 포인터 변수를 1증가하면 실제 번지수 값은 2가 증가되며 float형은 4가, char형은 1이 증가됨을 알 수 있다. 즉 숫자적인 덧셈이 아니라 다음 몇 번째란 의미를 갖는데, 실제로 주소는 그 포인터의 데이터 유형의 크기만큼 증가하게 된다.

10 배 열

1) 1차원 배열

배열은 같은 데이터 유형의 변수를 많이 만들 때 유용하게 사용된다.

```
배열의 데이터 유형    배열의 이름[배열의 개수]
```

int ave[10];(ave[0], ave[1], ave[2], ave[3], ... ,ave[8], ave[9]) 10개의 int 변수가 생긴다.

ave[0]에서부터 ave[9]까지는 모두 int형 변수이다. 그리고 '[ ]'안에 쓰여 있는 숫자를 '첨자'라고 부른다. 이 첨자를 프로그램에서 사용할 때는 숫자대신 변수를 써도 되며 첨자의 범위는 '0'에서부터 '정의할 때 쓰여진 숫자 −1'까지이다. 그리고 첨자의 범위를 사용자 마음대로 정의할 수는 없다. 예를 들어 ave[3]에서 ave[7]까지의 5개의 원소로 이루어진 배열은 정의할 수 없으며, 첨자는 반드시 0부터 시작하여야만 한다.

다음은 1차원 배열의 초기화 예이다.

(1) int ave[10] = { 10, 30, 50, 70, 100, 40, 30, 55, 223, 765 };

(2) int ia[] = { 10, 30, 50, 70, 100, 40, 30, 55, 223, 765 };

(3) int ja[10] = { 10, 30, 50, 70, 100, 40, 30, };

(4) int ka[3] = { 1, 10, 5, 7, 8 };

(5) char ca[5] = { "Test" };

첫 번째는 모든 배열의 원소를 초기화한 것이다.

두 번째는 첨자를 생략한 경우이다. 첨자를 생략했다는 것은 배열의 크기를 생략했다는 뜻이 된다. 이러한 경우는 배열의 모든 데이터를 초기화할 때만 가능한 것이며, 첨자를 생략하면 컴파일러는 초기화한 데이터의 개수만큼의 배열을 자동으로 잡게 되어 있다. 즉 초기화한 데이터가 10개이므로 배열은 10개가 잡히게 된다.

세 번째는 데이터의 개수가 7개 밖에 없으며 마지막 데이터 뒤에는 콤마가 찍혀있는데, 이것은 10개의 배열 중에서 ja[0]부터 ja[6]까지만 초기화하고 나머지는 모두 0으로 초기화하라는 뜻이다(실수 데이터 유형의 경우에는 당연히 0.0이 되며 char 유형의 경우에는 널 문자('\0')가 되고 포인터 데이터 유형의 경우에는 널 포인터(NULL)가 된다).

네 번째와 같이 지정한 원소의 개수보다 더 많은 초기값을 주었을 때에는 컴파일 에러가 발생하기 때문에 주의하여야 한다.

마지막 다섯 번째는 char 유형의 배열에 스트링 형태로 초기값을 준 것인데, 스트링은 여러 개의 문자들이 모인 것으로 맨 끝에 널 문자('\0')가 있는 것이 다르다. 따라서 위의 정의는 다음과 같은 의미를 갖는다.

```
char ca[5] = { 'T','e','s','t','₩0' };
```

또한 초기값을 스트링 형태로 준 경우에는 다음과 같이 중괄호를 생략할 수 있다.

```
char c3[] = "Computer";

char c4[10] = "string";
```

다음은 1차원 배열을 사용한 합계 프로그램이다.

```
void main(void)
{
        int i, data[] = {78, 55, 99, 75, 84, 39, 67, 98, 87, 100 };
        long int sum = 0;
        float ave;
```

CHAPTER 08

```
            for (i = 0; i < 10; i++)
            sum += data[i];
            ave = (float)sum / 10;
            printf("TOTAL = %ld   AVERAGE = %.2f\n",sum,ave);
}
```

결과

```
TOTAL = 782   AVERAGE = 78.20
```

2) 다차원 배열

배열의 데이터 유형 배열의 이름[배열의 개수 1][배열의 개수 2] .... [배열의 개수 n]

다차원 배열은 여러 데이터 처리에 이용된다.

다음은 행렬을 계산하는 프로그램에 사용되는 예이다.

[표 8-11] 행렬을 계산하는 프로그램 예제

mat[2][3]	[0]	[1]	[2]	[3]
[0]	A	B	C	D
[1]	E	F	G	H
[2]	I	J	K	L

```
int mat[2][3];
mat[0][0] = A;   mat[0][1] = B;   mat[0][2] = C;   mat[0][3] = C;
mat[1][0] = E;   mat[1][1] = F;   mat[1][2] = G;   mat[1][3] = H;
mat[2][0] = I;   mat[2][1] = J;   mat[2][2] = K;   mat[2][3] = L;
```

위와 같이 행렬의 데이터를 다루는 데는 2차원 배열이 가장 편리한 데이터 구조가 된다. 그리고 3차원(입체)적인 물체의 데이터를 가지고 있어야 되는 프로그램을 짠다고 한다면 이것은 3차원 배열이 각 데이터에 접근하기에 가장 편리한 데이터 구조가 될 것이다.

다차원 배열이라고 해도 메모리는 일차원이기 때문에 결국 일차원 형태로 메모리에 존재하게 되는데, 다차원 배열도 일차원 배열과 같이 초기값을 줄 수 있다. 이 경우 역시 auto 메모리 유형은 줄 수 없다(MSC와 TC는 auto 유형의 다차원 배열에도 초기값을 줄 수 있도록 허용하고 있다). 다음은 다차원 배열의 초기화 예이다.

(1) int ia[1][2] = { { 1, 2, 3 }, { 4, 5, 6 } };

(2) int ia[][3] = { 1, 2, 3, 4, 5, 6 };

(3) int ia[][] = { 1, 2, 3, 4, 5, 6 };

(4) int ja[1[2][1] = { { {1,2},{3,4},{5,6} }, { {7,8},{9,10},{11,12} } };

(5) int ja[][2][1] = { 1, 2, 3, 4, 5, 6, 7, 8, 9, 10, 11, 12 };

(1)의 첫 번째 중괄호는 초기값 전체를 의미한다. 그 안에 다시 두 개의 중괄호가 있는데, 이는 각각 ia[0]으로 시작하는 행과 ia[1]로 시작하는 행에 대한 초기값을 의미한다. 즉 초기값도 각 행별로 주게 되며 각 행은 중괄호로 구분하게 된다.

(2)에서는 아예 중괄호 구분을 없애고 하나로 초기값을 주고 있다. 이 경우 메모리에 위치하는 순서대로 차례로 초기값이 할당된다. 그리고 맨 처음 첨자를 생략했는데, 다 생략 할 수는 없고 맨 처음 첨자만 생략이 가능하다.

그러나 (3)과 같이 모두 생략할 경우 컴파일 에러가 발생한다.

(5)의 3차원 배열도 마찬가지로 맨 처음 첨자는 생략할 수 있으나, 그 이외 첨자는 생략할 수 없다.

다음은 3×3 행렬 2개를 읽어들여 이의 합을 출력하는 프로그램이다.

```
void print_matrix(int M[3][3])
{
        int i, j;
        for (i = 0; i < 3; i++) {
              for (j = 0; j < 3; j++)
          printf("%d ",M[i][j]);
                    printf("\n");
        }
}

void read_matrix(int M[3][3])            /*   3*3 행렬을 읽어들이는 함수   */
{
      int i, j;
      for (i = 0; i < 3; i++)
            for (j = 0; j < 3; j++)
                  scanf("%d",&M[i][j]);
}

main()
{
            int A[3][3], B[3][3], C[3][3];
            int i, j;
```

```
        printf("*** Input the first matrix(3*3) ***\n");
        read_matrix(A);                          /* 배열의 이름을 인자로 전달한다. */
        printf("\t## A ##\n");
        print_matrix(A);
        printf("*** Input the second matrix(3*3) ***\n");
        read_matrix(B);
        printf("\t## B ##\n");
        print_matrix(B);
        for (i = 0; i < 3; i++)
                for (j = 0; j < 3; j++)
                        C[i][j] = A[i][j] + B[i][j];
                        printf("\n*** C = A + B ***\n");
                        print_matrix(C);
}
```

결과

```
*** Input the first matrix(3*3) ***
1 2 3 4 5 6 7 8 9
        ## A ##
1 2 3
4 5 6
7 8 9
*** Input the second matrix(3*3) ***
10 20 30 40 50 60 70 80 90
        ## B ##
10 20 30
40 50 60
70 80 90

*** C = A + B ***
11 22 33
44 55 66
77 88 99
```

3) 배열과 포인터

포인터 변수와 배열에 있어서 변수 이름 자체는 해당 데이터가 있는 시작 주소를 의미한다. 문자배열 포인터는 호환성을 갖고 있는데 배열 대신에 포인터 변수를 사용할 수도 있고 포인터 변수 대신에 배열 변수를 사용할 수도 있다.

배열은 메모리 중의 배열 영역을 조정적으로 확보하지만, 포인터 변수는 보통의 변수 영역을 확보한다. 즉 포인터 변수는 그 값이 결정될 때만 메모리 영역을 확보하고 그렇지 않으면 확보하지 않는다. 문자 배열과 포인터 배열의 차이점은 다음과 같다.

[표 8-12] 문자 배열과 포인터 배열의 차이점

	문자 배열인 경우	포인터 배열인 경우
선언	char a[];	char *a;
초기화	char a[]="Xiontek"	char *a="Xiontek"
데이터 길이	고정	유동적
각 원소 참조	a[i]	*(a+i);
값 할당	a[0]='X'	a='X'
시작 주소	a	a
주소 연산	불가능	가능
처리 속도	포인터 연산보다 늦다	

배열과 포인터 메모리 할당되는 그림은 [그림 8-1]이다.

```
int  a[3], *pt;
pt=a;
```

아래와 같이 메모리가 할당된다.

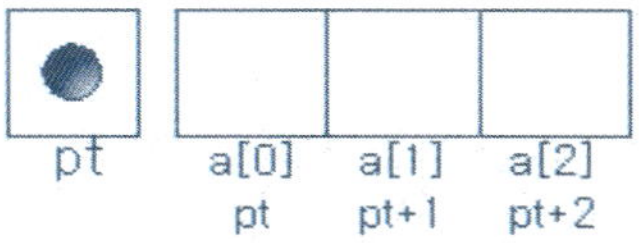

[그림 8-1] 배열과 포인터 메모리 할당

```
void plus(int x, int y, int *z);   /* 함수 선언 */
main()
{
      int a,b,c;
      a=5;
      b=7;
      plus(a,b,&c);
      printf("%d+%d=%d₩n",a,b,c);
}

void plus(int x, int y, int *z)    /* 함수 정의  */
```

```
{
    *z=x+y;
}
```

결과

```
5+7=12
```

```
main()
{
    int a[3]={3,4,5};
    int i,*p;
    p=&a[0];
    for(i=0;i<3;i++)
        {
            printf("a[%d]=%d₩n",i,*(p+i));
        }
}
```

결과

```
a[0]=3
a[1]=4
a[2]=5
```

4) 이중 포인터

이중 포인터는 포인터의 포인터를 말한다. 포인터 변수는 어떤 변수를 가리키는 번지를 저장하는 변수이다. 그리고 포인터의 포인터는 포인터 변수의 번지를 기억하는 변수이다. 이 관계를 그림으로 표현하면 [그림 8-2]와 같다.

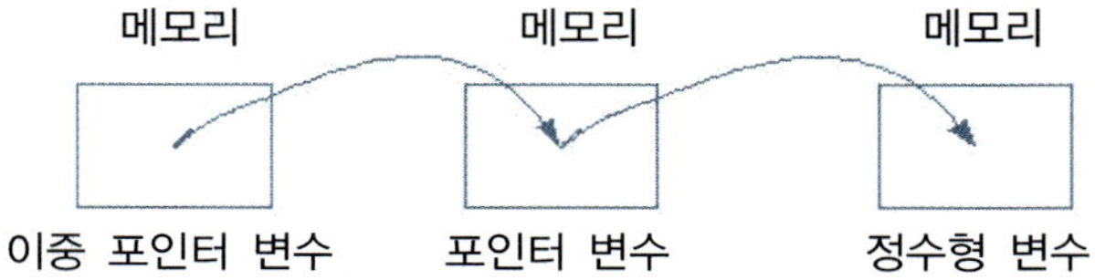

[그림 8-2] 이중 포인터의 관계

이중 포인터를 정의하는 방법은 일반 포인터를 정의할 때처럼 하고 *를 한 번 더 써주면 된다.

```
int **dptr
```

이렇게 정의하고 나면 'dptr'은 이중 포인터 변수, *dptr은 포인터 상수, **dptr은 정수의 의미를 가진다.

다음은 이중 포인터의 사용 예이다.

```
void main(void)
{
        int **dptr, *ptr, i;
        i = 10;
        ptr = &i;
        dptr = &ptr;
        printf("    i = %4d,  *ptr = %4d,   **dptr = %4d₩n",i,*ptr,**dptr);
        printf("   &i = %4p,    ptr = %4p,   *dptr = %4p₩n",&i,ptr,*dptr);
        printf("&ptr = %4p,  dptr = %4p, &dptr = 4p₩n",&ptr,dptr,&dptr);
}
```

결과

```
i =    10,  *ptr =    10,  **dptr =    10
&i = FFD2,    ptr = FFD2,    *dptr = FFD2
&ptr = FFD0,   dptr = FFD0,    &dptr = FFCE
```

5) void형 포인터

void의 의미는 3가지로 분류할 수 있다.

첫째 함수명 앞에 붙여서 쓰인 경우는 "이 함수는 return값이 없다."라고 알리는 표시이다.

둘째 함수명 뒤의 형식인자 자리에 쓰인 경우는 "이 함수에는 형식 인자가 없다."라는 표시이다. 그리고 마지막의 포인터로써의 의미이다.

포인터 변수가 무슨 형이냐에 따라 가리키는 변수가 틀려지는데, 때에 따라 형을 무시하고 일을 처리해야 할 때가 생길 것이다. 이 때 에는 포인터를 선언할 때 가리키는 형이 무엇이든 된다고 선언을 해야 하는데, 이때 사용하는 것이 void이고 이 포인터를 void형 포인터라 부른다.

```
void *ptr;
```

어떠한 포인터도 void형 포인터에 형변환 연산자의 도움 없이 대입이 가능하다. 하지만 반대로 void형 포인터는 형변환 연산자 없이 결코 다른 포인터 변수에 대입할 수 없다. 물론 ++, --또한 형변환 연산자 없이는 불가능하다. void형 포인터는 그것이 가리키고 있는 대상의 크기를 모르기 때문이다.

다음은 void형 포인터를 사용해서 char형 배열을 int형 배열로 복사하는 프로그램이다.

```
void array_cpy(void *scr, void *des, int n)
{
        Int i;
        for (i = 0; i < n; i++)
        *((char *)des + i) = *((char *)scr + i);
}

void main(void) {
        char scr[6] = { 'A', '₩0', 'B', '₩0', 'C', '₩0' };
        int des[3], i;
        for (i = 0; i < 6; i++)
        printf(" Character array scr[%d] = %c₩n",i,scr[i]);
        printf("₩n");
        array_cpy(scr, des, 6);
        for (i = 0; i < 3; i++)
        printf(" Integer array des[%d] = %d₩n",i,des[i]);
}
```

결과

```
Character array scr[0] = A
Character array scr[1] =
Character array scr[2] = B
Character array scr[3] =
Character array scr[4] = C
Character array scr[5] =

Integer array des[0] = 65
Integer array des[1] = 66
Integer array des[2] = 67
```

char형 배열이 차례대로 A, \0이 int형 배열로 복사되면 메모리 안에는 A에 해당하는 ASCII 코드값이 먼저 들어가고 그 다음에 \0이 들어간다. 이 값을 int형으로 읽으면 역워드 방식이므로 65만 값으로 나타난다.

6) 함수 포인터

포인터는 무슨 포인터이든지 메모리에서 2바이트를 차지한다. 그리고 그 포인터를 정수형 포인터 또는 배열 포인터라고 부르는 것은 그 포인터가 가리키고 있는 데이터가 어떠한 유형의 데이터인가에 달려 있다.

그런데 C의 포인터가 너무나도 강력한 나머지 하나의 함수를 가리킬 수 있을 뿐만 아니라, 가리킨 함수를 실행까지 시킬 수 있다. 다음에 함수 포인터를 선언하는 방법을 나타내었다.

```
함수의 데이터 유형(*포인터 이름)(가리킬 함수의 매개변수 리스트);
```

(1) 함수의 데이터 유형

함수 포인터가 가리키는 함수의 되돌리는 값(return value)이다. 함수를 정의할 때 함수명 앞에 쓰는 데이터 유형과 같다.

(2) 포인터 이름

일반 변수명을 쓰듯이 사용자 임의대로 쓴다.

(3) 가리킬 함수의 매개변수 리스트

함수 포인터가 가리키는 함수의 인자이다. 이 값은 함수를 정의할 때 함수명 오른쪽에 써넣는 인자의 내용과 같다.

예
```
void (*fptr1)(int a, char *b);
int (*fptr2)(char *a[], int n);
```

간단한 함수 포인터의 예를 들어 보았다.

```
int func1(int val);

main()
{
        int i;
        int (*fptr)(int i);          /*  함수 포인터의 선언  */
        i = 123;
        fptr = func1;                  /*  괄호를 쳐서는 안 된다  */
```

```
        i = (*fptr)(i);                 /*  func1을 실행한다.  */
        printf(" i = %d\n",i);
}

int func1(int val)
{
        printf(" val is %d\n",val);
        return (2525);
}
```

결과

```
val is 123
i = 2525
```

위 프로그램에서 fptr = func1;이라고 쓴 부분은 함수 포인터의 초기화 부분이다. fptr은 함수 포인터가 되고 func1은 함수 포인터의 값이 된다. 즉 함수에서 '()'와 그 안에 들어있는 부분을 제외한 함수의 이름은 함수 포인터 상수가 된다.

11 구조 데이터 유형

1) 구조체 변수(Structure Variables)

C에서의 구조 데이터란 여러 개의 서로 다른 데이터를 모아 하나로 묶어 놓은 것을 의미한다.

```
struct 구조체-택 {
                        멤버 선언
                        }선언자 리스트
```

예를 들어 다음과 같은 성적처리 프로그램을 작성한다고 가정하면

```
char name[30];        /*  사람이름   */
int kor;              /*  국어 성적  */
```

```
int eng;                /*  영어 성적   */
int math;               /*  수학 성적   */
int total;              /*  총점        */
float ave;              /*  평균        */
```

위와 같이 한 사람에 필요한 변수들을 정하고, 이번에는 이 변수들을 하나의 구조체로 묶으면 다음과 같다.

```
struct man {
                char name[30];
                int kor;
                int eng;
                int math;
                int total;
                float ave;
                } person;
```

모든 구조 데이터 유형은 반드시 struct로 시작하게 된다. 그 다음에 이 구조의 실제 이름(위 예에서는 man)이 오게 되는데, 이는 지정할 수도 있고 지정하지 않을 수도 있다. (일반적으로 지정한다). 그 다음의 중괄호는 실제 구조의 내용을 담고 있으며 그 안에 그 구조에 속하는 데이터들을 차례대로 정의해주면 된다. 그리고 그 뒤의 변수(위 예에서는 person)는 이와 같은 구조를 값으로 갖는, 즉 struct 유형의 변수를 정의한 것이다.

➡ 구조체 멤버 연산자

구조체의 멤버를 참조하기 위하여 사용되는 연산자이다.

```
구조체명.멤버명

int total(int i, int j);

struct da {
        int x;
        int y;
        };

main()
{
    struct da val = { 10, 30 }
```

```
    int sum = 0;
    sum = total(val.x,val.y);
    printf(" Sum = %d₩n",sum);
}

int total(int i, int j)
{
    struct da tot;
    tot.x = i;
    tot.y = j;
    return (tot.x + tot.y);
}
```

결과

```
Sum = 40
```

2) 공용체(Union)

공용체인 union은 똑같은 기억장소에 서로 다른 데이터형을 저장할 수 있는 기능을 갖는다.

```
union 구조체-택 {
                  멤버 선언
                  }선언자 리스트
```

➡ 공용체 멤버 연산자

공용체의 멤버를 참조하기 위하여 사용되는 연산자이다.

```
구조체명.멤버명

struct sb {
char c;
int i
float f;
}x;

union ub {
char c2;
int i2;
```

```
float f2;
}x2;

main()
{
int i,j;
i=sizeof(struct sb);
j=sizeof(struct ub);
printf("struct %d₩n",i);
printf("union %d₩n",j);
}
```

결과

```
struct  7
union   4
```

3) 프로그램과 메모리 할당 관계

(1) 구조체

```
        struct sb {
                char c;
                int i
                float f;
                }x;
```

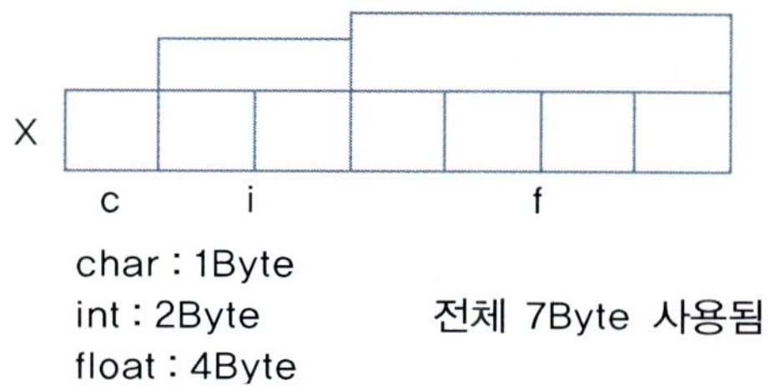

[그림 8-3] 구조체의 프로그램과 메모리 할당

(2) 공용체

```
union ub {
        char c2;
        int i2;
        float f2;
        }x2;
```

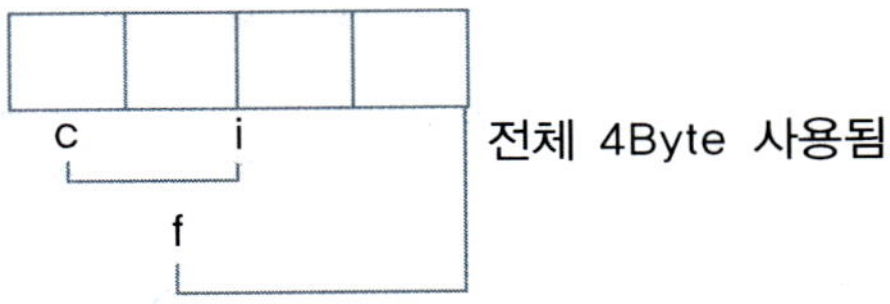

[그림 8-4] 공용체의 프로그램과 메모리 할당

PART Ⅳ

모바일 로보틱스 응용

CHAPTER 09

모바일 로보틱스의 구조

01 모바일 로보틱스의 하드웨어 구성

1) 모바일 로보틱스 하드웨어 구조

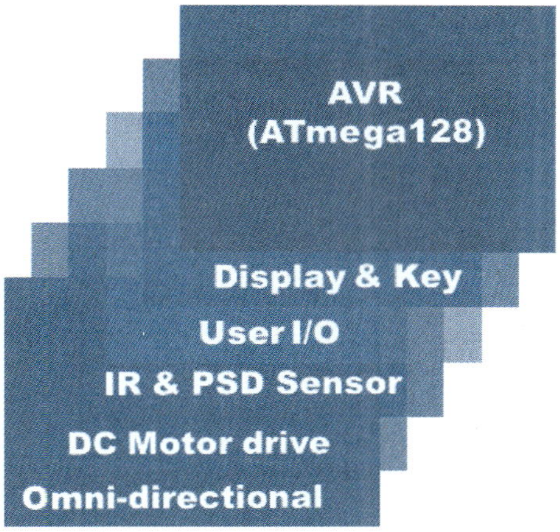

[그림 9-1] 모바일 로보틱스의 하드웨어 구조

2) 모바일 로보틱스 블록도

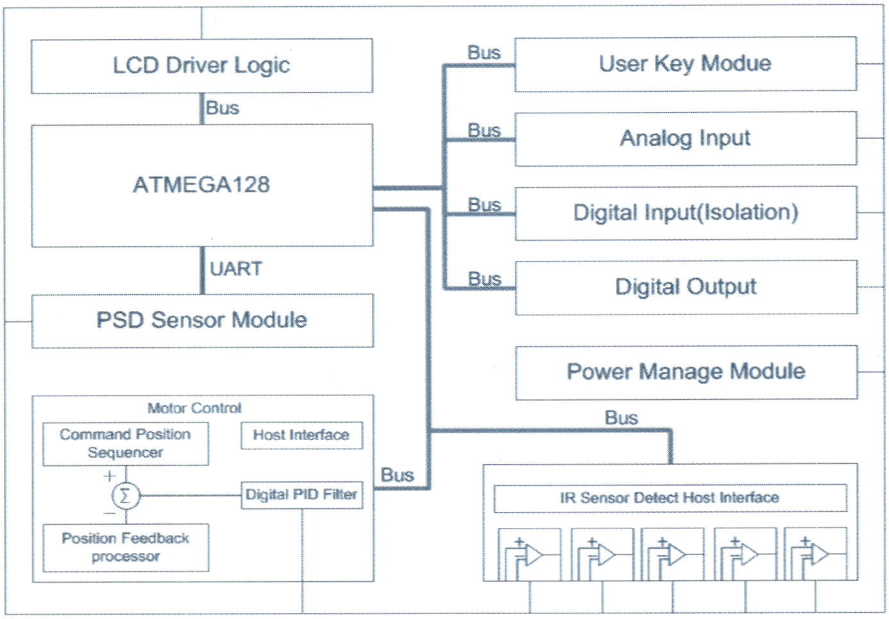

[그림 9-2] 모바일 로보틱스(ED-7275)의 블록도

3) 메인 보드 부품 배치도

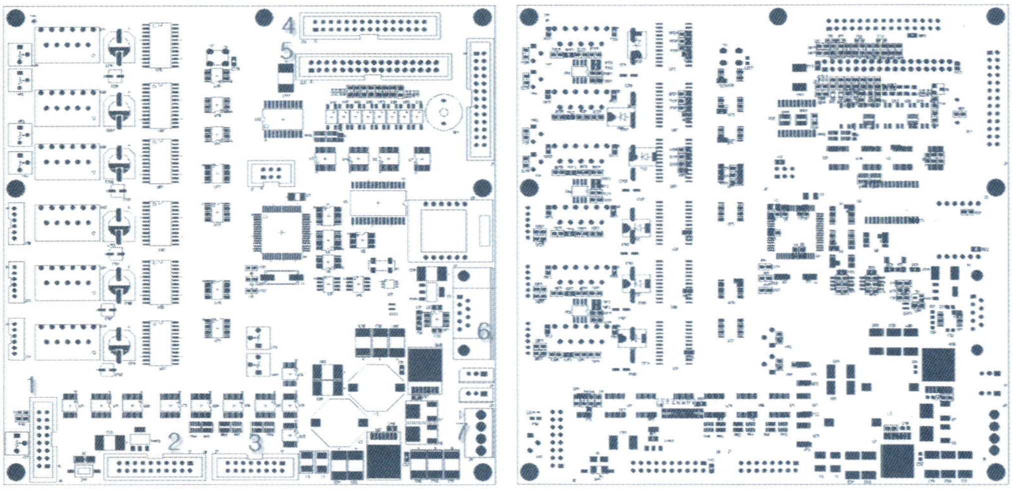

[그림 9-3] 모바일 로보틱스의 메인 보드

① LCD 제어 인터페이스

② 키와 버튼, ISP 인터페이스

③ IR 센서와 PSD 센서 인터페이스

④ 아날로그 입력, 디지털 입력/출력 인터페이스

⑤ 예비(Reserved) 3-축 모터 인터페이스

⑥ 디버그 RS-232 포트

⑦ 전원(12V Input)

4) IR 보드 부품배치도

① IR 센서 & PSD 센서 인터페이스　　② PSD 센서 인터페이스

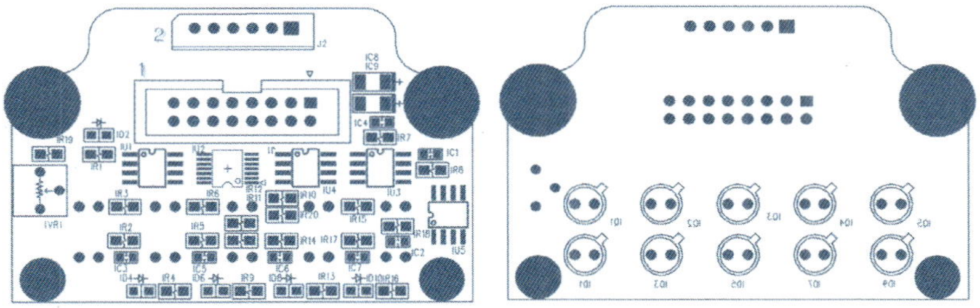

[그림 9-4] 모바일 로보틱스의 IR 보드 부품

5) 앞 보드 배치도

① USB AVR ISP 인터페이스　　② 키와 버튼, ISP 인터페이스

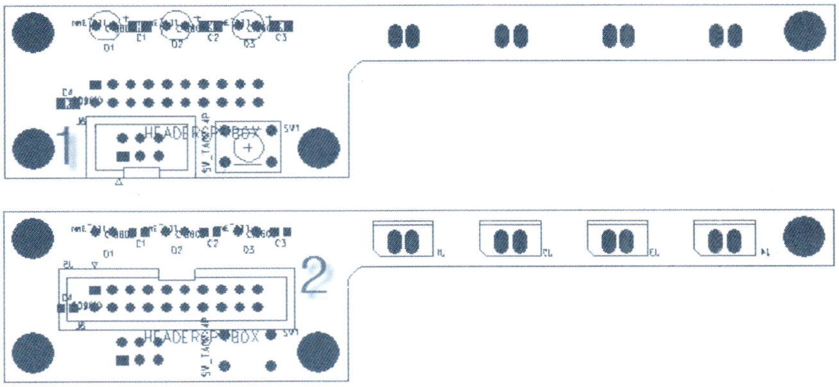

[그림 9-5] 모바일 로보틱스의 앞 보드

6) 뒷 보드 배치도

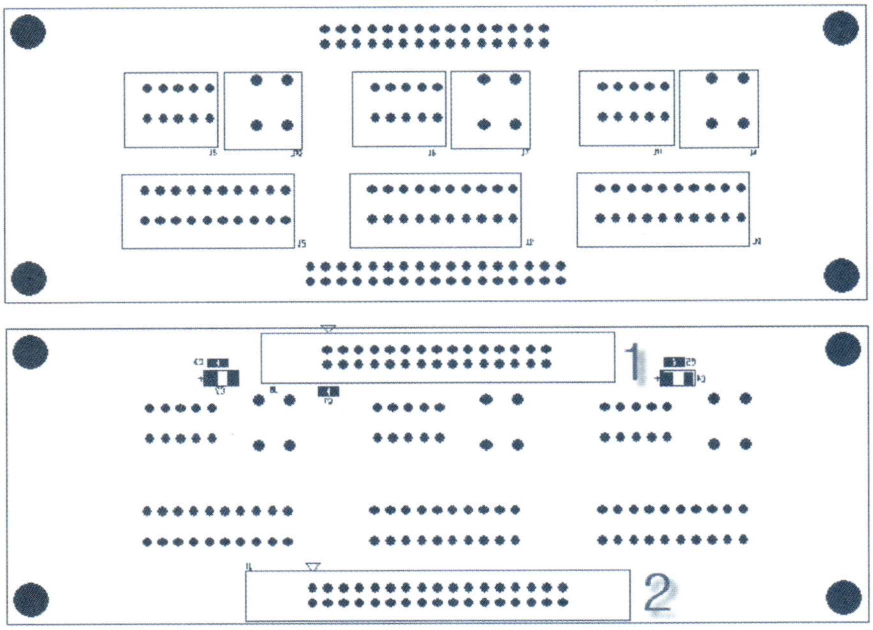

[그림 9-6] 모바일 로보틱스의 뒷 보드

① IR 센서 & PSD 센서 인터페이스

② 아날로그 입력, 디지털 입출력 인터페이스

02 모바일 로보틱스의 회로도

1) 모터 제어

(1) 모터제어기(LM629)

LM629는 National사의 모터모션 제어기(Precision Motor Motion controller)이다. LM629는 증가되는 위치 궤환 신호(incremental Position feedback signal)를 받아서 DC 모터, 브러시니스(brushless) DC 서보모터, 또는 이러한 서보 메커니즘(servo mechanism)을 제어할 수 있도록 설계되어 있다.

LM629는 PWM 출력을 기본으로 설계되었으며 LM628/629의 특징은 다음과 같다.

① 32비트의 위치(position), 속도(velocity), 그리고 가속도 레지스터(acceleration register)를 가지고 있다.
② 프로그램이 가능한 16비트의 계수들을 가진 디지털 PID 필터를 내장하고 있다.
③ 프로그램이 가능한 derivative 샘플 간격 함수
④ 8bit 또는 12bit DAC 출력 데이터(LM628)
⑤ 8bit 신호크기 PWM 출력 데이터(LM629)
⑥ 4체배의 업다운 카운터(up-down counter) 내장
⑦ 사다리꼴 속도파형 발생기
⑧ 속도(vleocity), 타깃 위치(target position), 필터 파라미터(filter parameter)를 모션이 진행중에도 수정 가능
⑨ 위치 모드(position mode)와 속도 모드(velocity mode)로 동작 가능
⑩ 실시간 프로그램 가능한 호스트 인터페이스
⑪ 8bit 병렬 비동기 호스트 인터페이스
⑫ 인덱스 펄스 입력과 함께 증가되는 인코더 인터페이스 내장

(2) LM629 및 메인 MCU(Micro Controller Unit) 인터페이스

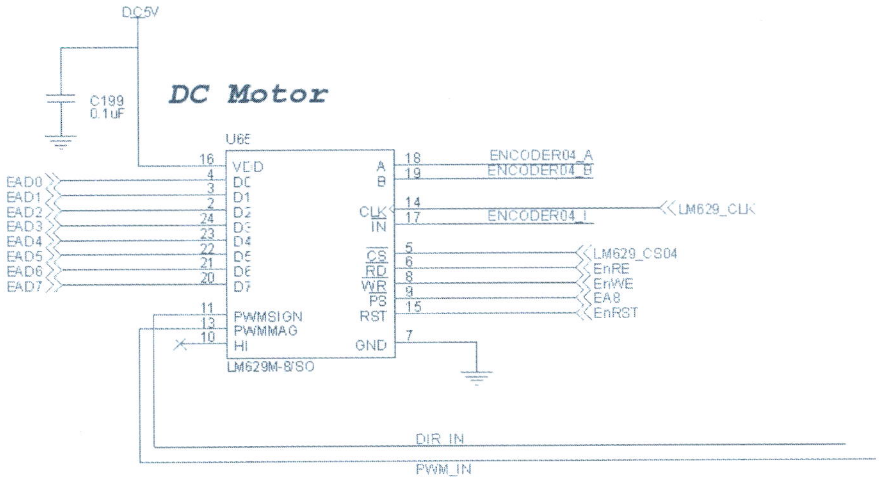

[그림 9-7] LM629 인터페이스

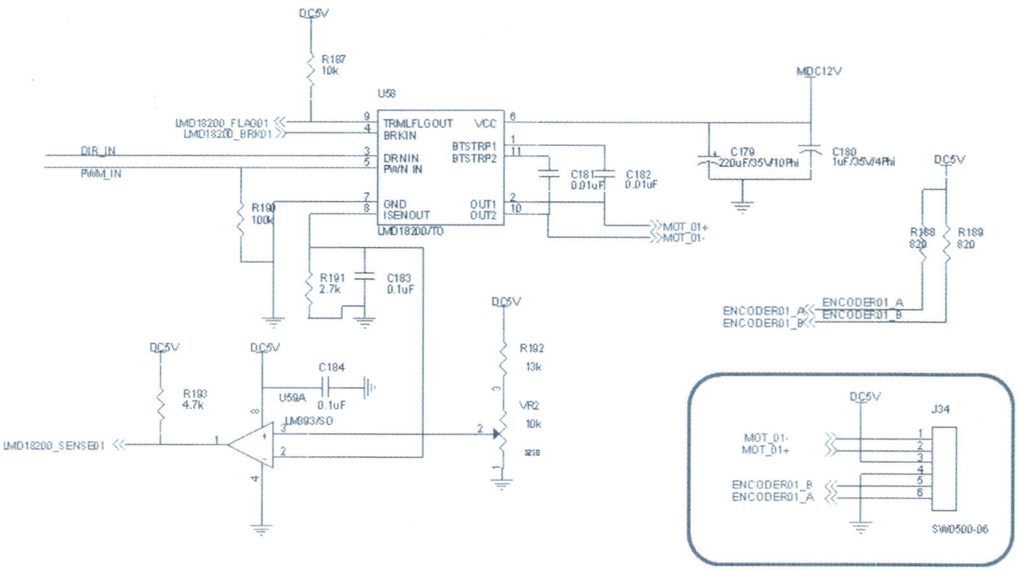

[그림 9-8] 메인 MCU 인터페이스

LM629와 호스트 CPU의 인터페이스의 경우에는 데이터 버스를 이용하여 제어/상태 정보를 제어를 할 수 있으며, 이와 관련된 메모리 맵(Memory Map)은 [표 9-1]과 같다.

[표 9-1] LM629 및 메인 MCU의 메모리 맵

CS Signal	Group	Name	Address	Size	Dir	Bits
BCS0	LM629_CS1	LM629_CMD01	0x4000	1Byte	R/W	8
BCS0	LM629_CS1	LM629_DAT01	0x4100	1Byte	R/W	8
BCS0	LM629_CS2	LM629_CMD02	0x4200	1Byte	R/W	8
BCS0	LM629_CS2	LM629_DAT02	0x4300	1Byte	R/W	8
BCS0	LM629_CS3	LM629_CMD03	0x4400	1Byte	R/W	8
BCS0	LM629_CS3	LM629_DAT03	0x4500	1Byte	R/W	8
BCS1	LM629_CS4	LM629_CMD04	0x5000	1Byte	R/W	8
BCS1	LM629_CS4	LM629_DAT04	0x5100	1Byte	R/W	8
BCS1	LM629_CS5	LM629_CMD05	0x5200	1Byte	R/W	8
BCS1	LM629_CS5	LM629_DAT05	0x5300	1Byte	R/W	8
BCS1	LM629_CS6	LM629_CMD06	0x5400	1Byte	R/W	8
BCS1	LM629_CS6	LM629_DAT06	0x5500	1Byte	R/W	8

2) User I/O

(1) 아날로그 입력(Analog Input)

아날로그 입력(Analog Input)은 호스트 PC의 ATmega128에 내장되어 있는 ADC를 이용하며, 사용자가 8bit의 아날로그 신호를 입력하여 사용할 수 있도록 구성되어 있다.

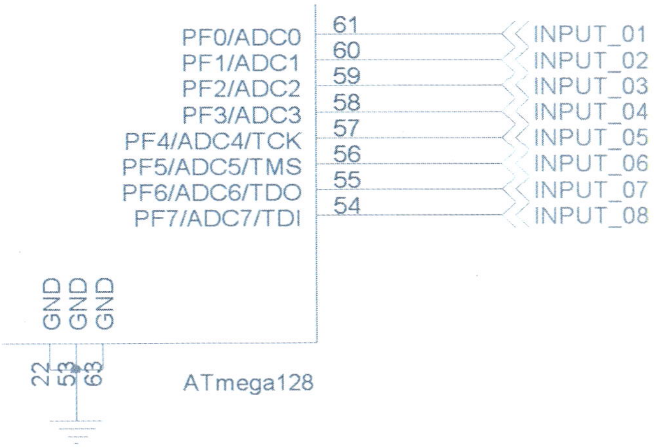

[그림 9-9] 아날로그 입력 회로도

(2) 디지털 입력(Digital Input)

디지털 입력(Digital input) 포트의 경우에는 사용자가 외부에 다양한 레벨에 입력이 가능할 수 있도록 내부 분리(Isolation)를 이용하여 다양한 전압 레벨에 따른 디지털 입력이 가능하도록 설계되어 있다.

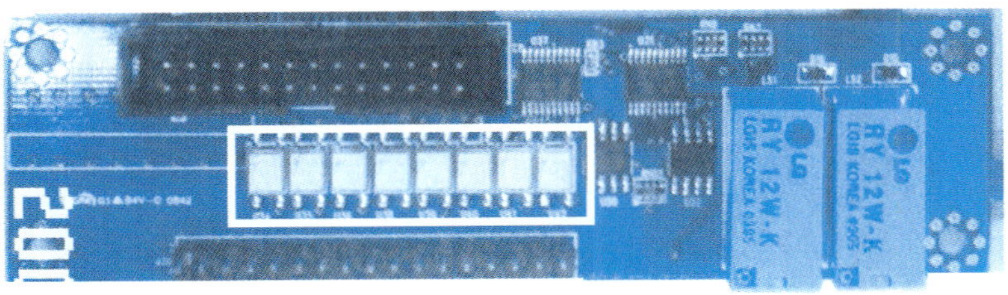

[그림 9-10] 디지털 입력 외형

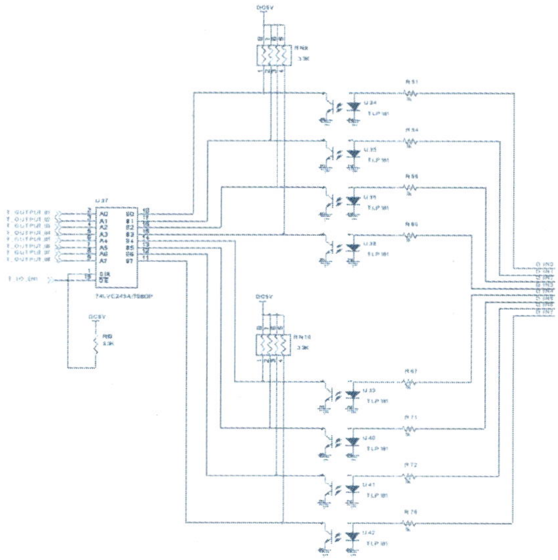

[그림 9-11] 디지털 입력 회로도

(3) 디지털 출력(Digital output)

디지털 출력 포트의 경우에는 8bit의 출력이 가능하도록 설계되어 있다.

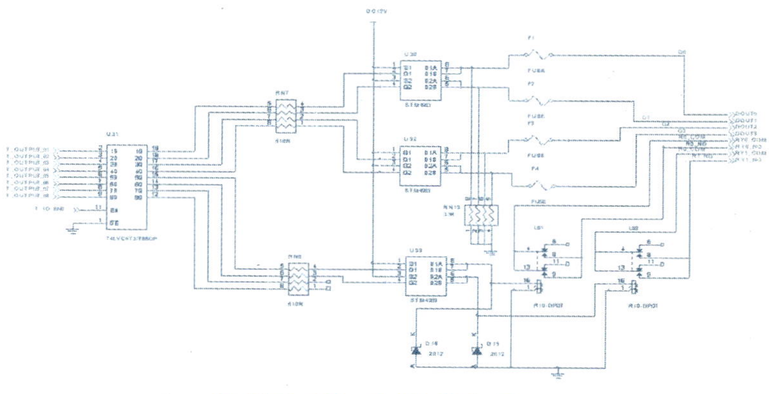

[그림 9-12] 디지털 출력 회로도

[표 9-2] 디지털 출력 포트의 메모리 맵

CS Signal	Group	Name	Start	Size	Size	Dir	End	bits
LCS2	IO_CS	D_OUT_EN	0x2600	256B	1Byte	Out	0X26FF	8
		D_IN_EN	0X2700	256B	1Byte	In	0X27FF	8

3) 문자 LCD

모바일 로보틱스(ED-7275; Mobile Omni-Directional Robot)에는 20 * 2 Line Character LCD가 부착되어 로봇의 상태 및 사용자가 원하는 문자를 출력을 할 수 있도록 설계되어 있으며, 사용자의 인식 및 가독성을 향상하기 위하여 블루 백라이트(Blue backlight)를 이용한 LCD가 설계되어 있다.

[그림 9-13] 문자 LCD

문자 LCD를 제어를 하기 위해서는 [표 9-3]과 같은 어드레스 맵(Address Map)을 이용하여 제어를 하여야 하며, 제어 범위는 문자 LCD에서 지원하는 기능을 제어할 수 있다.

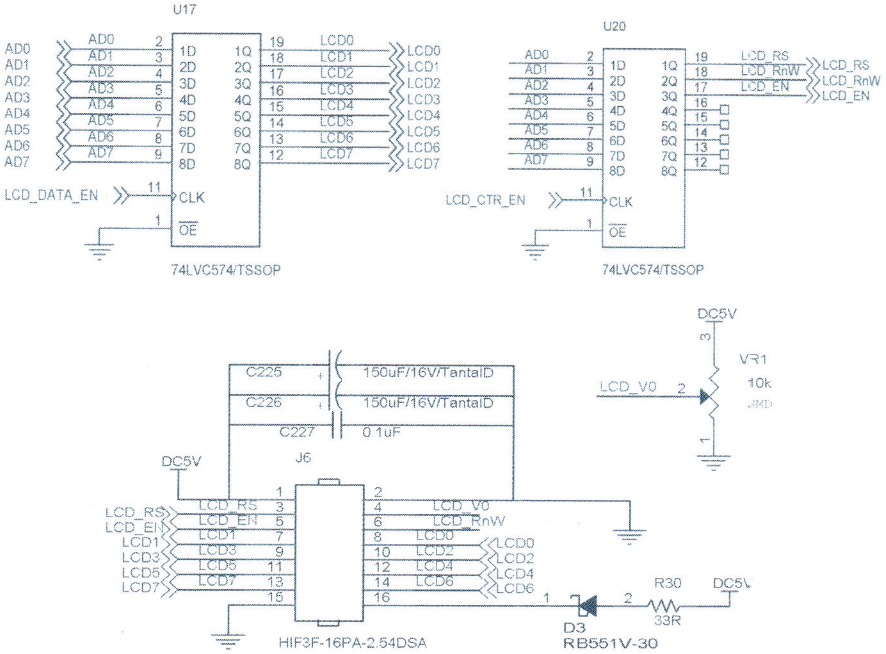

[그림 9-14] 문자 LCD 인터페이스 회로도

[표 9-3] 문자 LCD 제어의 메모리 맵

CS Signal	Group	Name	Start	Size	Size	Dir	End	bits
LCS2	IO_CS	LCD_DATA_EN	0x2000	256B	1Byte	Out	0X20FF	8
		LCD_CRT_EN	0X2100	256B	1Byte	Out	0X21FF	8

4) 키와 LED 제어(Key & LED Control)

사용자가 특정 키(Key)를 이용하여 특정 명령을 지시하거나, 명령을 정지할 수 있도록 4개의 키가 설계가 되어 있으며, 사용자가 로봇의 상태 및 알람 등의 정보를 LED 표시기(Indicator)를 이용하여 상태를 나타낼 수 있도록 3개의 LED가 설계되어 있다.

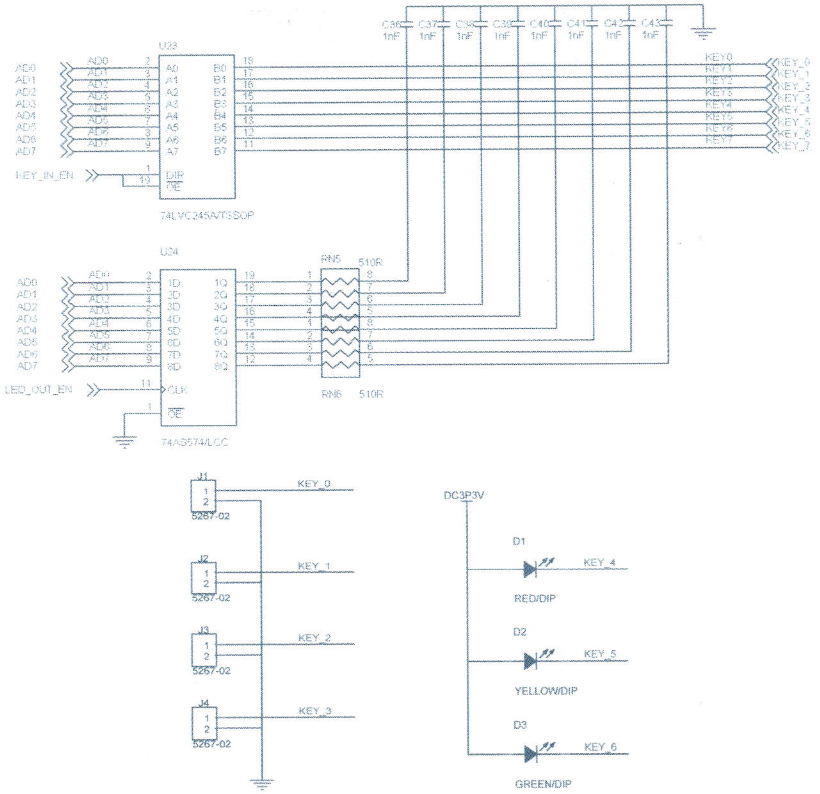

[그림 9-15] 키와 LED 제어 회로도

또한 이러한 제어를 하기 위해서는 [표 9-4]와 같은 어드레스 맵(Address Map)을 이용을 하여야 한다.

[표 9-4] 키와 LED 제어의 메모리 맵

CS Signal	Group	Name	Start	Size	Size	Dir	End	bits
LCS2	IO_CS	KEY_IN_EN	0X2200	256B	1Byte	In	0X22FF	8
		LED_OUT_EN	0X2300	256B	1Byte	Out	0X23FF	8

5) IR 센서

모바일 로보틱스(ED-7275)는 IR 센서의 발광소자에서 빛을 발광하여 반사되어 돌아오는 양을 수광소자에서 측정하여 발광량에 따라 특정 색상을 검출할 수 있다.

바닥에 설치된 5조의 IR 센서가 구성되어 있으며, 특정 색상이 발생시에는 인터럽트를 이용하여 호스트 CPU에게 전달이 가능할 수 있도록 설계되어 있다.

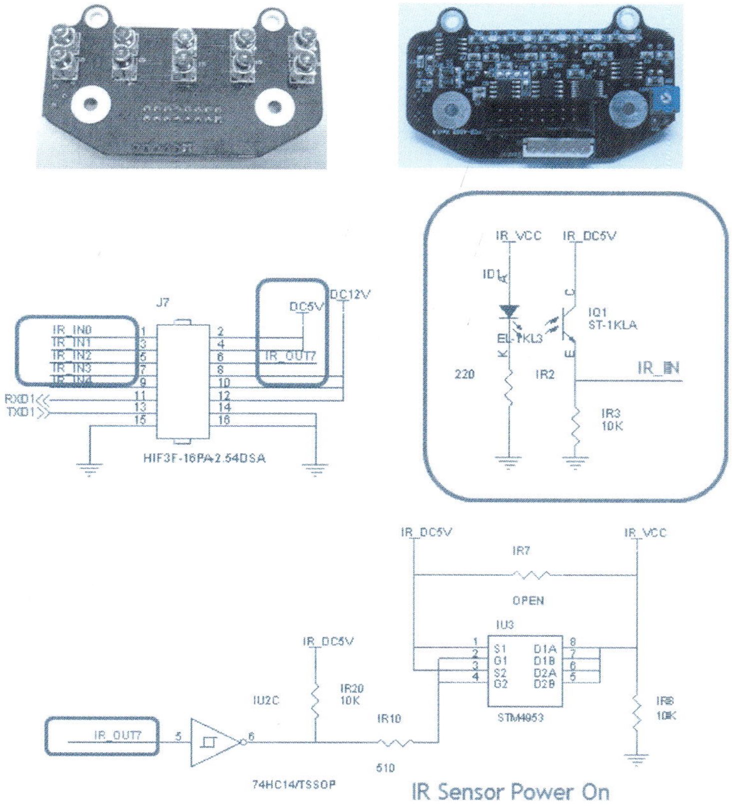

[그림 9-16] IR 센서 및 회로도

IR 센서값은 검출에 따라 HIGH 또는 LOW 신호로 나타나며 값을 읽기 위해서는 [표 9-5]의 어드레스 맵(Address Map)을 이용해 IR 센서의 데이터를 취득해야 한다.

[표 9-5] IR 센서의 어드레스 맵

CS Signal	Group	Name	Address	Size	Size	Dir	bits
LCS2	IC_CS	IR_OUT_EN	0X2400	256B	1Byte	Write	8
		IR_IN_EN	0X2500	256B	1Byte	Read	8

6) PSD 센서

PSD 센서의 경우 센서 보드 내부에 별도의 센서 CPU가 설계되어 있어 메인 CPU 에서 UART를 통하여 좀 더 정확한 센서의 데이터를 실시간으로 취득할 수 있다.

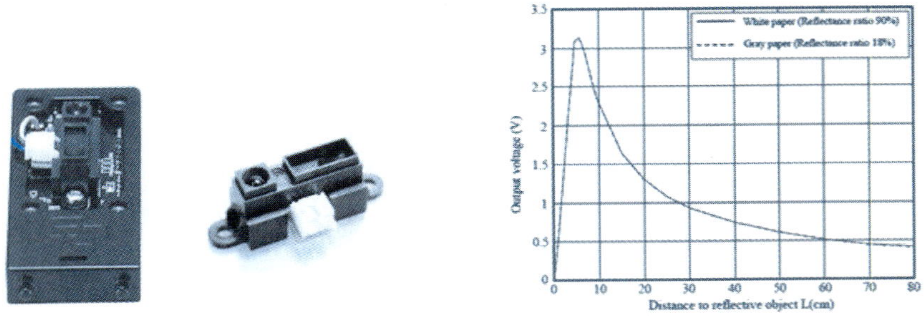

[그림 9-17] PSD 센서 및 특성

PSD(Position Sensitive Detector)는 빛에 반응하는 반도체로서 측정 범위는 10cm~80cm의 거리에서 측정이 가능하며, PSD의 최대 특성인 위치감지 특성삼각측량법을 이용해서 거리를 측정한다.

송광렌즈, 수광렌즈상의 수광렌즈, PSD까지의 거리는 렌즈 시스템의 비례관계에 의해 축소되므로 물체까지의 거리 a는 다음과 같은 식으로 구할 수 있다.

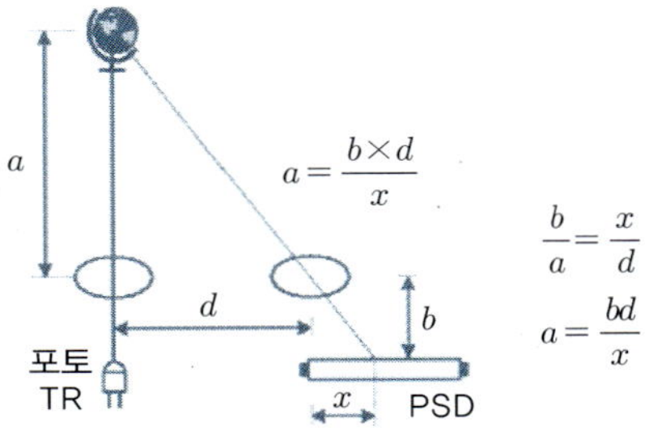

[그림 9-18] 거리 a의 관계식

모바일 로보틱스(ED-7275)에는 기본적으로 3개의 PSD 센서가 부착되어 있으며, 추가적으로 9개의 PSD 센서 또는 초음파, 인체감지 센서 등을 부착을 할 수 있도록 설계되어 있다. 추가적인 센서 부착시에는 별도의 하드웨어 변경이 불필요하다.

CHAPTER

10 모바일 로보틱스의 기본 구동 방법

01 LED 제어

1) 목 표

- 확장 메모리 주소상에 연결된 LED를 제어하는 방법을 확인한다.
- LED 연결 회로를 이해한다.
- 프로그램 컴파일 및 다운로드 방법에 대하여 이해한다.
- 로봇 시작 및 동작의 방법에 대하여 이해한다.

2) 회로도

1 외부 어드레스에 의하여 Netname KEY 4, 5, 6이 연결되어 있다.

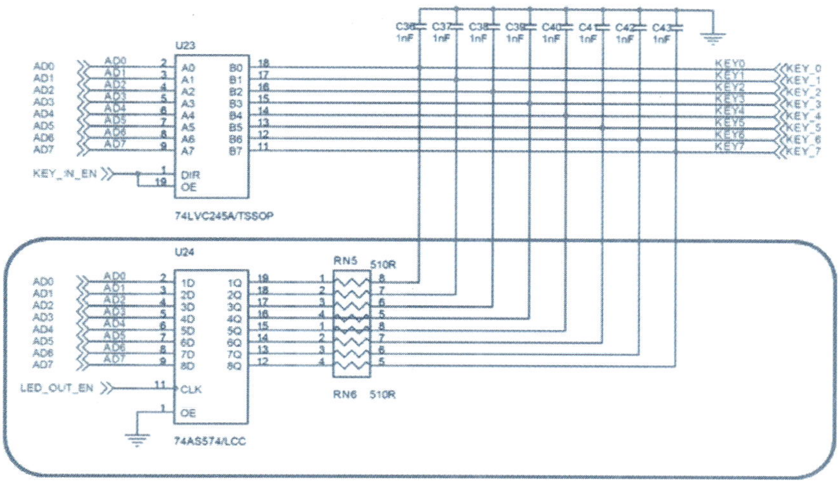

[그림 10-1] 외부 어드레스 LED 제어 회로도

② 앞 보드(Front Board)에는 다음과 같이 KEY 4, 5, 6번을 이용하여 LED RED, YELLOW, GREEN을 사용자가 제어할 수 있다.

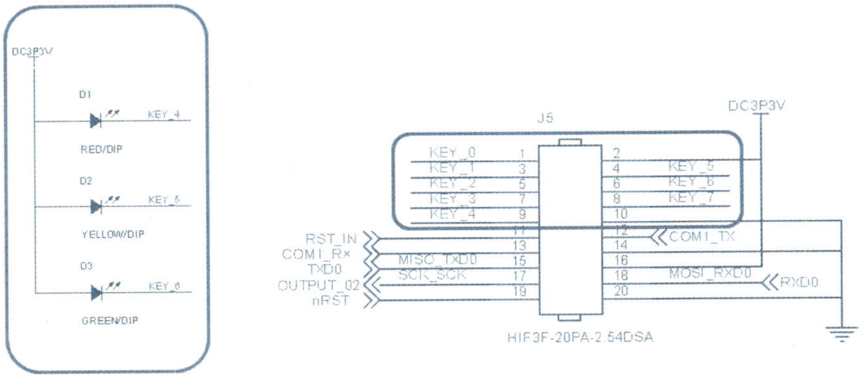

[그림 10-2] RYG LED 제어회로도

3) 소스 코드 예제

① 제공된 Sample 프로그램에서 \0.Device_Sample_Source\1.LED 폴더를 선택하여 예제 프로젝트를 Open한다.

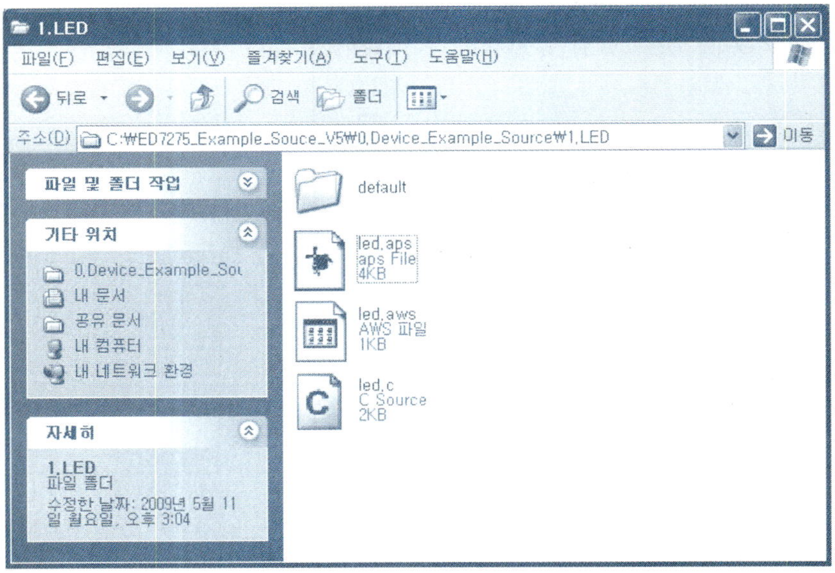

[그림 10-3] 제공된 Sample 프로그램

② 프로젝트가 정상적으로 Open이 되면 LED를 제어하는 아래 소스를 확인할 수 있다. 그러면 해당 소스에 대해 하나씩 알아보도록 하자.

③ ...\1.LED\led.c

```
//————————————————————————————————————
// ED-7275 전면 LED 작동 예제
// led.c
//————————————————————————————————————
#include<avr/io.h>
#include<util/delay.h>

// External Memory Address Define
#define LED_OUT_EN          (*(volatile unsigned char *)0x2300)

// 전면 패널의 LED 작동
#define RLED        0x10        // 적색 LED (PW) -> 0xEF ( 1110 1111 )
#define YLED        0x20        // 황색 LED (ST) -> 0xDF ( 1101 1111 )
#define GLED        0x40        // 녹색 LED (AL) -> 0xBF ( 1011 1111 )

void LED_SW(unsigned char led)
{
        // 해당 LED만 켠다.
        // 상위 3비트는 LED 값 0110, 하위 4비트(0~3)는 KEY PULLUP
        LED_OUT_EN = ~(led);
}

int main(void)
{
        // 외부 메모리 설정
        MCUCR = 0x80;
        XMCRA = 0x44;
        XMCRB = 0x80;

        LED_SW(0); // LED OFF

        while(1)
        {
                LED_SW(RLED);
                _delay_ms(1000);
                LED_SW(YLED);
                _delay_ms(1000);
                LED_SW(GLED);
```

```
                _delay_ms(1000);
                LED_SW(RLED);
                _delay_ms(1000);
                LED_SW(RLED|YLED);
                _delay_ms(1000);
                LED_SW(RLED|YLED|GLED);
                _delay_ms(1000);
                LED_SW(0); // LED OFF
                _delay_ms(1000);
                LED_SW(RLED|YLED|GLED);
                _delay_ms(1000);
                LED_SW(0); // LED OFF
                _delay_ms(1000);
        }
}
```

4) 소스 설명

모바일 로보틱스(ED-7275)의 주변장치는 대부분 외부 메모리 인터페이스에 의해 연결되어져 있다. 이 외부 메모리 인터페이스에는 메모리 또는 디바이스를 연결하여 사용할 수 있다.

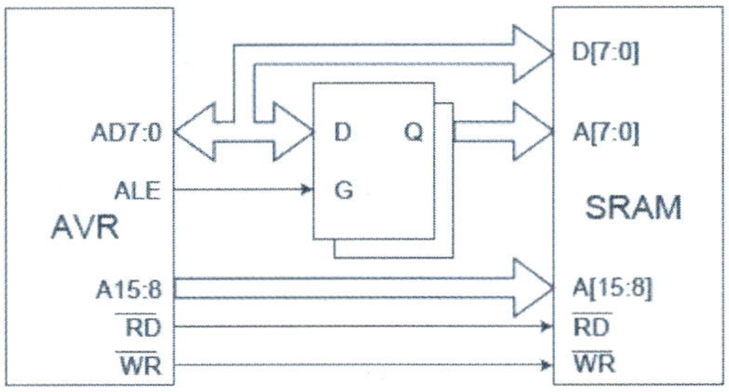

[그림 10-4] 외부 메모리 인터페이스

[그림 10-4]에서 보는 바와 같이 ALE 신호에 의해 AD7~0이 데이터 버스와 하위 어드레스 버스로 분리되고 어드레스 버스는 16bit를 가지고 데이터 버스는 8bit로 되어 있는 것을 알 수 있다.

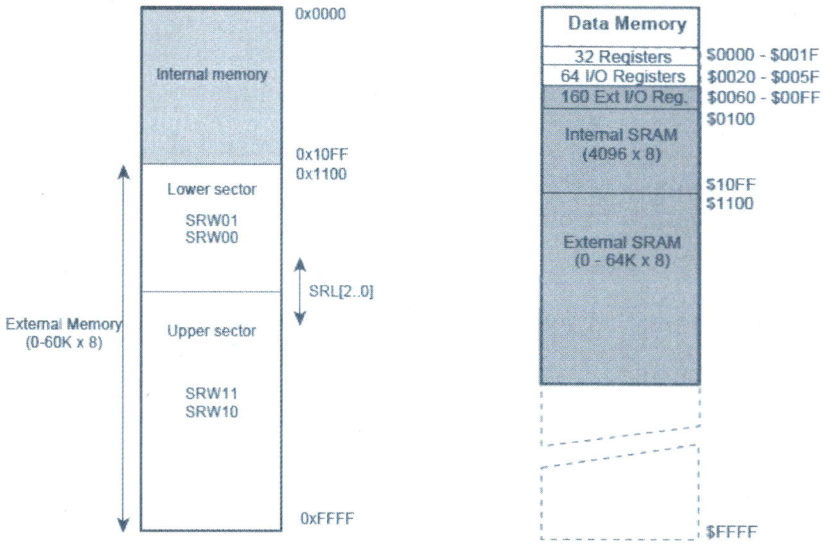

[그림 10-5] ALE 신호에 의해 데이터 버스와 하위 어드레스 버스로 분리

또한 ATmeag128에는 섹터(Sector) 영역을 위와 같이 두 영역으로 나누어 관리한다. 그 이유는 디바이스의 종류에 따라 대기 사이클의 설정을 다르게 할 수 있도록 하여 다양한 디바이스 연결이 가능하도록 하기 위해서이다.

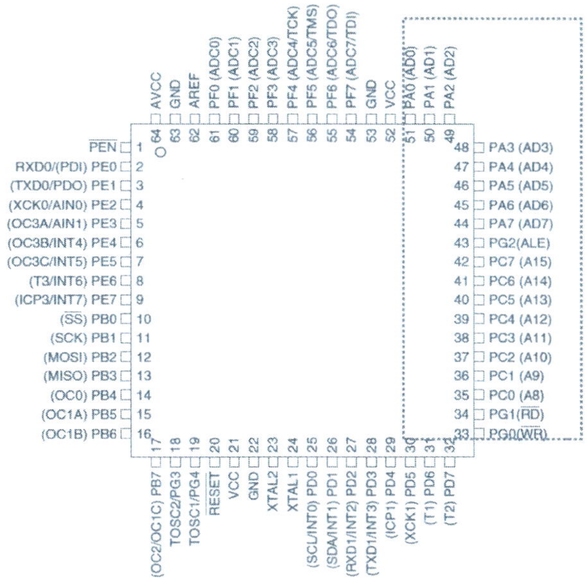

[그림 10-6] ATmega128의 핀 출력

ATmega128의 핀 출력을 보면 외부 메모리 인터페이스를 위해 [그림 10-6]과 같이 핀 구성이 되어 있는 것을 확인할 수 있다.

```
// 외부 메모리 설정
MCUCR = 0x80;
XMCRA = 0x44;
XMCRB = 0x80;
```

위 소스는 이러한 외부 메모리 인터페이스를 사용하기 위해 레지스터 설정을 해주는 부분으로, ATmega128의 데이터 북을 보면 위 세 레지스터에 한 설명이 상세히 나와 있다.

(1) MCUCR(MCU Control Register)

Bit	7	6	5	4	3	2	1	0	
	SRE	SRW10	SE	SM1	SM0	SM2	IVSEL	IVCE	MCUCR
Read/Write	R/W	R/W	R/W	R/W	R/W	R/W	R/W	R/W	
Initial Value	0	0	0	0	0	0	0	0	

MCUCR은 MCU의 동작에 관한 설정 레지스터로 SRE을 1로 설정하여 외부 메모리를 사용할 수 있도록 설정하였다.

(2) XMCRA(External Memory Control Register A)

Bit	7	6	5	4	3	2	1	0	
	–	SRL2	SRL1	SRL0	SRW01	SRW00	SRW11	–	XMCRA
Read/Write	R	R/W	R/W	R/W	R/W	R/W	R/W	R	
Initial Value	0	0	0	0	0	0	0	0	

XMCRA는 외부 메모리의 영역을 Lower Sector와 Upper Sector로 나누어, 액세스 속도 및 Sector의 영역범위를 설정할 수 있도록 해주는 레지스터이다.

[표 10-1] 외부 메모리 영역의 선택

SRL2	SRL1	SRL0	Sector Limits
0	0	0	Lower sector = N/A Upper sector = 0×1100 – 0×FFFF

SRL2	SRL1	SRL0	Sector Limits
0	0	1	Lower sector = 0×1100 – 0×1FFF Upper sector = 0×2000 – 0×FFFF
0	1	0	Lower sector = 0×1100 – 0×3FFF Upper sector = 0×4000 – 0×FFFF
0	1	1	Lower sector = 0×1100 – 0×5FFF Upper sector = 0×6000 – 0×FFFF
1	0	0	Lower sector = 0×1100 – 0×7FFF Upper sector = 0×8000 – 0×FFFF
1	0	1	Lower sector = 0×1100 – 0×9FFF Upper sector = 0×A000 – 0×FFFF
1	1	0	Lower sector = 0×1100 – 0×BFFF Upper sector = 0×C000 – 0×FFFF
1	1	1	Lower sector = 0×1100 – 0×DFFF Upper sector = 0×E000 – 0×FFFF

[표 10-1]에서 있는 SRL2를 1로 설정하고, SRL1과 SRL0을 0으로 설정하여 Lower Sector는 0×1100 ~ 0×7FFF, Upper Sector는 0×8000 ~ 0×FFFF로 Sector의 범위를 설정하였다.

[표 10-2] SPWn1과 SRWn0의 선택

SRWn1	SRWn0	Wait States
0	0	No wait-states
0	1	Wait one cycle during read/write strobe
1	0	Wait two cycle during read/write strobe
1	1	Wait two cycle during read/write and wait one cycle before driving out new address

None : 1. n=0 or 1(lower/uppe- sector).

For further details of the timing and wait-states of the External Memory Interface, see Figures

13 through Figures 16 for how the setting of the SRW bits affects the timing.

또한 SRW01을 1로 설정하고 SRW00은 0으로 설정하여 Lower Sector의 대기 사이클 상태를 read/write 스트로브동안에 1사이클 대기로 설정하여 주변 디바이스가 연결되어 있는 Sector에는 대기 사이클을 주도록 하였고, 확장 SRAM이 연결되어 있는 Upper Sector의 경우에는 SRW11과 SRW10을 0으로 설정하여 대기 사이클을 없도록 설정하여 빠른 액세스를 할 수 있도록 하였다.

(3) XMCRB(External Memory Contorl Register B)

Bit	7	6	5	4	3	2	1	0	
	XMBK	–	–	–	–	XMM2	XMM1	XMM0	XMCRB
Read/Write	R/W	R	R	R	R	R/W	R/W	R/W	
Initial Value	0	0	0	0	0	0	0	0	

- XMBK : External Memory Bus-Keeper Enable

[표 10-3] XMM2, XMM1, XMM0의 설정

XMM2	XMM1	XMM0	#Bits for External Memory Address	Released Port Pins
0	0	0	8(Full 60KB space)	None
0	0	1	7	PC7
0	1	0	6	PC7 – PC6
0	1	1	5	PC7 – PC5
1	0	0	4	PC7 – PC4
1	0	1	3	PC7 – PC3
1	1	0	2	PC7 – PC2
1	1	1	No Address high bits	Full port C

XMCRBSMS 어드레스 버스 및 데이터 버스에 관한 설정을 하는 레지스터로 bit7의 XMBK 값을 1로 설정하여 AD 버스에 3-state 상태일 조건에서 이전 값을 유지하도록 하였고, bit0~3의 XMM2, XMM1, XMM0을 0으로 설정하여 A8~15의 어드레스 범위를 모두 사용하도록 설정하였다. 이렇게 외부 메모리 영역을 사용 가능하도록 설정한 후 우리는 아래의 어드레스 주소를 포인터 연산을 통해 접근하여 해당 디바이스에 대해 제어할 수 있게 된다.

```
// 외부 메모리 주소 지정
#define LED_OUT_EN                    (*(volatile unsigned char *)0x2300)
```

다음 회로를 통해 LED의 어드레스 주소를 구할 수가 있다.

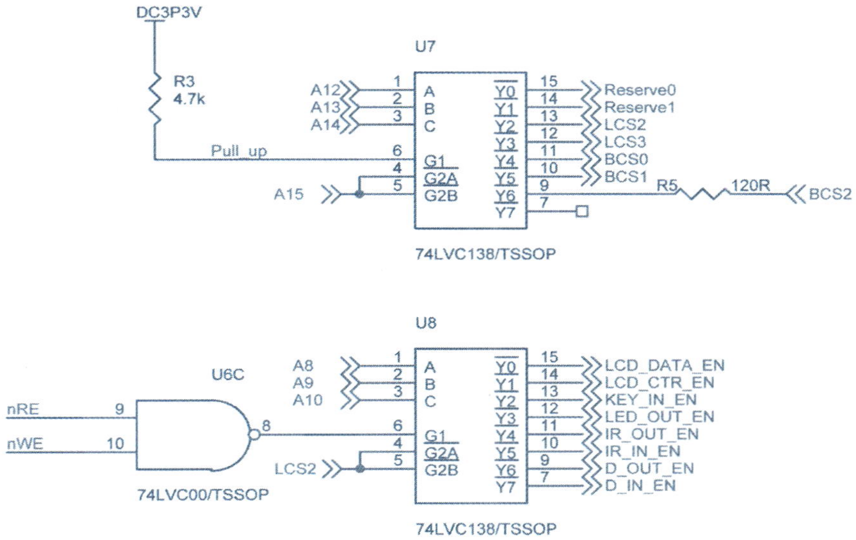

[그림 10-7] LED의 어드레스 주소를 구하는 회로

74LVC138은 A,B,C 3개의 입력을 받아서 8개의 출력 핀 Y0~7 중 한 곳으로만 LOW 신호를 내보내는 IC이다.

LED_OUT_EN이 Active LOW가 되기 위해서는 먼저 U7에서 LCS2가 Active LOW가 되어야 한다. LCS2SMS U7에서 A15~12에 의해서 만들어지므로 A15를 LOW 신호로 한 후에 A14, A13, A12 핀의 값을 0, 1, 0으로 해서 U7의 Y2 핀인 LCS2가 Active LOW가 되도록 한다.

LSC2가 Active LOW가 되면 U8이 Enable이 되고, A10, A9, A8이 0, 1, 1이 되게 하여 Y3핀인 LED_OUT_EN 핀에 Active LOW 신호가 나오게 할 수 있다. 그러므로 A15~A8까지의 값을 계산을 해보면 0x2300이 LED_OUT_EN의 주소값이 된다.

계산된 LED의 주소값을 포인터로 선언해주고, 선언된 LED_OUT_EN에 DATA 값을 넣으면 해당 주소값이 선택이 되어 아래 회로에 있는 LED_OUT_EN 핀의 신호가 Active LOW가 되어 LED 값을 제어하게 된다.

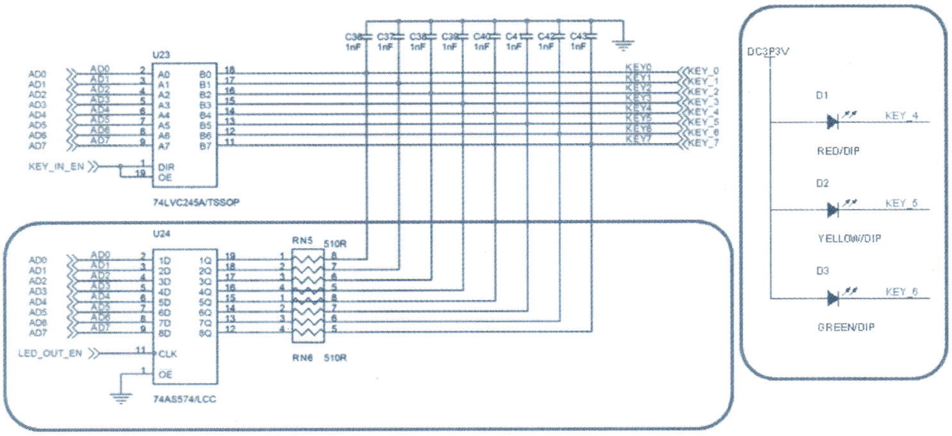

[그림 10-8] 각 LED에 해당하는 bit의 값을 변경하여 LED를 제어

LED는 DATA핀의 4~6번에 연결되어져 있다. 각 LED에 해당하는 bit의 값을 변경하여 LED를 제어할 수가 있다.

LED DATA 핀의 0~3번 핀은 KEY쪽의 풀업(Pull Up) 저항을 걸어 주기 위한 것으로 항상 1값을 갖는다.

```
// 전면 패널의 LED 작동
#define RLED        0x10        // 적색 LED (PW) -> 0xEF ( 1110 1111 )
#define YLED        0x20        // 황색 LED (ST) -> 0xDF ( 1101 1111 )
#define GLED        0x40        // 녹색 LED (AL) -> 0xBF ( 1011 1111 )

void LED_SW(unsigned char led)
{
        LED_OUT_EN = ~(led);
}
...
LED_SW(RLED);
_delay_ms(1000);
LED_SW(YLED);
_delay_ms(1000);
LED_SW(GLED);
_delay_ms(1000);
```

LED_SW라는 함수는 인자값으로 위에 선언된 RLED, YLED, GLED를 넣어 LED를 쉽게 제어할 수 있도록 만든 함수이다. 켜고자 하는 LED의 값을 모두 | 해주면 된다.

LED를 모두 OFF 하는 경우에는 0 값을 넣어주면 된다.

```
LED_SW( RLED | YLED | GLED );
_delay_ms(1000);
LED_SW(0); // ALL LED OFF
_delay_ms(1000);
```

_delay_ms() 함수는 #include <util/delay.h>가 선언되어져 있고 Menu의 Project → Configureation Options에서 Frequency에 8000000 hz라고 설정이 되었을 경우 Milliseconds의 단위의 delay를 발생시켜 주는 함수이다. 1000ms이므로 1 초간의 대기상태를 만들어 준다.

5) 실행 및 확인

1. 제공된 예제 프로그램을 통하여 컴파일 및 다운로드하여 동작상태를 확인한다.
2. 예제 소스를 통하여 외부 메모리 액세스 방법 및 LED 회로를 이해하고 세 개의 LED를 다르게 제어해봄으로써 LED 제어 방법을 익히자.
3. USB AVR ISP 다운로드에 대한 다운로드 방법과 퓨즈 세팅, 디버그 방법에 대하여 숙지한다.
4. AVR ATmega128의 레지스터에 관한 상세 내용은 ATMEL에서 제공하는 데이터 시트를 참고한다.
   ATmega128 DataSheet :
   http://www.atmel.com/dyn/resources/prod_documents/doc2467.pdf

02 키 버튼 제어

1) 목 표

- 확장 메모리 주소상에 연결된 키 버튼(KEY Button)을 제어하는 방법을 확인한다.
- 키 버튼(KEY Button)에 대한 회로 연결 방법에 대하여 이해한다.
- 소스상에서 키 버튼(KEY Button)의 값을 읽어오는 방법을 이해한다.

2) 회로도

① 외부 어드레스에 의하여 KEY 0, 1, 2, 3의 Net name으로 연결되어 있는 포트를 이용하여 버튼에 대한 데이터를 읽을 수 있다.

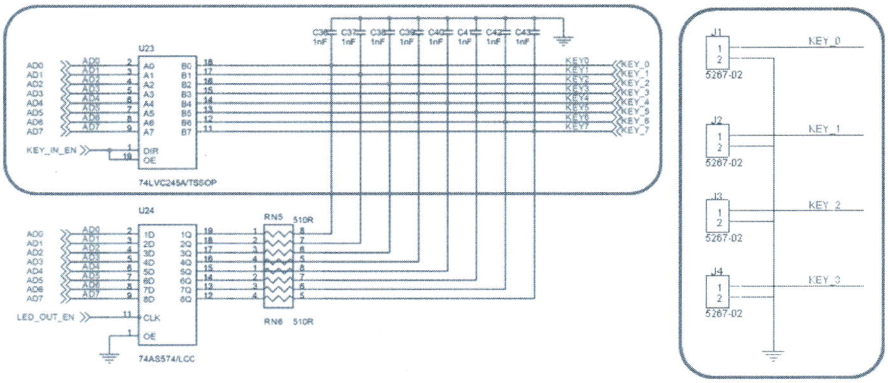

[그림 10-9] 키버튼 제어 회로도

② 로봇을 구동하면서 발생할 수 있는 다양한 로봇 동작에 따라 로봇의 Start/Stop 또는 특정 명령 실행 등 사용자가 원하는 버튼 등으로 기능을 구현을 할 수 있도록 4개의 사용자 버튼을 제공한다.

3) 소스 코드 예제

① 제공된 예제 프로그램에서 \0.Device_Sample_Source\2.KEY 폴더를 선택하여 예제 프로젝트를 Open한다.

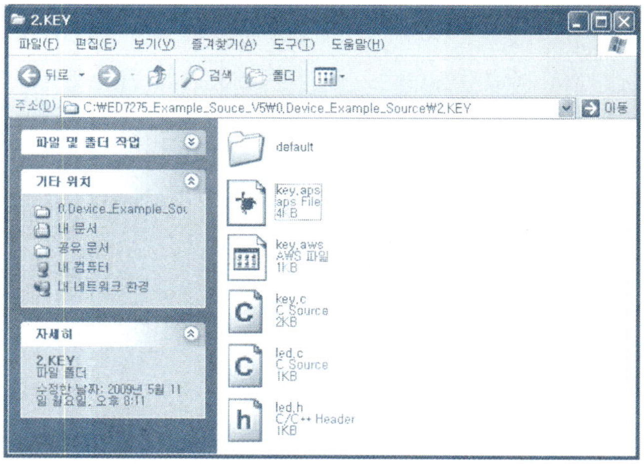

[그림 10-10] 제공된 예제 프로그램

② 프로젝트가 정상적으로 Open이 되면 KEY를 제어하는 아래 소스를 확인할 수 있다. 그러면 해당 소스에 대해 하나씩 알아보도록 하자.

③ ...\2.KEY\key.c

```
//―――――――――――――――――――――――――――――――――――――――――
// ED-7275 전면 KEY 작동 예제
// key.c
//―――――――――――――――――――――――――――――――――――――――――
#include<avr/io.h>

#include "led.h"     // led.h을 불러온다.

// External Memory Address Define
#define KEY_IN_EN                       (*(volatile unsigned char *)0x2200)
#define KEY_PULLUP                      (*(volatile unsigned char *)0x2300)

// key
#define KEY0                            0x0E // 0000 1110
#define KEY1                            0x0D // 0000 1101
#define KEY2                            0x0B // 0000 1011
#define KEY3                            0x07 // 0000 0111

// 키버튼에 pullup을 걸어준다.
void key_init(void)
{
        KEY_PULLUP = 0x0F;
}

unsigned char key_in(void)
{
        // KEY에서는 하위 4비트(0~3)만 사용하므로
        // 0x0F를 AND 연산을 통해 상위 비트는 버린 후 리턴한다.
        return (KEY_IN_EN & 0x0F);
}

// test key
int main(void) {
        unsigned char key;

        // 외부 메모리 설정
        MCUCR = 0x80;
        XMCRA = 0x44;
        XMCRB = 0x80;
```

CHAPTER 10

```
        // KEY에 PULL UP을 걸어준다.
        key_init();

        LED_SW(0);          // 처음 LED를 모두 끈다. led.h에 의해 함수가 불러짐

        // for 무한 루프
        while(1)
        {
                key = key_in();
                switch(key)
                {
                case KEY0:                          // 0x0E -> 0000 1110
                        LED_SW(RLED);
                        break;
                case KEY1:                          // 0x0D -> 0000 1101
                        LED_SW(YLED);
                        break;
                case KEY2:                          // 0x0B -> 0000 1011
                        LED_SW(GLED);
                        break;
                case KEY3:                          // 0x07 -> 0000 0111
                        LED_SW(RLED | YLED | GLED);
                        break;
                default:
                        LED_SW(0);                  // LED ALL OFF
                }
        }
}
```

4) 소스 설명

```
#include "led.h"     // led.h을 불러온다.
```

1.LED 예제에서 사용했던 led.c 소스를 KEY 예제에서 사용하기 위해 led.c와 led.h로 만들어 포함하였다.

#include에서 " "로 헤더 파일을 불러오는 경우는 사용자가 작성한 헤더 파일인 경우 " " 안에 헤더 파일명을 적어준다.

① 컴파일러가 제공하는 헤더 파일 : #include <XXXX.h>

=> 파일의 경로 : C:\WinAVR\avr\include

② 사용자가 작성한 헤더 파일 : #include "XXXX.h"

=> 파일의 경로 : 프로젝트 폴더

소스 파일 및 헤더 파일 추가는 왼쪽의 프로젝트 트리에서 할 수 있다. 프로젝트 트리에 있는 Source Files에서 마우스 오른쪽 버튼을 클릭하여 Create New Source File...을 선택하면

[그림 10-11] 소스 파일 및 헤더 파일 추가

위와 같이 추가할 소스 파일명을 넣어주는 창이 뜬다. 이 곳에 새로 생성할 소스 파일인 led.c를 넣어주면 아래와 같이 소스 파일이 추가가 된다.

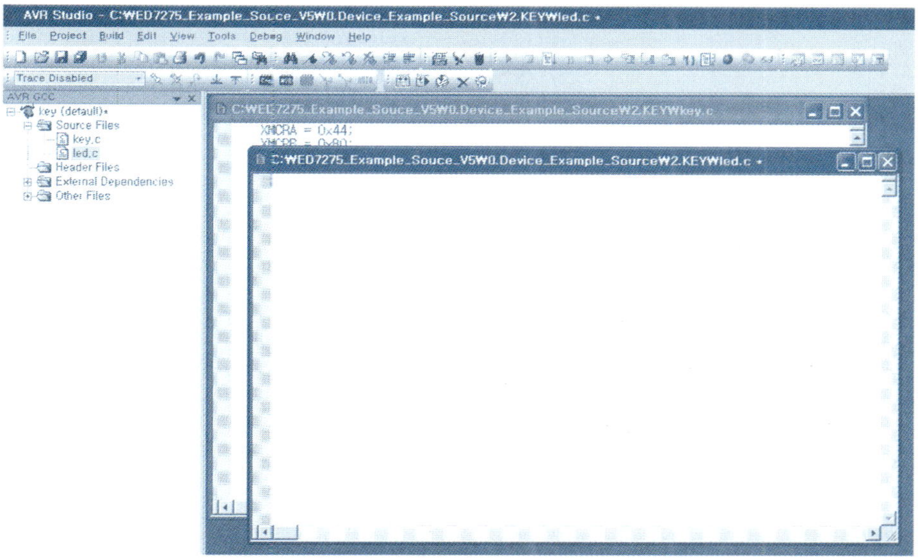

[그림 10-12] 새로 생성할 소스 파일

소스 파일이 추가되면 LED 관련된 소스를 작성해주고, 프로젝트 트리에 있는 Header Files에서 같은 방법으로 led.h 파일을 생성하여 key.c에서 사용할 LED 함수인 LED_SW()와 RLED, YLED, GLED 등의 선언문을 헤더 파일에 추가해준다. led.c와 led.h의

소스 구성은 제공되는 예제 소스를 확인해보도록 하자.

왼쪽의 프로젝트 트리에 소스 파일 또는 헤더 파일이 추가된 경우에는 반드시 메뉴의 Project → Save Project를 하여 프로젝트를 저장해주어야 한다.

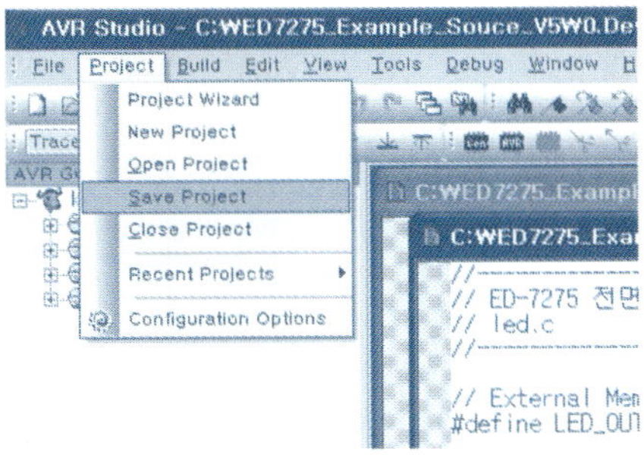

[그림 10-13] Save Project를 하여 프로젝트를 저장

1 LED Control에서 설명한 방법으로 KEY 버튼의 확장 메모리 주소값을 아래와 같이 구할 수가 있다.

```
// 외부 메모리 주소 지정
#define KEY_IN_EN        (*(volatile unsigned char *)0x2200)
#define KEY_PULLUP       (*(volatile unsigned char *)0x2300)
```

여기서 KEY_PULLUP는 LED_OUT_EN과 어드레스 주소값이 같다. 그 이유는 LED_OUT_EN의 주소를 통해 KEY에 풀업(Pull Up)을 내보내 주고 있기 때문에 같은 주소값으로 선언되어져 있다.

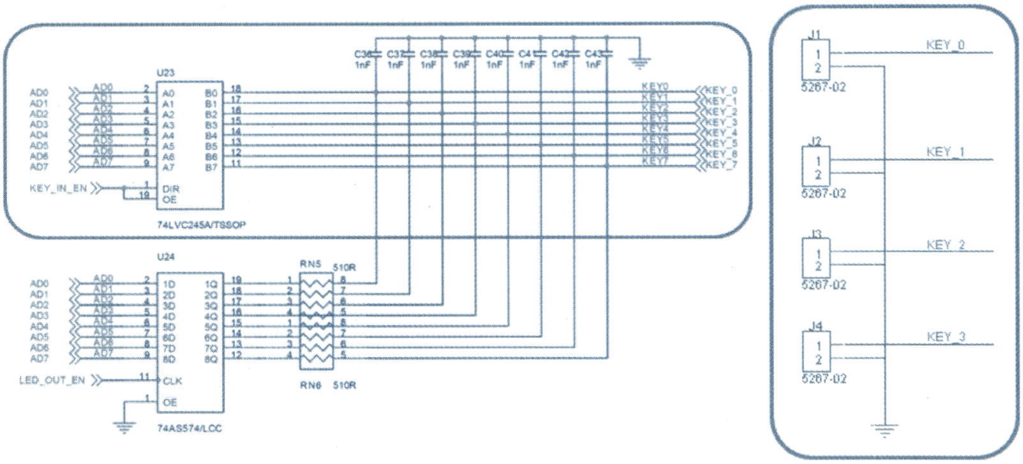

[그림 10-14] KEY에 풀업 회로도

```
void key_init(void)
{
        KEY_PULLUP = 0x0F;
}
```

key_init() 함수는 위에서 설명한 바와 같이 KEY0~3에 풀업(Pull Up) 상태를 주기 위해 처음 시작시 bit0~3을 high 값으로 내보내 주기 위한 함수이다.

```
unsigned char key_in(void)
{
        return (KEY_IN_EN & 0x0F);
}
```

key_in() 함수는 키 값을 읽어서 리턴을 해주는 함수로써, 읽어진 key 값에 0x0F를 & 해줌으로써 회로에 연결되어 있는 bit0~3 값을 제외한 bit 4~7의 값은 0으로 clear한 후에 키 입력 상태값만 리턴하도록 해 준다.

```
key = key_in();
switch(key)
{
case KEY0:                          // 0x0E -> 0000 1110
        LED_SW(RLED);
        break;
case KEY1:                          // 0x0D -> 0000 1101
        LED_SW(YLED);
        break;
case KEY2:                          // 0x0B -> 0000 1011
        LED_SW(GLED);
        break;
case KEY3:                          // 0x07 -> 0000 0111
        LED_SW(RLED | YLED | GLED);
        break;
default:
        LED_SW(0);                  // LED ALL OFF
}
```

key_in()에서 key 값을 받아 switch 문을 통해 해당 키 값의 입력에 따른 실행하도록 하였다.

5) 실행 및 확인

1 제공된 예제 프로그램을 통하여 컴파일 및 다운로드하여 동작 상태를 확인한다.

② 프로젝트에 소스 파일 및 헤더 파일을 추가하는 방법을 확인한다.

③ KEY 예제 소스를 통하여 사용자가 버튼에 대하여 데이터를 취득할 수 있으며, 다양한 형태에 따른 동작을 구현할 수 있는 것을 확인한다.

03 LCD 제어

1) 목 표

- 문자 LCD의 회로를 이해한다.
- 문자 LCD의 초기화 방법 및 문자 표시방법을 이해한다.

2) 회로도

① 확장 메모리 주소에 LCD Data 및 LCD를 제어할 수 있는 Read/Write, Enable 신호가 연결되어 있다.

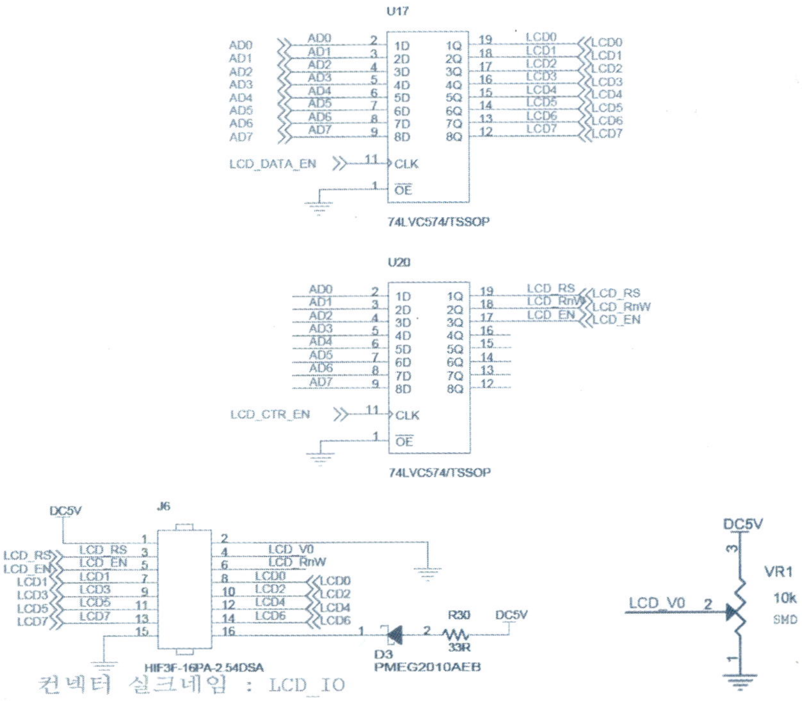

[그림 10-15] LCD Data 및 LCD를 제어

② 문자 LCD의 문자 밝기 SMS LCD_V0에 연결되어 있는 VR1의 가변 저항값으로 조절할 수 있다.

3) 소스 코드 예제

① 제공된 예제 프로그램에서 \0.Device_Sample_Source\3.LCD 폴더를 선택하여 예제 프로젝트를 Open한다.

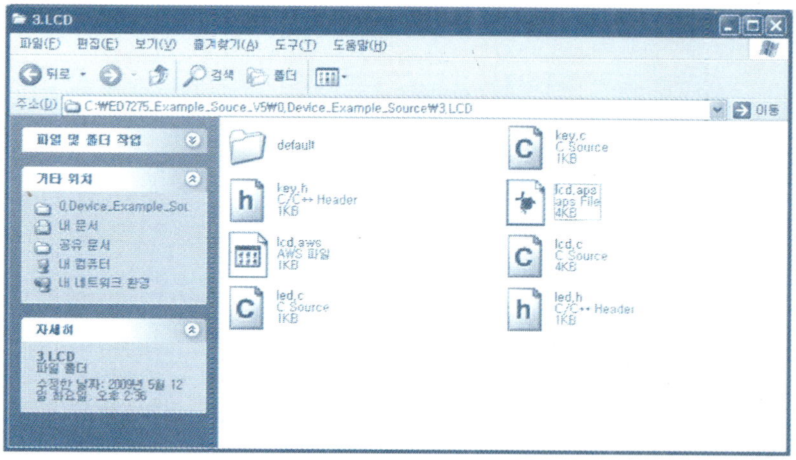

[그림 10-16] 제공된 예제 프로그램

② 프로젝트가 정상적으로 Open이 되면 LCD를 제어하는 아래 소스를 확인할 수 있다. 그러면 해당 소스에 대해 하나씩 알아보도록 하자.

③ ...\3.LCD\lcd.c

```
//------------------------------------------------------------
// ED-7275 전면 LCD 작동 예제
// lcd.c
//------------------------------------------------------------
#include<avr/io.h>
#include<util/delay.h>

#include "led.h"
#include "key.h"

// External Memory Address Define
#define LCD_DATA_EN            (*(volatile unsigned char *)0x2000)
```

```
#define LCD_CTR_EN                    (*(volatile unsigned char *)0x2100)

// lcd cursor position value
#define LCD_LINE1          0x80
#define LCD_LINE2          0xC0

void lcd_cmd(unsigned char cmd) {
        LCD_CTR_EN = 0x00; // E = 0, RS = 0
        LCD_DATA_EN = cmd;
        LCD_CTR_EN = 0x04; // E = 1, RS = 0
        asm volatile(" NOP "); // delay for about 125 ns in 8MHz
        asm volatile(" NOP "); // delay for about 125 ns in 8MHz
        LCD_CTR_EN = 0x00; // E = 0, RS = 0
        _delay_us(50);
}

void lcd_data(unsigned char data) {
        LCD_CTR_EN = 0x01; // E = 0, RS = 1
        LCD_DATA_EN = data;
        LCD_CTR_EN = 0x05; // E = 1, RS = 1
        asm volatile(" NOP "); // delay for about 125 ns in 8MHz
        asm volatile(" NOP "); // delay for about 125 ns in 8MHz
        LCD_CTR_EN = 0x01; // E = 0, RS = 1
        _delay_us(50);
}

void lcd_cls(void) {
        lcd_cmd(0x01); // LCD 화면 삭제
        lcd_cmd(0x80);
        _delay_ms(2);
}

void lcd_init(void) {
        LCD_CTR_EN = 0x00; // E = 0, RS = 0
        _delay_ms(2);

        lcd_cmd(0x38); // LCD 기능 설정 ( DL -> 8 bits, N -> 2 lines)
        lcd_cmd(0x0C); // LCD 화면 설정 ( D -> display on, C -> cursor off, B ->
blink off)
        lcd_cmd(0x01); // LCD 화면 삭제
        _delay_ms(2);
}

void lcd_setpos(unsigned char pos)
```

```
{
        lcd_cmd(pos);                   // start position of string
}

void lcd_string(unsigned char pos, char *str)
{
        lcd_cmd(pos);

        while (*str != '₩0')            // display string
        {
                if ((*str >= 0x20) && (*str <= 0x7F))
                {
                        lcd_data((unsigned char)*str);
                }
                str++;
        }
}

// test lcd
int main(void)
{
        unsigned char key;

        // 외부 메모리 설정
        MCUCR = 0x80;
        XMCRA = 0x44;
        XMCRB = 0x80;

        key_init();             // KEY PULLUP

        lcd_init();
        lcd_setpos(LCD_LINE1);

        LED_SW(0);                      // LED ALL OFF

        // 무한 루프
        while(1)
        {
                key = key_in();
                switch(key)
                {
                case KEY0:
                        LED_SW(RLED);   // RED LED ON
                        // LCD CURSOR 위치를 위쪽 첫 번째로 설정한다.
```

```
            lcd_setpos(LCD_LINE1 + 0);
            lcd_data('K');          // 현재의 위치에 한 글자를 표시한다.
            lcd_data('E');
            lcd_data('Y');
            lcd_data('1');

            // LCD CURSOR 위치를 아래쪽 첫 번째로 설정한다.
            lcd_setpos(LCD_LINE2 + 0);
            lcd_data('K');
            lcd_data('E');
            lcd_data('Y');
            lcd_data('1');

            _delay_ms(100);

            lcd_cls();                      // LCD Clear
            break;
    case KEY1:
            LED_SW(YLED);                   // YELLOW LED ON

            lcd_setpos(LCD_LINE1);
            lcd_data('K');
            lcd_data('E');
            lcd_data('Y');
            lcd_data('2');

            lcd_setpos(LCD_LINE2);
            lcd_data('K');
            lcd_data('E');
            lcd_data('Y');
            lcd_data('2');

            _delay_ms(100);

            lcd_cls();                      // LCD Clear
            break;
    case KEY2:
            LED_SW(GLED);                   // GREEN LED ON

            // LCD 위쪽 라인 첫 번째 위치에 문자열 값을 출력한다.
            lcd_string(LCD_LINE1, "KEY3");
            // LCD 아래쪽 라인 첫 번째 위치에 문자열 값을 출력한다.
            lcd_string(LCD_LINE2, "KEY3");
```

```
                    _delay_ms(100);
                    lcd_cls();                  // LCD Clear
                    break;
            case KEY3:
                    LED_SW(RLED|YLED|GLED);     // LED ALL ON

                    lcd_string(LCD_LINE1, "KEY4");
                    lcd_string(LCD_LINE2, "KEY4");

                    _delay_ms(100);
                    lcd_cls();                  // LCD Clear
                    break;
            default:
                    LED_SW(0);                  // LED ALL OFF

                    lcd_data('0');

                    _delay_ms(100);
                    lcd_cls();                  // LCD Clear
            }
        }
}
```

4) 소스 설명

문자 LCD의 확장 메모리 주소값을 아래와 같이 구할 수가 있다.

```
// External Memory Address Define
#define LCD_DATA_EN          (*(volatile unsigned char *)0x2000)
#define LCD_CTR_EN           (*(volatile unsigned char *)0x2100)
```

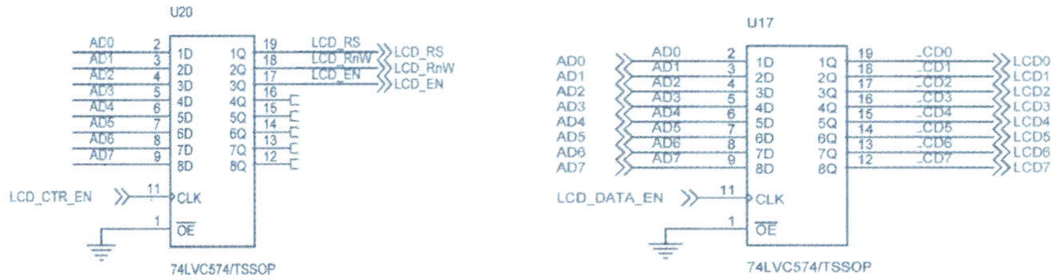

[그림 10-17] 문자 LCD의 핀 제어

문자 LCD의 핀 제어시 각각의 핀의 값은 LCD_CTR_EN과 LCD_DATA_EN의 주소로 제어할 수 있다.

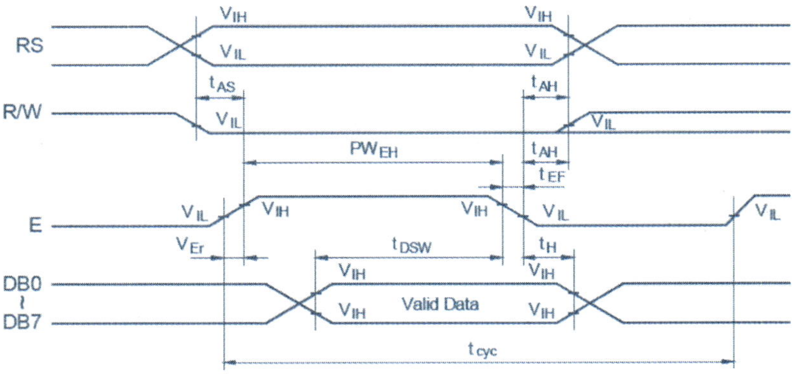

[그림 10-18] LCD MODULE Write 타이밍

[그림 10-18]은 MPU→LCD 모듈 Write 타이밍을 나타낸 것이다.

타이밍도의 E(Enable)의 신호가 Active High일 때 RS 신호값이 0 또는 1에 따라 데이터 또는 명령값을 내보낼 수 있다.

위의 타이밍에 맞게 아래 함수에서는 명령을 내보내는 함수인 lcd_cmd()에서는 RS 신호를 0으로 내보내 주고, 데이터를 내보내는 함수인 lcd_data()에서는 RS 신호를 1로 내보내 주도록 하였다.

```
void lcd_cmd(unsigned char cmd) {
        LCD_CTR_EN = 0x00; // E = 0, RS = 0
        LCD_DATA_EN = cmd;
        LCD_CTR_EN = 0x04; // E = 1, RS = 0
        asm volatile(" NOP "); // delay for about 125 ns in 8MHz
        asm volatile(" NOP "); // delay for about 125 ns in 8MHz
        LCD_CTR_EN = 0x00; // E = 0, RS = 0
        _delay_us(50);
}

void lcd_data(unsigned char data) {
        LCD_CTR_EN = 0x01; // E = 0, RS = 1
        LCD_DATA_EN = data;
        LCD_CTR_EN = 0x05; // E = 1, RS = 1
        asm volatile(" NOP "); // delay for about 125 ns in 8MHz
        asm volatile(" NOP "); // delay for about 125 ns in 8MHz
        LCD_CTR_EN = 0x01; // E = 0, RS = 1
        _delay_us(50);
}
```

Character LCDSMS lcd_cmd() 함수에 의해 명령을 전달하여 LCD를 초기화하고, lcd_data() 함수에 의해 문자값을 전달하여 LCD 화면에 문자를 표시하도록 할 수 있다. 문자 LCD의 초기화 과정은 아래 순서도와 같다.

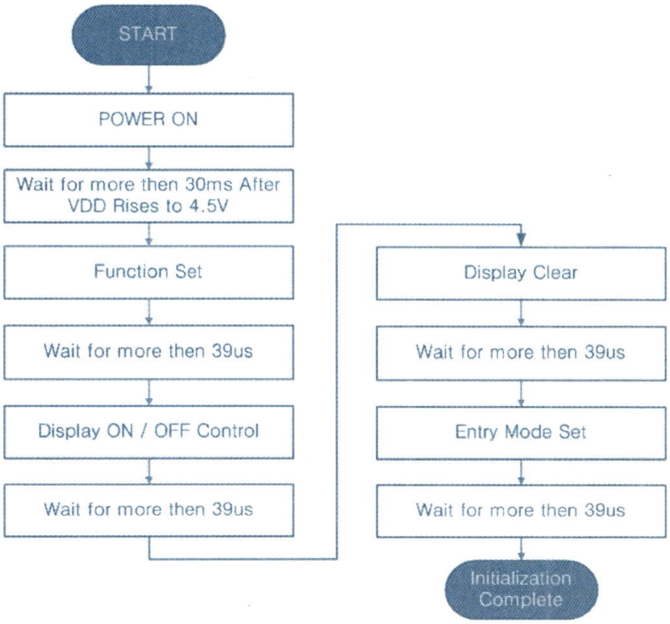

[그림 10-19] 문자 LCD의 초기화 과정

[그림 10-19]에 나와 있는 방법으로 초기화 함수를 작성하면 아래 lcd_init() 함수와 같다. 초기화 과정에는 LCD의 라인 및 bit 설정을 해주고, LCD의 디스플레이 On/Off 및 커서(Cursor)와 Blink 표시 여부를 설정하고 화면을 지워주는 과정으로 이루어진다.

```
void lcd_init(void) {
        LCD_CTR_EN = 0x00; // E = 0, RS = 0
        _delay_ms(2);

        lcd_cmd(0x38); // LCD 기능 설정 ( DL -> 8 bits, N -> 2 lines)
        // LCD 화면 설정 ( D -> display on, C -> cursor off, B -> blink off)
        lcd_cmd(0x0C);
        lcd_cmd(0x01); // LCD 화면 삭제
        _delay_ms(2);
}
```

CHAPTER 10

이러한 LCD 제어 명령들은 문자 LCD의 제어 명령표에서 확인할 수가 있다.

[표 10-4] 문자 LCD의 제어 명령표

Instruction	Code							
	DB7	DB6	DB5	DB4	DB3	DB2	DB1	DB0
Clear Display	0	0	0	0	0	0	0	1
Return Home	0	0	0	0	0	0	1	*
Entry mode Set	0	0	0	0	0	1	I/D	SH
Display On/Off Control	0	0	0	0	1	D	C	B
Cursor of Display Shift	0	0	0	1	S/C	R/L	*	*
Function Set	0	0	1	DL	N	F	*	*
Set DD Ram Address	1	ADDRESS						

Remarks				
I/D	0	Decrement	1	Increment
SH	0	Entire Shift Off	1	Entire Shift On
S/C	0	Cursor move	1	Display Shift
R/L	0	Shift to the Left	1	Shift to the Right
DL	0	4 Bits	1	8 Bits
N	0	1 Line	1	2 Line
F	0	5 x 8 Dots	1	5 x 11 Dots
D	0	Display Off	1	Display On
C	0	Cursor Off	1	Cursor On
B	0	Blink Off	1	Blink On

DD RAM Address	
Digit	1~16
1 Line	00~0F
2 Line	40~4F

위의 명령표에 의해 커서의 깜빡임 또는 Blink 표시 여부 등을 변경할 수 있다.

```
// lcd cursor position value
#define LCD_LINE1          0x80
#define LCD_LINE2          0xC0
...
// LCD CURSOR 위치를 위쪽 첫 번째로 설정한다.
lcd_setpos(LCD_LINE1 + 0);
...
// LCD CURSOR 위치를 아래쪽 첫 번째로 설정한다.
lcd_setpos(LCD_LINE2 + 0);
```

lcd_setpos() 함수는 현재 커서의 위치를 변경하기 위한 함수로 미리 선언된 LCD_LINE1와 LCD_LINE2 값으로 첫 번째 라인과 두 번째 라인으로 커서 위치를 변경할 수 있다. 또한 LCD_LINE1의 값과 LCD_LINE2 값은 위의 표에 있는 DD RAM Address의 각 라인의 주소값을 의미한다.

```
lcd_data('K');        // 현재의 위치에 한 글자를 표시한다.
lcd_data('E');
lcd_data('Y');
```

lcd_data() 함수를 이용하여 한 문자를 보내면 lcd_setpos()에 의해 지정했던 커서의 위치에서부터 한 문자씩 문자가 입력이 된다.

```
lcd_string(LCD_UPPER, "KEY3");
```

lcd_string() 함수는 문자열을 입력받아 함수 내부에서 lcd_cmd() 함수를 이용하여 커서의 위치를 변경하고, lcd_data() 함수를 이용하여 현재 커서의 위치에서부터 한 글자씩 순서대로 화면에 표시해주는 함수이다.

5) 실행 및 확인

1 제공된 예제 프로그램을 통하여 컴파일 및 다운로드하여 동작상태를 확인한다.
2 문자 LCD의 데이터 북을 참조하여 제어 방법을 확인한다.
3 LCD에 Text를 출력하고자 할 때 커서의 위치 변경으로 문자를 스크롤할 수 있으며, 사용자가 임의의 LCD 위치에 Text를 출력할 수 있도록 예제 함수가 구성되어 있다.

04 IR 센서 제어

1) 목 표

- IR 센서 회로에서 센서값을 얻어오는 방법을 이해한다.
- IR 센서 동작 예제 소스를 이해하고 IR 센서의 값을 읽어 LCD 화면에 표시하여 센서값 상태를 확인한다.

2) 회로도

① 메인 보드쪽에서의 IR 센서값은 IR_OUT_EN과 IR_IN_EN의 주소에 의해 값을 얻어올 수 있다. IR 센서의 발광소자의 전원은 IR_OUT7의 신호를 HIGH로 내보내줌으로써 ON이 되도록 할 수 있다.

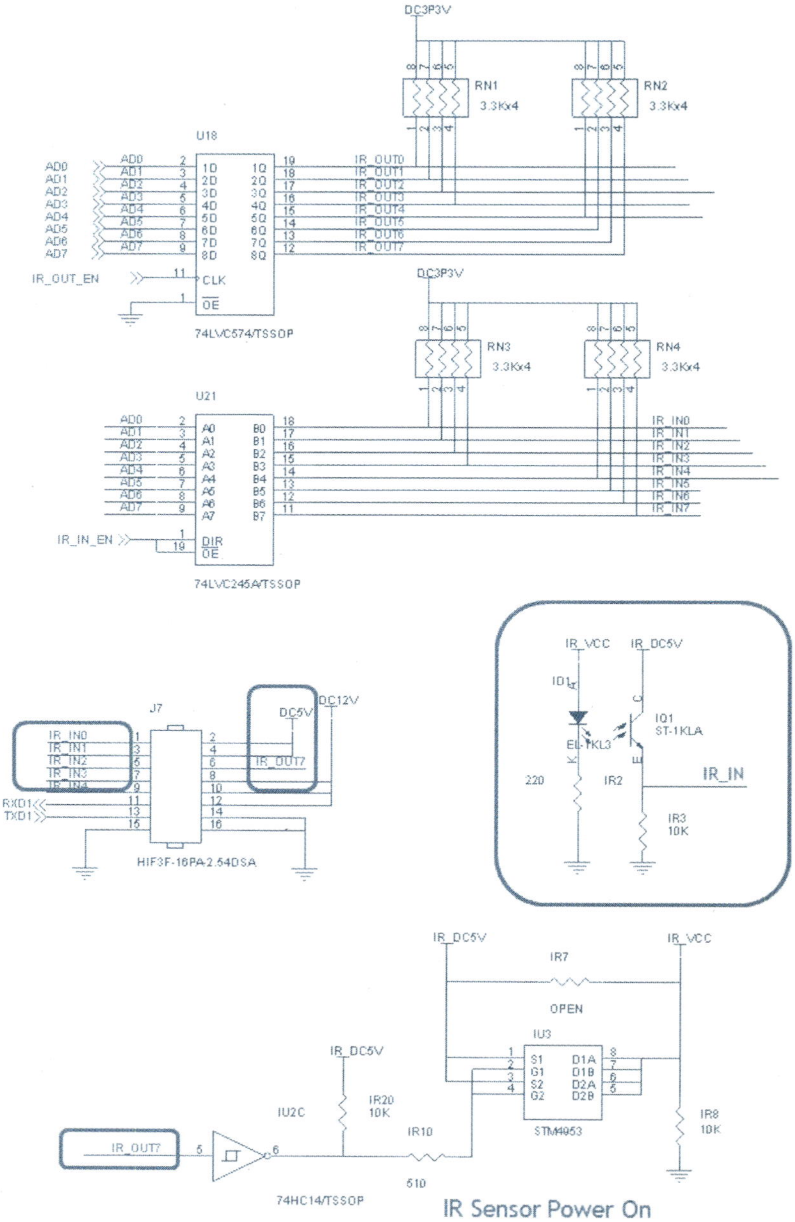

[그림 10-20] IR 센서 회로

IR_OUT7의 신호 HIGH에 의해 발광소자의 전원이 켜지면 0~4까지의 IR_IN의 값을 읽어 5개의 IR 센서값을 얻어올 수가 있다.
수광소자의 회로는 필터 회로를 구성하여 아날로그 노이즈를 제거하고, 검출 신호에 따라 디지털 신호로 변환하여 MCU에 0 또는 1의 신호값으로 검출 상태를 전달하게 된다.

[그림 10-21] 검출 감도는 볼륨 저항에 의해 조절

2 IR 센서는 주변 환경의 밝기 또는 바닥면의 반사도에 따라 검출 감도가 달라진다. 이러한 검출 감도는 위의 볼륨 저항에 의해 조절이 가능하다.

3 모바일 로봇은 IR 센서를 이용하여 검은색 라인 따라 이동할 수 있다.

3) 소스 코드 예제

1 제공된 예제 프로그램에서 \0.Device_Sample_Source\4.IR 폴더를 선택하여 예제 프로젝트를 Open한다.

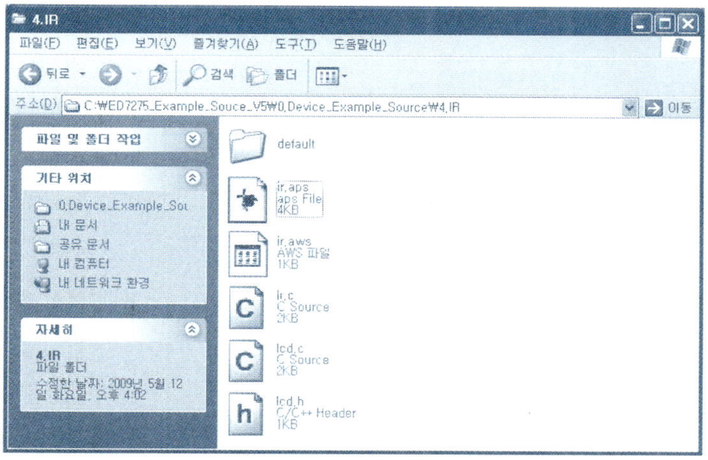

[그림 10-22] 제공된 예제 프로그램

② 프로젝트가 정상적으로 Open이 되면 IR 센서값을 얻어오는 아래 예제 소스를 확인할 수 있다. 그러면 해당 소스에 대해 하나씩 알아보도록 하자.

③ ...\4.IR\ir.c

```
//——————————————————————————————————————
// ED-7275 전면 IR 작동 예제
// ir.c
//——————————————————————————————————————
#include<avr/io.h>
#include<util/delay.h>

#include "lcd.h"

// External Memory Address Define
// IR OUT (IR 7BIT ENABLE)
#define IR_OUT_EN          (*(volatile unsigned char *)0x2400)
// IR In
#define IR_IN_EN           (*(volatile unsigned char *)0x2500)

void ir_init(void)
{
        // IR 센서 Power ON
        IR_OUT_EN = 0x80;                  // IR power on
}

unsigned char ir_read(void)
{
        return (IR_IN_EN & 0x1F);
}

// test ir sensor
int main(void)
{
        unsigned char ir;

        // 외부 메모리 설정
        MCUCR = 0x80;
        XMCRA = 0x44;
        XMCRB = 0x80;

        lcd_init();
        lcd_string(LCD_LINE1, "IR SENSOR");
```

```
ir_init();

while(1)
{
        lcd_setpos(LCD_LINE2);
        ir = ir_read();

        // ir sensor 0
        if((ir & 0x01) == 0)
        {
                lcd_data('L');
        }else{
                lcd_data('H');
        }
        lcd_data(' ');

        // ir sensor 1
        if(((ir>>1) & 0x01) == 0)
        {
                lcd_data('L');
        }else{
                lcd_data('H');
        }
        lcd_data(' ');

        // ir sensor 2
        if(((ir>>2) & 0x01) == 0)
        {
                lcd_data('L');
        }else{
                lcd_data('H');
        }
        lcd_data(' ');

        // ir sensor 3
        if(((ir>>3) & 0x01) == 0)
        {
                lcd_data('L');
        }else{
                lcd_data('H');
        }
        lcd_data(' ');

        // ir sensor 4
```

```
                    if(((ir>>4) & 0x01) == 0)
                    {
                            lcd_data('L');
                    }else{
                            lcd_data('H');
                    }

                    _delay_ms(100);
            }
}
```

4) 소스 설명

```
// IR OUT (IR 7BIT ENABLE)
#define IR_OUT_EN          (*(volatile unsigned char *)0x2400)
// IR In
#define IR_IN_EN           (*(volatile unsigned char *)0x2500)
```

회로의 IR 센서의 확장 메모리 주소값을 위와 같이 선언해준다.

```
void ir_init(void)
{
        // IR 센서 Power ON
        IR_OUT_EN = 0x80;                 // IR power on
}
```

ir_init() 함수는 IR_OUT_EN의 bit7을 high 상태로 하여 IR 센서의 발광 센서의 전원을 ON시켜 줌으로써 IR 센서가 동작하도록 해준다.

```
unsigned char ir_read(void)
{
        return (IR_IN_EN & 0x1F);
}
```

ir_read() 함수는 ir_init() 함수를 통해 발광 센서의 전원이 ON된 상태에서 IR_IN_EN의 bit0~4의 상태값을 읽어 리턴해주는 함수이다.

```
lcd_setpos(LCD_LINE2);
ir = ir_read();

// ir sensor 0
if((ir & 0x01) == 0)
{
```

```
            lcd_data('L');
}else{
            lcd_data('H');
}
lcd_data(' ');
```

위 소스는 센서의 값을 읽어 bit 0~4을 확인하여 lcd 화면에 순서대로 해당 bit가 0인 경우에는 'L'을 표시하고 해당 bit가 1인 경우 'H'를 표시하도록 하는 예제이다.

5) 실행 및 확인

1. 제공된 예제 프로그램을 통하여 컴파일 및 다운로드하여 동작 상태를 확인한다.
2. 19mm의 검은 라인 위에 로봇을 위치시킨 후 IR 센서의 라인을 검출 상태를 확인하고 라인을 검출하는 센서의 특성을 확인한다.
3. IR 센서 모듈 안쪽의 볼륨 저항값을 조절하여 센서의 감도의 변화 특징을 확인한다.

05 PSD 센서 모듈 제어

1) 목 표

- PSD 센서 모듈을 비롯한 다양한 센서 모듈은 MCU 내부의 UART 포트를 이용하여 센서 데이터를 취득한다.
- MCU와 센서 모듈 간의 통신 방법을 이해한다.
- 센서의 데이터 특성을 확인한다.

2) 회로도

1. 메인 제어기인 ATmega128에서 제공되는 UART 포트 중 두 번째 포트를 통해 센서 모듈과 통신하여 센서의 값을 읽어온다.

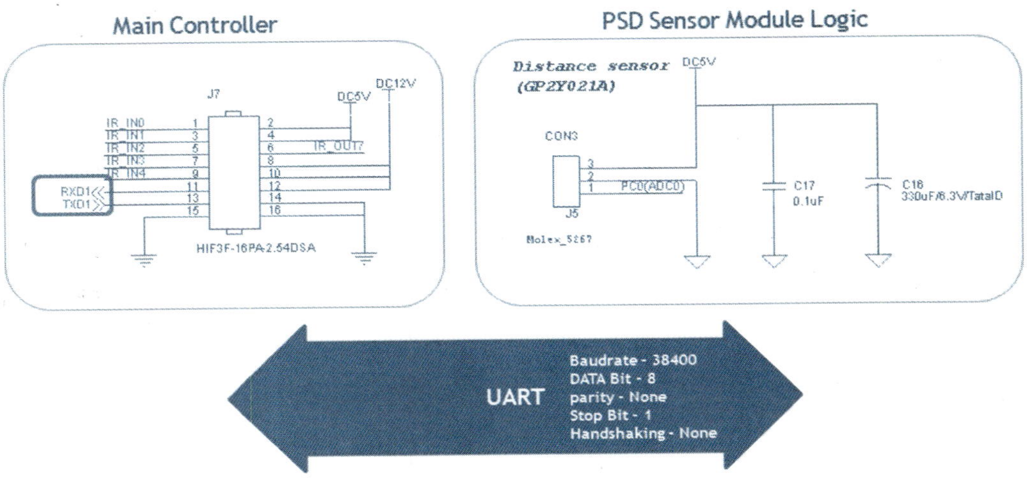

[그림 10-23] PSD 센서 모듈 회로도

② 로봇을 구동하면서 장애물을 판단하거나, 진로를 확인, 인체검출 유무에 대한 판단 기준 데이터로, 센서가 이용되며, 기본 모듈인 PSD 센서의 센서 취득방법에 의해 다양한 센서의 센서값을 읽어올 수 있다.

3) 소스 코드 예제

① 제공된 예제 프로그램에서 \0.Device_Sample_Source\5.PSD 폴더를 선택하여 예제 프로젝트를 Open한다.

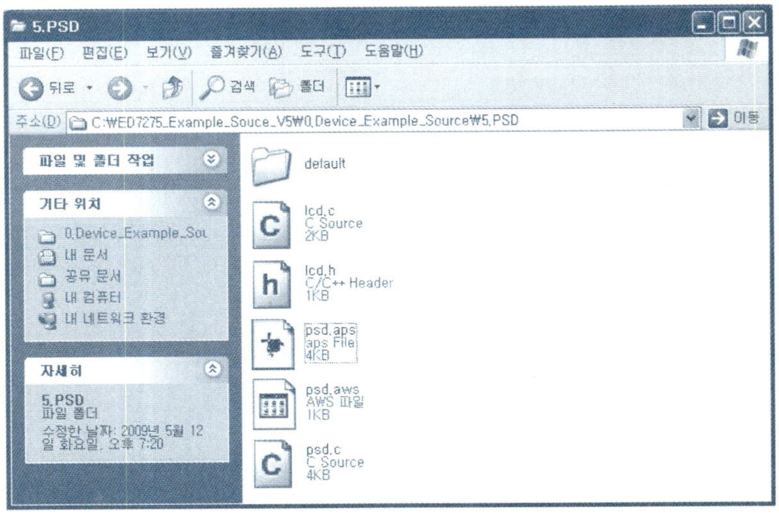

[그림 10-24] 제공된 예제 프로그램

② 프로젝트가 정상적으로 Open이 되면 PSD 센서의 예제 소스를 확인할 수 있다. 그러면 해당 소스에 대해 하나씩 알아보도록 하자.

③ ...\5.PSD\psd.c

```
//--------------------------------------------------------------
// ED-7275 전면 PSD 센서 작동 예제
// psd.c
//--------------------------------------------------------------
#include <stdio.h>                    // sprintf를 사용하므로 헤더 파일 포함

#include <avr/io.h>
#include <util/delay.h>
#include <avr/interrupt.h>

#include "lcd.h"

// PSD 센서 변수
volatile unsigned int psd[3];

// PSD 센서의 통신을 초기화한다.
void psd_init(void)
{
        // 통신 속도는 38400으로 설정한다.
        UBRR1H = 0;                     // BAUD Rate Hi
        UBRR1L = 12;        // BAUD Rate Lo ((F_CPU / (16UL * 38400)) - 1)
        // RX Interrupt Enable, Rx / Tx Enable
        UCSR1B = (1<<RXEN1) | (1<<TXEN1) | (1<<RXCIE1);
        UCSR1C = (1<<UCSZ1) | (1<<UCSZ0);            // no parity, 1 stop, 8 data

        psd[0] = 0;
        psd[1] = 0;
        psd[2] = 0;
}

// PSD 센서 모듈에서 보내오는 데이터 중
// 1바이트 수신할 때마다 호출되는 인터럽트 함수
ISR(USART1_RX_vect)
{
        static unsigned char chk=0, rxcnt=0;
        static unsigned char rxdata[7];
        unsigned char rx, status;
```

```
        status = UCSR1A;
        rx = UDR1;

        if (status & ((1<<FE)|(1<<DOR)))
        {
                // 수신값이 에러인 경우
                rxcnt = 0;
        }else{
                //-----------------------------------------------
                // 수신 ISR
                if(rxcnt == 0)
                {
                        // 첫 번째 값인지 확인한다.
                        if(rx == 0xCC)
                        {
                                // 첫 번째 값을 저장하고 rxcnt를 1로 해준다.
                                rxdata[rxcnt] = rx;
                                rxcnt++;
                                chk = rx;
                        }
                }else{
                        // 수신값을 저장한다.
                        rxdata[rxcnt] = rx;

                        // check sum 부분은 건너뛴다
                        if(rxcnt != 5)                  chk += rx;

                        rxcnt++;
                        if(rxcnt == 7)
                        {
                                // check sum 부분이 같은지 확인한다.
                                if(chk == rxdata[5])
                                {
        // check sum이 맞으면 센서값을 저장한다.
        psd[rxdata[1] - 0x11] = (unsigned int)rxdata[3] << 8 | (unsigned int)rxdata[4];
                                }
                                // 7바이트 수신 완료
                                rxcnt = 0;
                        }
                }
        }
}

// PSD 센서를 새로 읽어오는 경우 psd 값을 0으로 Clear해준다.
```

```
void psd_clear(void)
{
        psd[0] = 0;
        psd[1] = 0;
        psd[2] = 0;
}

// PSD 센서값을 읽는다 ( id = 1, 2, 3 )
// RETURN = 0(수신안됨),  1 (수신됨)
unsigned char psd_read(void)
{
        unsigned char id;
        unsigned int timeout, i;
        unsigned char data[7];

        data[0] = 0xAA;                         // 데이터 전송 시작

        data[2] = 0x07;                         // (PSD_CMD = 0x07)
        data[3] = 0;
        data[4] = 0;
        data[6] = 0x55;                         // 데이터 전송 완료


        for( id = 0; id<3; id++)
        {
                data[1] = 0x11 + id;            // PSD 센서 1번 0x11, 2번 0x12, 3번
0x13
                data[5] = data[0] + data[1] + data[2] + data[3] + data[4] +
data[6];

                // 명령 보낸다.
                for (i=0; i<7; i++)
                {
                        timeout = 4000;  // 약 250us 이상
                        // USART Data Register Empty
                        while (!(UCSR1A & (1<<UDRE)) && timeout--);
                        if(timeout == 0)    break;    // 송신 에러이다.
                        UDR1 = data[i];
                }
        }

        if(psd[0] > 0 && psd[1] > 0 && psd[2] > 0)
        {
                return 1; // 리턴값이 1인 경우 새로운 센서값을 얻어온 경우이다.
```

```
        }

        return 0;            // 아직 새로운 센서값을 얻어오지 못한 상태이다.
}
// PSD 센서 관련 함수 끝

// test psd
int main(void)
{
        char str[21];
        unsigned char result;

        // 외부 메모리 초기화
        MCUCR = 0x80;                // enable external memory and I/O
        XMCRA = 0x44;                // 0x1100-0x7FFF=1 wait, 0x8000-0xFFFF=0
wait
        XMCRB = 0x80;                // enable bus keeper, use PC0-PC7 as
address

        lcd_init();

        // psd 센서 초기화
        psd_init();

        SREG = 0x80;                 // 인터럽트 가동 시작

        lcd_string(LCD_LINE1, "PSD SENSOR");

        // 새로운 PSD 센서값을 얻어오고자 하는 경우 psd값을 Clear해준다.
        psd_clear();

        while(1)
        {
                // PSD 센서의 값을 psd[] 변수에 얻어온다.
                result = psd_read();
                if(result == 1)      // 새로운 PSD 센서값을 얻어온 경우 결과값 1
                {
                        // str[21] 배열에 문자열을 넣을 때 사용하는 C 기본 함수
                        // sprintf (상단에 stdio.h를 include 해주어야 함)
                        sprintf(str, "[3]%3d [1]%3d [2]%3d", psd[2], psd[0],
psd[1]);
                        lcd_string(LCD_LINE2, str);
                }
                _delay_ms(100);
```

```
        }
}
```

4) 소스 설명

```
// PSD 센서 변수
volatile unsigned int psd[3];
```

PSD 센서 모듈에서 읽어진 센서의 값은 최종적으로 전역변수로 선언된 psd[3] 배열의 psd[0], psd[1], psd[2]에 각각 CENTER, LEFT, RIGHT 센서값이 저장되어진다.

```
void psd_init(void)
{
        // 통신 속도는 38400으로 설정한다.
        UBRR1H = 0;              // BAUD Rate Hi
        UBRR1L = 12;     // BAUD Rate Lo ((F_CPU / (16UL * 38400)) - 1)
        // RX Interrupt Enable, Rx / Tx Enable
        UCSR1B = (1<<RXEN1) | (1<<TXEN1) | (1<<RXCIE1);
        UCSR1C = (1<<UCSZ1) | (1<<UCSZ0);            // no parity, 1 stop, 8 data

        psd[0] = 0;
        psd[1] = 0;
        psd[2] = 0;
}
```

psd_init() 함수에서는 PSD 센서 모듈과의 통신 방식인 UART의 통신에 대한 초기화 설정 및 PSD 변수의 값을 Clear해주는 역할을 한다.

UART 통신은 RX 핀과 TX 핀을 통해 통신을 한다.

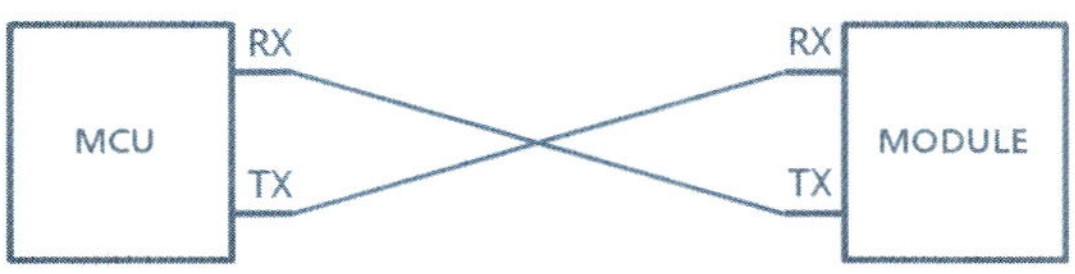

[그림 10-25] UART 통신

[그림 10-25]와 같이 UART의 핀은 CROSS 연결이 되어져 있으며, 핀의 출력을 HIGH 또는 LOW 신호를 일정 주기로 번갈아가며 [그림 10-26]과 같은 방법으로 통신을 하게 된다.

END	EOF (0x55)

[그림 10-28] 패킷의 정보

```
// PSD 센서값을 읽는다 ( id = 1, 2, 3 )
// RETURN = 0(수신안됨) ,  1 (수신됨)
unsigned char psd_read(void)
{
		...
		...
}
// PSD 센서 모듈에서 보내오는 데이터 중
// 1바이트 수신할 때마다 호출되는 인터럽트 함수
ISR(USART1_RX_vect)
{
		...
		if(rxcnt == 7)
		{
				// check sum 부분이 같은지 확인한다.
				if(chk == rxdata[5])
				{
						// check sum 이 맞으면 센서값을 저장한다.
psd[rxdata[1] - 0x11] = (unsigned int)rxdata[3] << 8 | (unsigned int)rxdata[4];
				}
				// 7바이트 수신 완료
				rxcnt = 0;
		}
		...
}
```

psd_read() 함수는 메인 MCU에서 센서 모듈쪽으로 센서값을 보내달라는 명령을 보내는 함수이다.

센서 모듈쪽에서는 명령을 받아 처리하고 센서 데이터값을 실어 메인 MCU쪽으로 보내준다. 이때 센서 모듈에서 보내오는 패킷 데이터는 1바이트 보내올 때마다 호출되는 ISR(UART1_RX_vect) 인터럽트 함수에 의해서 7바이트의 패킷을 저장하고, 이 값을 확인하여 센서 데이터를 psd 변수에 저장한다.

센서 데이터 수신을 인터럽트로 한 이유는 센서 모듈이 이 명령을 수신한 후 지연이 발생할 경우 메인 MCU에서의 지연 발생을 방지하도록 하기 위해서이다.

```
// PSD 센서를 새로 읽어오는 경우 psd 값을 0으로 Clear해준다.
void psd_clear(void)
{
		psd[0] = 0;
		psd[1] = 0;
		psd[2] = 0;
```

```
        }

        unsigned char psd_read(void)
        {
                ....
                ....

                if(psd[0] > 0 && psd[1] > 0 && psd[2] > 0)
                {
                        return 1; // 리턴값이 1인 경우 새로운 센서값을 얻어온 경우이
다.
                }

                return 0;               // 아직 새로운 센서값을 얻어오지 못한 상태이다.
        }
```

PSD 센서 모듈의 경우 최소 6cm~80cm의 값을 측정할 수 있도록 되어 있다. 그러므로 psd 값이 0보다 큰 값이 되는 시점이 psd 센서 데이터값을 읽어온 시기가 된다. 그래서 처음 센서값을 측정하기 전에 psd_clear() 함수로 psd 변수의 값을 0으로 만든 후 센서값이 0보다 큰 수일 때부터 센서값에 의한 동작하도록 하였다.

```
result = psd_read();
if(result == 1)         // 새로운 PSD 센서값을 얻어온 경우 결과값 1
{
        // str[21] 배열에 문자열을 넣을 때 사용하는 C 기본 함수
        // sprintf (상단에 stdio.h를 include해주어야 함)
        sprintf(str, "[3]%3d [1]%3d [2]%3d", psd[2], psd[0], psd[1]);
        lcd_string(LCD_LOWER, str);
}
```

센서값이 들어온 시기부터 LCD의 아래쪽 라인에 psd 센서값을 표시하도록 한 예제 소스이다.

5) 실행 및 확인

1. 제공된 예제 프로그램을 통하여 컴파일 및 다운로드하여 동작 상태를 확인한다.
2. 로봇에 장착되어 있는 적외선 센서, 초음파 센서, 인체감지 센서에 대한 센서값을 확인을 할 수 있으며, 이러한 센서의 특성을 확인한다.

06 모터 제어

1) 목 표

- 모터 제어 IC인 LM629의 회로구성 및 명령 전달방법을 이해한다.
- 기본적인 모터의 정역회전 및 위치, 속도 변화에 따른 제어방법을 이해한다.

2) 회로도

① 확장 메모리 주소를 이용하여 LM629를 제어하며 LM629에서 출력되는 PWM 신호를 이용하여 H-Bridge AMP을 통해 DC 모터를 구동할 수 있다.

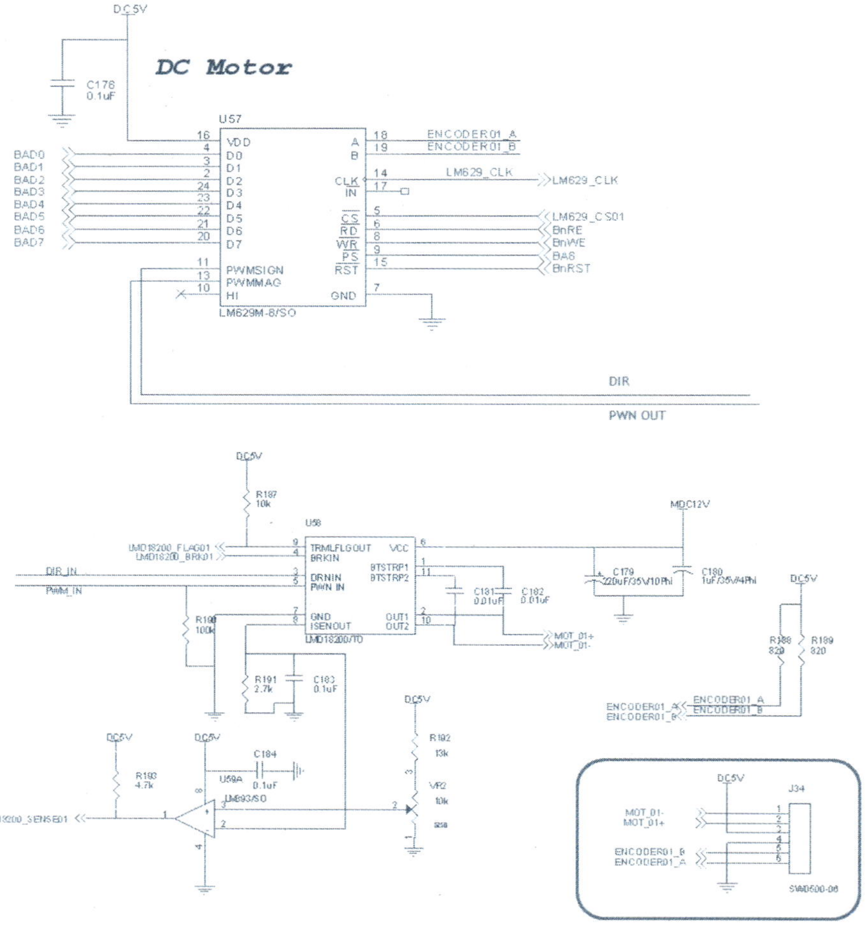

[그림 10-29] 모터 제어 회로도

② 모바일 로보틱스(ED-7275로봇)에는 DC 감속기 모터(Geared Motor)가 적용이 되어 있으며, 각 모터마다 26펄스의 인코더가 부착이 되어 있다. 인크더의 신호를 이용하여 모터의 가감속 및 위치 제어가 가능하며, PID 이득(Gain)에 따른 가감속 프로파일 등을 얻을 수 있다. 또한 모터 AMP에는 현재 모터에 대한 전류(Current)를 측정할 수 있는 포트가 있으며 이 포트는 메인 MCU에 연결되어 있다.

③ 기본적으로 3개의 모터가 전방향 휠(Omni-directional wheel)을 구동할 수 있도록 연결이 되어 있으며, 이 3개의 모터를 동시에 제어함으로써, 전방향 이동 및 회전 등을 할 수 있도록 메커니즘이 설계되어 있다.

3) 소스 코드 예제

① 제공된 예제 프로그램에서 \0.Device_Sample_Source\6.MOTOR 폴더를 선택하여 예제 프로젝트를 Open한다.

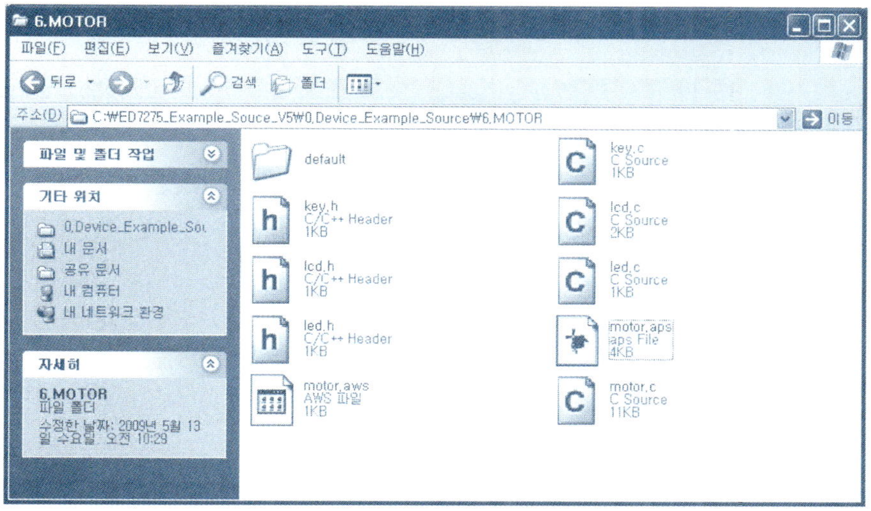

[그림 10-30] 제공된 예제 프로그램

② 프로젝트가 정상적으로 Open이 되면 모터(MOTOR) 구동 예제 소스를 확인할 수 있다. 그러면 해당 소스에 대해 하나씩 알아보도록 하자.

③ ...\6.MOTOR\motor.c

```
//————————————————————————————————————————
```

```
// ED-7275 MOTOR 작동 예제
// motor.c
//-----------------------------------------------------------
#include <stdio.h>                      // sprintf를 사용하므로 헤더 파일 포함

#include <avr/io.h>
#include <util/delay.h>

#include "lcd.h"
#include "key.h"
#include "led.h"

#define LMD18200_OUT_EN1                (*(volatile unsigned char *)0x4A00)

//------------------------------------------------------------------------------
// LM629 Data and Read/Wrtie(PS) Controller Address
//------------------------------------------------------------------------------
// PCB-4865 회로도 9페이지에 있는 U74 IC를 통해 LM629_CS01의 어드레스가
// BCS0  은 0x4000  + A9, A10, A11을 통해서 0x0000, 0x0200, 0x0400로
// 어드레스 값이 만들어진다.
// LM629에서 명령을 보내는 것과 DATA값을 넘기는 것을 구분해주는
// 신호 핀이 PS 핀이다. PS 핀을 == LOW(0)으로 했을 경우에는 명령을 의미하고,
// PS 핀을 HIGH(1)으로 했을 경우에는 데이터값을 의미하게 된다.

// 그래서 회로도에 있는 LM629의 PS 핀에 연결되어 있는 A8을 LOW로 했을 경우의
// 어드레스를 계산해보면 명령이 되는 것이고,
// PS 핀에 연결되어 있는 A8을 HIGH로 했을 경우의 어드레스를 계산해보면 데이터를 보
내는
// 주소값이 되는 것이다.
// 해당 어드레스에 값을 쓰면 LM629에 값을 Write하게 되고, 읽으면 LM629의 값을 Read
하게 된다.

//LM629 CS1=Active Low, PS=Active Low
#define MOTOR1_CMD                      (*(volatile unsigned char *)0x4000)
//LM629 CS1=Active Low, PS=Active High
#define MOTOR1_DAT                      (*(volatile unsigned char *)0x4100)

//LM629 CS2=Active Low, PS=Active Low
#define MOTOR2_CMD                      (*(volatile unsigned char *)0x4200)
//LM629 CS2=Active Low, PS=Active High
#define MOTOR2_DAT                      (*(volatile unsigned char *)0x4300)

//LM629 CS3=Active Low, PS=Active Low
#define MOTOR3_CMD                      (*(volatile unsigned char *)0x4400)
```

```
//LM629 CS3=Active Low, PS=Active High
#define MOTOR3_DAT                    (*(volatile unsigned char *)0x4500)

// 로봇 사양
#define WHEEL_R             0.030            //3cm            (바퀴의 반지름)
#define ENCODERRATE         13
#define GEARRATE 27

//MOTOR NUMBER
#define MOTOR1 0
#define MOTOR2 1
#define MOTOR3 2

#define MOTOR_FF 0
#define MOTOR_BB 1

#define MOTOR_STOP          0
#define MOTOR_OFF           1

// LM629 COMMAND
#define RESET       0x00      // Reset
#define STT         0xC1      // Start Motion
#define UDF         0xC4      // Update Filter Parameters
#define RSTI        0x1d      // Reset Controller Interrupt Flag
#define LFIL        0x1e      // load filter parameters
#define LTRJ        0x1f     // load trajectory

unsigned char ReadData(char  motor)  //LM629로부터 데이터 읽음
{
        unsigned char  data=0;
        switch(motor)
        {
                case MOTOR1:    data=MOTOR1_DAT;        break;
                case MOTOR2:    data=MOTOR2_DAT;        break;
                case MOTOR3:    data=MOTOR3_DAT;        break;

        }
        return data;
}

void WriteData(char motor, unsigned char  data)
{
        switch(motor)
        {
```

```
                case MOTOR1:    MOTOR1_DAT = data;      break;
                case MOTOR2:    MOTOR2_DAT = data;      break;
                case MOTOR3:    MOTOR3_DAT = data;      break;

        }
}

unsigned char ReadStatus(char motor)  //LM629 현재 상태 읽음
{
        unsigned char data=0;

        switch(motor)
        {
                case MOTOR1:    data=MOTOR1_CMD;        break;
                case MOTOR2:    data=MOTOR2_CMD;        break;
                case MOTOR3:    data=MOTOR3_CMD;        break;

        }
        return data;
}

// Busy-Bit Check
void BusyCheck(char motor)
{
        // LM629_Motion Controller.pdf 문서 16페이지 TABLE 7. Status Byte Bit Allocation
        //을 보면 0번 비트는 Busy Bit이다.
        // 해당 비트가 0이 될 때까지 while 문으로 대기한다.
        while((ReadStatus(motor) & 0x01));
}


void WrtieCmd(char motor,unsigned char  data)   //command 전송
{
        // 명령을 받을 준비가 됐는지 체크한다.
        BusyCheck(motor);

        switch(motor)
        {
                case MOTOR1:    MOTOR1_CMD = data;      break;
                case MOTOR2:    MOTOR2_CMD = data;      break;
                case MOTOR3:    MOTOR3_CMD = data;      break;

        }
}
```

```
void WriteData2(char motor, unsigned int idata)
{
        // 명령을 받을 준비가 됐는지 체크한다.
        BusyCheck(motor);

        WriteData(motor, (unsigned char)(idata >> 8));
        WriteData(motor, (unsigned char)idata);
}

// 모터 제어기 reset
unsigned char MOTOR_Reset(char  motor)
{
        unsigned char cStatus;

        // LM629의 Command 주소의 값을 읽으면 상태값을 읽어올 수 있다.
        // 상태값에 대한 정의는 16페이지 TABLE 7. Status Byte Bt Allocation의
        // 테이블 표에 나와 있다.
  cStatus = ReadStatus( motor);

        // cStatus == 0xc4(Motor Off , Breakpoint Reached [interrupt],
        //                         Trajectory Complete [interrupt])
        // cStatus == 0x84(Motor Off, Trajectory Complete [interrupt])

        if (cStatus == 0xc4 || cStatus == 0x84)
        {
                // LM629_Motion Controller.pdf 문서 14페이지
                // RSTI COMMAND: RESET INTERRUPTS 아래 내용을 보면
                // Command Code는 RSTI(0x1D), 데이터값은 0xC000 임을 확인할 수
있다.
                WrtieCmd(motor,RSTI);                // Reset interrupt
                WriteData2(motor,0x0000);
        }else {
                // LM629 RESET 실패
                return 0;
        }
        cStatus = ReadStatus( motor);

        // cStatus == 0xc0(Motor Off , Breakpoint Reached [interrupt])
        // cStatus == 0x80(Motor Off)

        // RSTI 명령이 전달되고 RESET이 되면
        // Trajectory Complete [interrupt] 상태가 사라지는 것을 알 수 있다.
        // 이때가 RESET이 완료된 상태이다.
```

CHAPTER 10

```
        if (cStatus == 0xc0 || cStatus == 0x80)
        {
                // LM629 RESET 성공
                return 1;
        }

        // LM629 RESET 실패
        return 0;
}

// 모터 PID 값 설정
void PID_Setting(unsigned char  motor, unsigned int Pgain, unsigned int Igain, unsigned
int Dgain)
{
        WrtieCmd(motor,LFIL);                        // Load Filter Parameters
        WriteData2(motor,0x000E);    // bit3(Loading kp Data), bit2(Loading ki Data),
                                     // bit1(Loading kd Data)

        WriteData2(motor, Pgain);    // P Gain
        WriteData2(motor, Igain);    // I Gain
        WriteData2(motor, Dgain);    // D Gain

        WrtieCmd( motor,UDF);                        // UpdateFilter
}

// 모터 가속도값 설정
void Acc_Setting(char  motor, double dbAcceleation)
{
        unsigned long acc;
        // 아래의 Acceleation 계산식은 LM629 Datasheet에 명시되어져 있음
        //Acceleation = 기어비 * 인코더 * 체배수(4) * 샘플링 주기(2048/6Mhz)
        //                    * 샘플링 주기(2048/6Mhz) * (float)Acc/3600*65536;
        //-----------------------------------
        // 실제 계산 코드
        //dbAcceleation = (double)GEARRATE * (double)ENCODERRATE * 4.0
        //                   * 2048/6000000*2048/6000000 * dbAcceleation/3600 *
65536;
        //acc = (unsigned long)(dbAcceleation * 65536);
        //-----------------------------------
        acc = (unsigned long)(195.155984 * dbAcceleation);

        WrtieCmd(motor,LTRJ);                        // Load Trajectory Parameters
        WriteData2(motor,0x0020);    // bit5 (Acceleration Will Be Loaded)
```

```
		WriteData2(motor,(unsigned int)(acc>>16));
		WriteData2(motor,(unsigned int)acc);

}

// 모터 속도값 설정
void Speed_Setting(char  motor, double Speed)
{
		unsigned long velo;

		// 아래의 RPM 계산식은 LM629 Datssheet에 명시되어져 있음
		// RPM
		// VEL = Gear(27) * Encoder(13) * 체배수(4) * 샘플링 주기(2048/6Mhz)
		//         * 목표 속도값(rpm) * 1min/60sec * 65536

		// RPM -> m/sec
		// VEL = Gear(27) * Encoder(13) * 체배수(4) * 샘플링 주기(2048/6Mhz)
		//         * 목표 속도값(rpm)/(2*PI) * 65536
		//------------------------------
		// 실제 계산 코드
		// Speed = Speed/WHEEL_R;                     // 각속도 변환
		//  Speed  =  (double)GEARRATE  *  (double)ENCODERRATE  *  4.0  *
2048/6000000
		//         * Speed/(2*M_PI) * 65536;
		//------------------------------
		velo =  (unsigned long)(166619.035933 * Speed);

		WrtieCmd(motor,LTRJ);                 // Load Trajectory Parameters
		WriteData2(motor,0x0008);             // bit3 (Velocity Will Be Loaded)

		WriteData2(motor,(unsigned int)(velo>>16));
		WriteData2(motor,(unsigned int)velo);
}

// 모터 회전방향 설정
void StartMotor(char  motor, char dir)
{
		switch(dir)
		{
				case MOTOR_FF:            // 정회전
						// Load Trajectory Parameters
						WrtieCmd(motor,LTRJ);
						// bit12 (Forward Direction), bit11 (Velocity Mode)
						WriteData2(motor,0x1800);
```

```
                    break;
                    case MOTOR_BB:               // 역회전
                              // Load Trajectory Parameters
                              WrtieCmd(motor,LTRJ);
                              WriteData2(motor,0x0800);     // bit11 (Velocity Mode)
                    break;
          }
}

// 모터 정지
void StopMotor(char  motor, char stop)
{
          switch(stop)
          {
                    case MOTOR_STOP:                        // 모터 바로 정지
                              // Load Trajectory Parameters
                              WrtieCmd(motor,LTRJ);
                              WriteData2(motor,0x0200);     // bit9(Stop Abruptly)
                    break;

                    case MOTOR_OFF:                         // 모터 풀림 OFF
                              // Load Trajectory Parameters
                              WrtieCmd(motor,LTRJ);
                              WriteData2(motor,0x0100);     // bit8(Turn Off Motor)
                    break;
          }
}

// 설정 적용 (StartMotor, StopMotor)
void STT_Motor(void)
{
          WrtieCmd(MOTOR1,STT);
          WrtieCmd(MOTOR2,STT);
          WrtieCmd(MOTOR3,STT);
}

// 세 바퀴 모터의 속도를 변경해준다.
void Motor_Speed_Start(double *v)
{
          unsigned int i;

          for(i=0; i<3; i++)
          {
                    // 모터 방향 및 속도 변경
```

```
                if(v[i] < 0)            // - 값인 경우
                {
                        Speed_Setting(i, -v[i]);        // 속도는 절대값을 넣을 것
                        StartMotor(i, MOTOR_BB);        // 역회전

                }else{
                        Speed_Setting(i, v[i]);         // 속도는 절대값을 넣을 것
                        StartMotor(i, MOTOR_FF);        // 정회전
                }
        }

        STT_Motor();            // (적용)실제 이 곳에서 모터가 시작한다.
}

// 세 바퀴 모터 정지
void Motor_Stop(void)
{
        StopMotor(MOTOR1, MOTOR_STOP);
        StopMotor(MOTOR2, MOTOR_STOP);
        StopMotor(MOTOR3, MOTOR_STOP);

        STT_Motor();            // (적용)실제 이 곳에서 모터가 정지한다.
}

// 세 바퀴 모터 OFF
void Motor_Off(void)
{
        StopMotor(MOTOR1, MOTOR_OFF);
        StopMotor(MOTOR2, MOTOR_OFF);
        StopMotor(MOTOR3, MOTOR_OFF);

        STT_Motor();            // (적용)실제 이 곳에서 모터가 정지한다.
}

void motor_init(void)
{
        // 모터 초기화 시작

        // MOTOR EREAK ON
        // LM18200_BREAK 1 => 0x01
        // LM18200_BREAK 2 => 0x02
        // LM18200_BREAK 3 => 0x04
        LMD18200_OUT_EN1 = 0x07;
```

CHAPTER 10

```
        // MOTOR h/w RESET PIN (PORTE 6)
        DDRE |= (1<<6);
        PORTE |= (1<<6);              // LM629 Reset Signal      HIGH
        _delay_ms(500);
        PORTE &= ~(1<<6);                    // LM629 Reset Signal      LOW

        MOTOR_Reset(MOTOR1);                 // LM629 S/W Reset
        MOTOR_Reset(MOTOR2);                 // LM629 S/W Reset
        MOTOR_Reset(MOTOR3);                 // LM629 S/W Reset

        //Motor1 초기화
        PID_Setting(MOTOR1, 2000, 2, 500);   // PID 설정
        Acc_Setting(MOTOR1, 10000);                   // 가속도 설정

        //Motor2 초기화
        PID_Setting(MOTOR2, 2000, 2, 500);   // PID 설정
        Acc_Setting(MOTOR2, 10000);                   // 가속도 설정

        //Motor3 초기화
        PID_Setting(MOTOR3, 2000, 2, 500);   // PID 설정
        Acc_Setting(MOTOR3, 10000);                   // 가속도 설정

        // MOTOR BREAK OFF
        LMD18200_OUT_EN1 = ~(0x07);
}

// test motor
int main(void)
{
        unsigned char key;
        double v[3];

        // 외부 메모리 설정
        MCUCR = 0x80;
        XMCRA = 0x44;
        XMCRB = 0x80;

        motor_init();

        key_init();
        lcd_init();

        LED_SW(0);
```

```
lcd_string(LCD_LINE1, "MOTOR TEST");
while(1)
{
        key = key_in();

        switch(key) {
        case KEY0:
                lcd_string(LCD_LINE2, "FF RUN !!");
                LED_SW(RLED);

                // 모터 회전
                v[0] = 0.1;
                v[1] = 0.1;
                v[2] = 0.1;

                Motor_Speed_Start(v);
                break;
        case KEY1:
                lcd_string(LCD_LINE2, "BB RUN !!");
                LED_SW(YLED);

                // 모터 역회전
                v[0] = -0.1;
                v[1] = -0.1;
                v[2] = -0.1;

                Motor_Speed_Start(v);
                break;
        case KEY2:
                lcd_string(LCD_LINE2, "STOP !!");
                LED_SW(RLED|YLED);

                // 모터 바로 정지
                Motor_Stop();
                break;
        case KEY3:
                lcd_string(LCD_LINE2, "OFF !!");
                LED_SW(RLED|YLED|GLED);

                // 모터 off
                Motor_Off();
                break;
        default:
                lcd_string(LCD_LINE2, "ANY KEY PLEASE!!");
```

```
                LED_SW(0);
                break;
            }
        }
}
```

4) 소스 설명

```
//LM629 CS1=Active Low, PS=Active Low
#define MOTOR1_CMD          (*(volatile unsigned char *)0x4000)
//LM629 CS1=Active Low, PS=Active High
#define MOTOR1_DAT          (*(volatile unsigned char *)0x4100)

//LM629 CS2=Active Low, PS=Active Low
#define MOTOR2_CMD          (*(volatile unsigned char *)0x4200)
//LM629 CS2=Active Low, PS=Active High
#define MOTOR2_DAT          (*(volatile unsigned char *)0x4300)

//LM629 CS3=Active Low, PS=Active Low
#define MOTOR3_CMD          (*(volatile unsigned char *)0x4400)
//LM629 CS3=Active Low, PS=Active High
#define MOTOR3_DAT          (*(volatile unsigned char *)0x4500)
```

모터 제어기(Motor Controller)의 확장 메모리 주소를 선언해놓았다. 모터 제어기(Motor Controller)인 LM629의 핀 중 /PS라는 핀의 상태에 따라 LM629에 보내는 값을 명령과 데이터로 구분하여 보내고 받을 수 있게 된다.

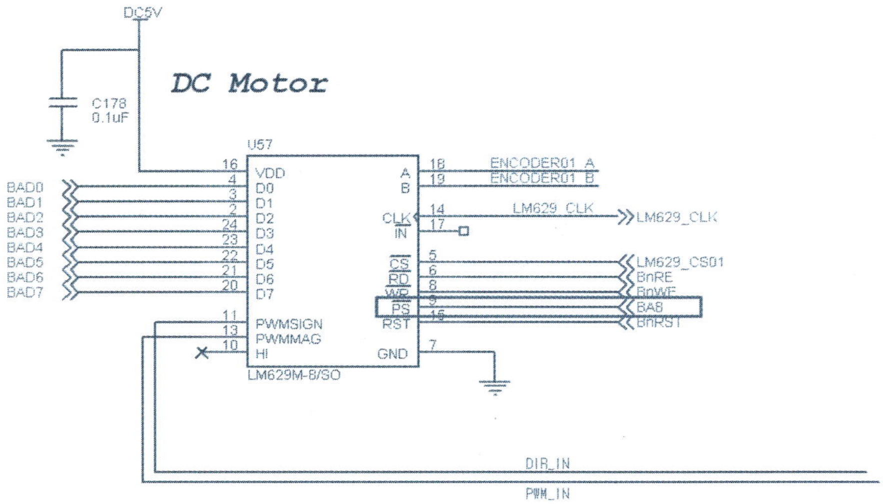

[그림 10-31] /PS라는 핀의 상태에 따라 명령과 데이터 구분

LM629의 데이터 북에 보면 명령어와 데이터의 Read / Write 타이밍도 다음과 같이 나와 있다.

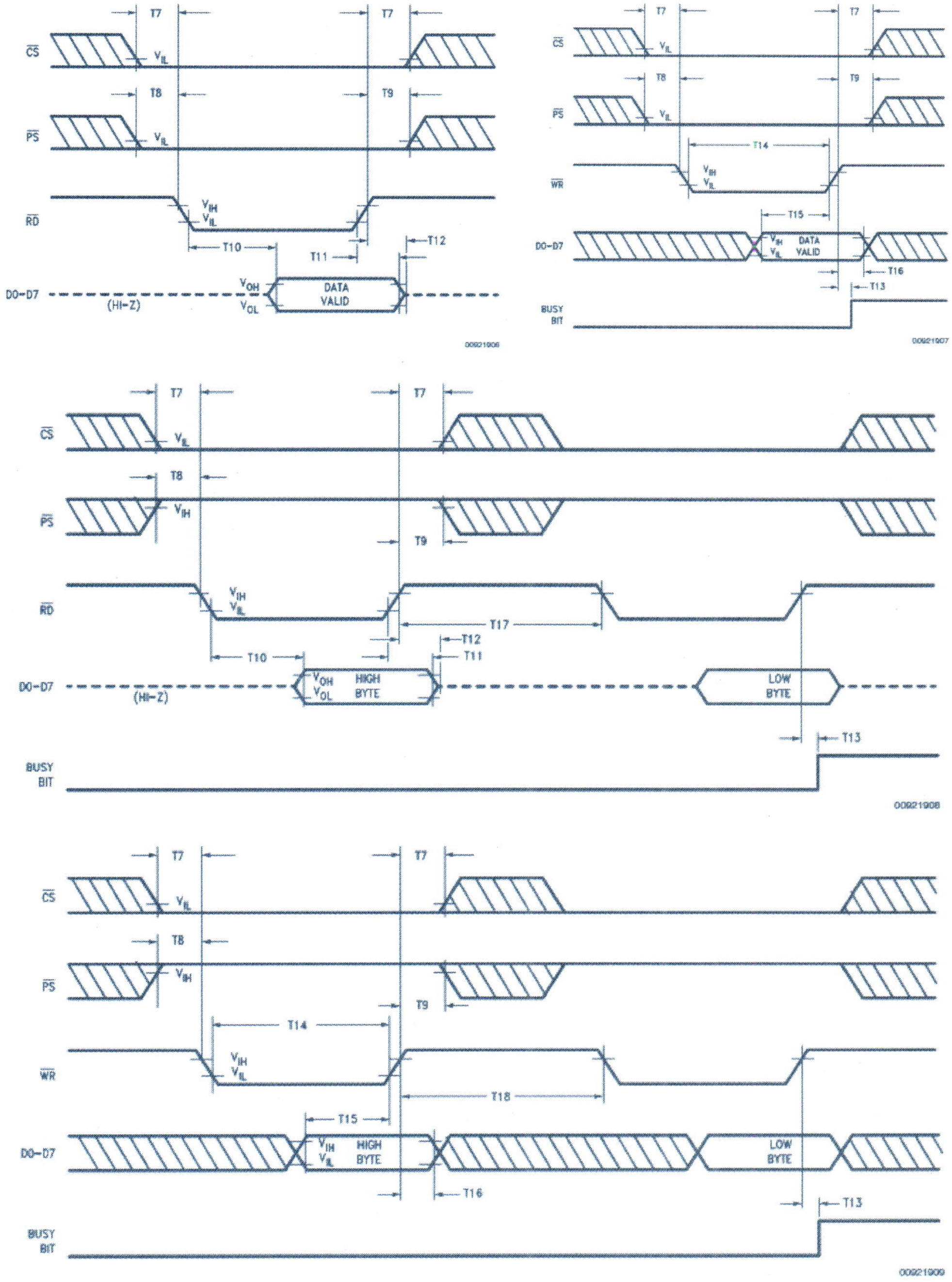

[그림 10-32] 명령어와 데이터의 Read / Write 타이밍도

타이밍도에서 보면 명령어의 Read / Write시에는 /PS의 신호는 LOW 값을 갖고, 데이터의 Read / Write시에는 /PS의 신호가 HIGH 값을 갖는 것을 알 수 있다. 또한 명령어의 ReadSMS LM629의 Status의 값을 Read하는 명령임을 알 수가 있다. 그래서 회로도에서는 /PS 핀에 Address 8번 핀을 연결하여 명령어와 데이터 주소가 구해지도록 하였다.

```
//LM629 CS1=Active Low, PS=Active Low
#define MOTOR1_CMD                    (*(volatile unsigned char *)0x4000)
//LM629 CS1=Active Low, PS=Active High
#define MOTOR1_DAT                    (*(volatile unsigned char *)0x4100)
```

위 소스에서 보는 것처럼 모터1의 명령어(Command)의 주소는 A8이 LOW 값인 0x4000 번지가 되고 데이터(Data)의 주소는 A8이 HIGH 값인 0x4100이 되도록 하였다.

```
unsigned char ReadData(char  motor)  //LM629로부터 데이터 읽음
void WriteData(char motor, unsigned char  data)
unsigned char ReadStatus(char motor)  //LM629 현재 상태 읽음{
void WrtieCmd(char motor,unsigned char  data)  //command 전송
```

위의 4개의 함수는 명령과 데이터의 값을 모터별로 읽거나 쓸 수 있도록 만든 함수이다.

이제 위와 같은 명령 및 데이터 전달방법을 통해 어떤 명령을 어떤 순서로 보낼 것인지에 대해 알아보자. LM629의 명령 전달방법은 [그림 10-33]의 순서와 같다.

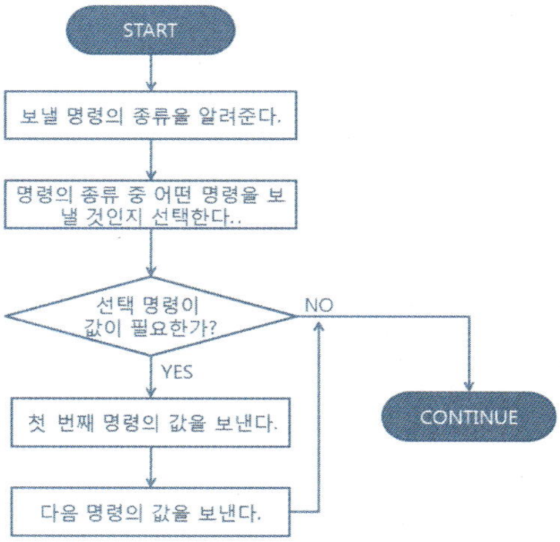

[그림 10-33] LM629의 명령 전달방법

앞의 순서로 명령을 전달하여 모터의 회전방향을 설정하는 아래 소스를 확인해보자.

```
// 모터 회전방향 설정
void StartMotor(char  motor, char dir)
{
        switch(dir)
        {
        case MOTOR_FF:              // 정회전
                // Load Trajectory Parameters
                WrtieCmd(motor,LTRJ);
                // bit 2 (Forward Direction), bit11 (Velocity Mode)
                WriteData2(motor,0x1800);
        break;
        case MOTOR_EB:              // 역회전
                // Load Trajectory Parameters
                WrtieCmd(motor,LTRJ);
                WriteData2(motor,0x0800);     // bit11 (Velocity Mode)
        break;
        }
}
```

위 소스에서 MOTOR_FFSMS 정방향 회전이고 MOTOR_BBSMS 역방향 회전이다. 정방향의 명령 소스를 보던 처음에 WrtieCmd() 함수를 이용해서 LTRJ(Load Trajectory Parameters)라는 LM629의 명령을 보낸다. 이것은 모터의 제어값을 설정 하겠다는 명령이다. 다음으로 WriteData2() 함수로 모터의 제어 중 어떤 것을 제어할 것인지를 선택한 값을 보낸다. 해당 명령에 대한 선택값은 LM629 데이터 북에서 LTRJ 명령에 대한 테이블에서 확인할 수가 있다.

(1) LTRJ - Trajectory Control Word Bit Allocation

[표 10-5] 모터의 제어의 LTRJ 명령

Bit Position	Function
Bit 15	Not Used
Bit 14	Not Used
Bit 13	Not Used
Bit 12	Forward Direction (Velocity Mode Only)
Bit 11	Velocity Mode
Bit 10	Stop Smoothly (Decelerate as Programmed)
Bit 9	Stop Abruptly (Maximum Deceleration)
Bit 8	Turn Off Motor (Output Zero Drive)

Bit Position	Function
Bit 7	Not Used
Bit 6	Not Used
Bit 5	Acceleration Will Be Loaded
Bit 4	Acceleration Data Is Relative
Bit 3	Velocity Will Be Loaded
Bit 2	Velocity Data Is Relative
Bit 1	Position Will Be Loaded
Bit 0	Position Data Is Relative

정방향의 회전인 경우 bit 12번의 전진 방향(Forward Direction)(Velocity Mode Only)과 bit 11번의 Velocity Mode를 1로 한 값인 0x1800 값으로 모터의 방향을 정방향으로 회전시킬 수 있고, 역방향 회전의 경우에는 bit 11번의 속도 모드(Velocity Mode)를 1로 하여 0x0800인 값으로 설정할 수 있다.

아래 소스의 StopMotor() 함수도 위와 같은 방법으로 모터를 정지 또는 OFF 명령을 내릴 수 있다.

```
// 모터 정지
void StopMotor(char  motor, char stop)
{
        switch(stop)
        {
                case MOTOR_STOP:                                // 모터 바로 정지
                        // Load Trajectory Parameters
                        WrtieCmd(motor,LTRJ);
                        // bit9(Stop Abruptly)
                        WriteData2(motor,0x0200);
                break;

                case MOTOR_OFF:                         // 모터 풀림 OFF
                        // Load Trajectory Parameters
                        WrtieCmd(motor,LTRJ);
                        // bit8(Turn Off Motor)
                        WriteData2(motor,0x0100);
                break;
        }
}
```

MOTOR_STOP은 긴급 정지를 원할 경우 bit 9번의 급정지(Stop Abruptly)를 선택한 0x0200 값으로 모터를 정지시켜 줄 수 있고, MOTOR_OFF는 bit 8번의 Turn Off Motor

를 선택한 0x0100 값으로 모터를 OFF시킬 수 있다.

다음으로 모터의 가감속 및 속도를 설정하는 방법에 대해서 알아보자.

LM629의 데이터 북를 보면 인코더 값을 4채배하여 궤환(feedback)제어를 통해 모터를 제어하는 것을 알 수 있다.

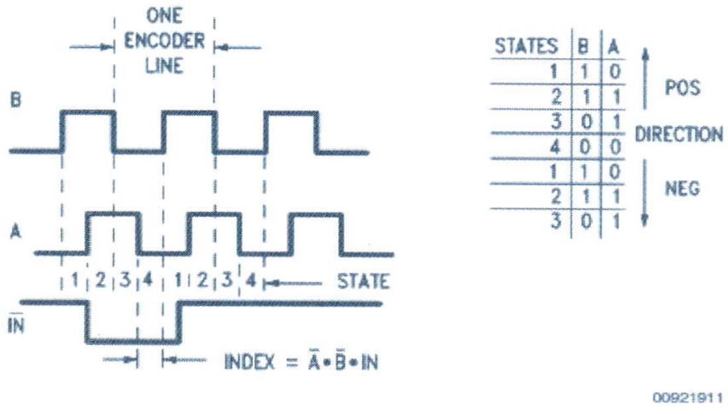

[그림 10-34] 인코더 신호들

또한 LM629에서는 속도 모드 제어시 속도에 대한 가감속 프로파일을 자동으로 생성하여 준다.

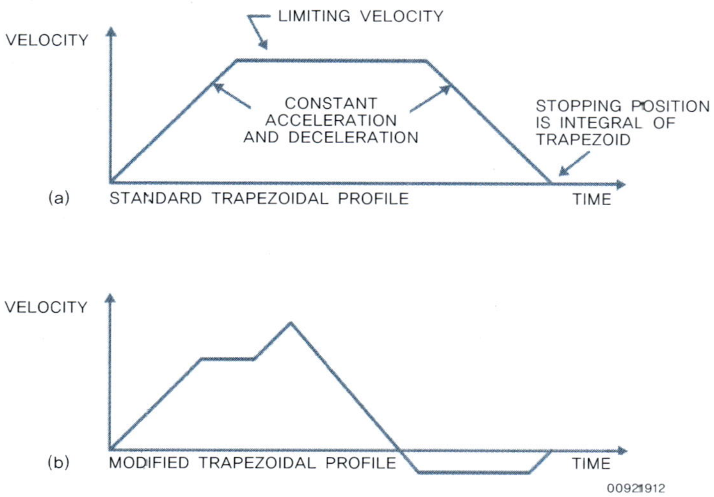

[그림 10-35] 전형적인 속도 프로파일

이러한 가감속 수치 및 속도를 아래의 함수를 통해 설정할 수 있다.

```
// 모터 가속도값 설정
void Acc_Setting(char  motor, double dbAcceleation)
{
        unsigned long acc;
        // 아래의 Acceleation 계산식은 LM629 Datasheet에 명시되어져 있음
        //Acceleation = 기어비 * 인코더 * 체배수(4) * 샘플링 주기(2048/6Mhz)
        //                    * 샘플링 주기(2048/6Mhz) * (float)Acc/3600*65536;
        //-------------------------------
        // 실제 계산 코드
        //dbAcceleation = (double)GEARRATE * (double)ENCODERRATE * 4.0
        //        * 2048/6000000*2048/6000000 * dbAcceleation/3600 * 65536;
        //acc = (unsigned long)(dbAcceleation * 65536);
        //-------------------------------
        acc = (unsigned long)(195.155984 * dbAcceleation);

        WrtieCmd(motor,LTRJ);                    // Load Trajectory Parameters
        WriteData2(motor,0x0020);     // bit5 (Acceleration Will Be Loaded)

        WriteData2(motor,(unsigned int)(acc>>16));
        WriteData2(motor,(unsigned int)acc);

}

// 모터 속도값 설정
void Speed_Setting(char  motor, double Speed)
{
        unsigned long velo;

        // 아래의 RPM 계산식은 LM629 Datssheet에 명시되어져 있음
        // RPM
        // VEL = Gear(27) * Encoder(13) * 체배수(4) * 샘플링 주기(2048/6Mhz)
        //        * 목표속도값(rpm) * 1min/60sec * 65536

        // RPM -> m/sec
        // VEL = Gear(27) * Encoder(13) * 체배수(4) * 샘플링 주기(2048/6Mhz)
        //        * 목표속도값(rpm)/(2*PI) * 65536
        //-------------------------------
        // 실제 계산 코드
        // Speed = Speed/WHEEL_R;                    // 각속도 변환
        // Speed = (double)GEARRATE * (double)ENCODERRATE * 4.0 * 2048/6000000
        //        * Speed/(2*M_PI) * 65536;
        //-------------------------------
        velo =  (unsigned long)(166619.035933 * Speed);
```

```
        WrtieCmd(motor,LTRJ);                 // Load Trajectory Parameters
        WriteData2(motor,0x0008);       // bit3 (Velocity Will Be Loaded)

        WriteData2(motor,(unsigned int)(velo>>16));
        WriteData2(motor,(unsigned int)velo);
}
```

가속도를 설정해주는 Acc_Setting() 함수 SMS LTRJ 명령을 사용하여 명령 테이블에 있는 bit 5번의 (Acceleration Will Be Loaded) 명령을 통해 가속도를 설정해줄 수 있다.

가속도의 값은 LM629의 데이터 북의 문서의 LTRJ 명령에 대한 설명 부분에 Acceleration: 00000000 to 3FFFFFFF Hex로 명시되어져 있다. 가속도값의 전달 방법은 LTRJ 명령을 사용하여 명령 테이블을 선택한 후에 가속도값을 상위 byte부터 순서대로 4바이트 보내는 방법으로 전달한다.

LTRJ COMMAND: LOAD TRAJECTORY PARAMETERS

Command Code:	1F Hex
Data Bytes:	Two to Fourteen
Data Ranges...	
Trajectory Control Word:	See Text
Position:	C0000000 to 3FFFFFFF Hex
Velocity:	00000000 to 3FFFFFFF Hex (Pos Only)
Acceleration:	00000000 to 3FFFFFFF Hex (Pos Only)

[그림 10-36] 가속도값을 상위 byte부터 4바이트 보내는 방법

속도의 값을 m/sec 단위로 설정해줄 수 있는 Speed_Setting() 함수에서도 LTRJ 명령을 사용하여 명령 테이블의 Bit 3번의 (Velocity Will Be Loaded) 명령을 통해 속도를 설정해준다. 속도값의 범위도 데이터 북 문서에 Velocity : 00000000 to 3FFFFFFF Hex로 명시되어져 있음을 알 수 있다. 로봇의 기준으로 볼 때 가속도값과 속도값은 모터축이 아닌 바퀴의 회전수 및 속도에 관한 값이므로 모터에 연결되어 있는 기어와 인코더의 값과 관련이 있다.

그러므로 값을 구할 때 SMS 모터의 인코더값과 기어값, 그리고 인코더 채배수, 샘플링 시간값을 적용하여 구한다.

LTRJ 명령에 의해 설정된 모터의 가속도, 속도, 모터의 회전방향 또는 정지 명령 등은 STT(Start Motion) 라는 명령을 보내는 시기에 실제 적용이 된다.

```
// 설정 적용 (StartMotor, StopMotor)
void STT_Motor(void)
{
        WrtieCmd(MOTOR1,STT);
        WrtieCmd(MOTOR2,STT);
        WrtieCmd(MOTOR3,STT);
}
```

STT(Start Motion)라는 명령을 따로 만들어서 사용하는 이유는 여러 개의 모터 제어 시, 값을 설정하는 시간이 길어지면 모터의 동작 시간의 편차가 생길 수 있어 적용하는 시기를 최대한 동시에 할 수 있도록 하기 위해 STT(Start Motion)라는 적용 명령을 따로 사용하고 있다.

다음으로 필터를 설정하는 PID_Setting() 함수에 대해서 알아보자.

PID제어는 궤환(feedback) 제어 형태로 모터의 출력값을 측정하여 목표값과 비교하여 오차를 계산하고, 이 오차값을 이용하여 제어에 필요한 제어값을 계산하여 적용시켜 목표위치에 빠르고 정확하게 도달할 수 있도록 비례(Proportion), 적분(Integral), 미분(Differential)법을 적용하여 모터 제어를 하는 방법을 이야기한다.

① PID 제어식

$$\mathrm{MV(t)} = K_p e(t) + K_i \int_0^t e(\tau) d\tau + K_d \frac{de}{dt}$$

② PID 조작량의 특징

P : 목표값 도달 시간을 줄여준다.

I : 정상상태 오차를 줄여준다.

D : 외란 또는 급변(Overshoot)를 억제한다.

이러한 PID 제어를 통해 모터를 회전시키는 역할을 모터 제어기(Motor Controller)인 LM629에서 직접 담당을 한다.

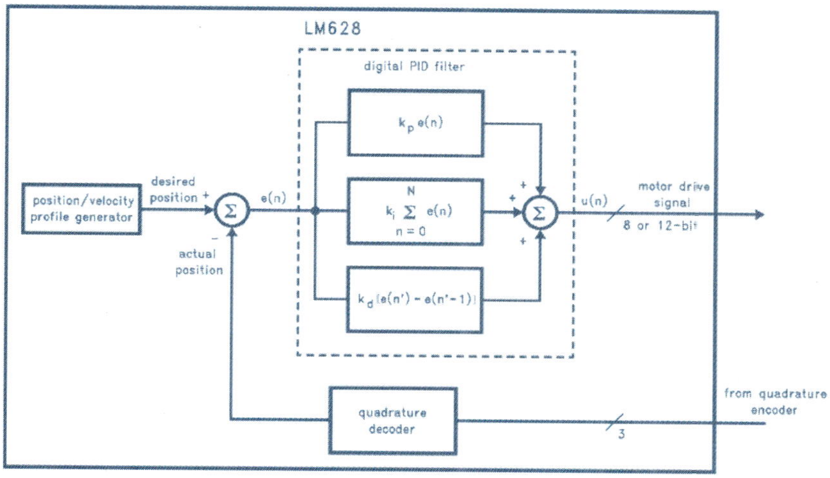

[그림 10-37] PID 제어

그러므로 우리는 단지 모터 제어시 사용되는 PID 게인값을 LM629에 알려주기만 하면 된다. LM629에서는 PID 값을 설정하기 위해서 LFIL(Load Filter Parameters) 명령을 사용한다. LFIL 명령에 따른 명령 테이블을 제공하며 게인값의 범위는 0x0000~0x7FFF의 16bit 데이터값이다.

LFIL COMMAND: LOAD FILTER PARAMETERS

Command Code:	1E Hex
Data Bytes:	Two to Ten
Data Ranges...	
Filter Control Word:	See Text
Filter Coefficients:	0000 to 7FFF Hex (Pos Only)
Integration Limit:	0000 to 7FFF Hex (Pos Only)
Executable During Motion:	Yes

[그림 10-38] PID 값을 설정하기 위해 FLIL 명령을 사용

(2) LFIL – Filter Control word Bit Allocation

[표 10-6] PID 게인값을 전달하는 명령값

Bit Position	Function
Bit 15	Derivative Sampling Interval Bit 7
Bit 14	Derivative Sampling Interval Bit 6
Bit 13	Derivative Sampling Interval Bit 5
Bit 12	Derivative Sampling Interval Bit 4
Bit 11	Derivative Sampling Interval Bit 3

Bit Position	Function
Bit 10	Derivative Sampling Interval Bit 2
Bit 9	Derivative Sampling Interval Bit 1
Bit 8	Derivative Sampling Interval Bit 0
Bit 7	Not Used
Bit 6	Not Used
Bit 5	Not Used
Bit 4	Not Used
Bit 3	Loading kp Data
Bit 2	Loading ki Data
Bit 1	Loading kd Data
Bit 0	Loading il Data

[표 10-6]에서 보면 bit 3, bit2, bit1이 각각 PID 게인값을 전달하는 명령값임을 알 수 있다. 그러므로 아래 소스에서 LFIL의 명령값은 0x000E가 된다.

```
// 모터 PID 값 설정
void PID_Setting(unsigned char  motor, unsigned int Pgain, unsigned int Igain
                    , unsigned int Dgain)
{
        WrtieCmd(motor,LFIL);                        // Load Filter Parameters
        // bit3(Loading kp Data)
        // bit2(Loading ki Data)
        // bit1(Loading kd Data)
        WriteData2(motor,0x000E);


        WriteData2(motor, Pgain);       // P Gain
        WriteData2(motor, Igain);       // I Gain
        WriteData2(motor, Dgain);       // D Gain

        WrtieCmd( motor,UDF);                        // UpdateFilter
}
```

설정하고자 하는 값이 P, I, D 값이므로 값을 순서대로 보내주면 된다. 그리고 LFIL에 대해 설정된 게인값을 적용해주는 UDF(UpdateFilter) 명령으로 PID 게인값을 적용시켜 준다.

다음으로 LM629 Reset 방법에 대해 알아보자. LM629의 Reset 방법은 LM629에 관한 문서 중 LM628 프로그램 가이드북(Programming Guide) 문서에 보면 [그림 10-39]와 같은 리셋 순서도가 제시되어 있으며, <Interfacing the HPC and LM629 for Motion Control> 문서에는 간단한 예제 소스를 제시하고 있다.

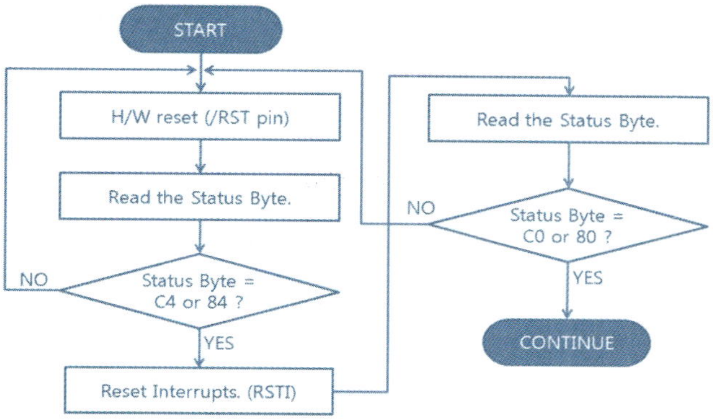

[그림 10-39] LM629의 Reset 방법

[그림 10-39]를 참조하여 아래와 같은 소스를 작성할 수 있다.

```
unsigned char MOTOR_Reset(char  motor)
{
        unsigned char cStatus;

        // LM629의 Command 주소의 값을 읽으면 상태값을 읽어올 수 있다.
        // 상태값에 대한 정의는 16페이지 TABLE 7. Status Byte Bit Allocation의
        // 테이블 표에 나와 있다.
        cStatus = ReadStatus(motor);

        // cStatus == 0xc4 (Motor Off, Breakpoint Reached [interrupt]
        //                       Trajectory Complete [interrupt])
        // cStatus == 0x84 (Motor Off, Trajectory Complete [interrupt])

        if (cStatus == 0xc4 || cStatus == 0x84)
        {
                // LM629_Motion Controller.pdf 문서 14페이지
                // RSTI COMMAND: RESET INTERRUPTS 아래 내용을 보면
                // Command Code는 RSTI(0x1D), 데이터값은 0x0000 이다.
                WrtieCmd(motor,RSTI);                // Reset Interrupt
                WriteData2(motor,0x0000);
        }else {
                // LM629 RESET 실패
                return 0;
        }
        cStatus = ReadStatus(motor);

        // cStatus == 0xc0 (Motor Off , Breakpoint Reached [interrupt])
        // cStatus == 0x80 (Motor Off)
```

CHAPTER 10

```
	// RSTI 명령이 전달되고 RESET이 되면
	// Trajectory Complete [interrupt] 상태가 사라지는 것을 알 수 있다.
	// 이때가 RESET이 완료된 상태이다.
	if (cStatus == 0xc0 || cStatus == 0x80)
	{
		// LM629 RESET 성공
		return 1;
	}

	// LM629 RESET 실패
	return 0;
}
```

여기서 ReadStatus() 함수에 의해 얻어진 상태값은 LM629의 데이터 북에 나와 있는 [표 10-7]에서 확인할 수가 있다.

(3) READ STATUS – Status Byte Bit Allocation

[표 10-7] ReadStatus() 함수에 의해 얻어진 상태값

Bit Position	Function
Bit 7	Motor Off
Bit 6	Breakpoint Reached [Interrupt]
Bit 5	Excessive Position Error [Interrupt]
Bit 4	Wraparound Occurred [Interrupt]
Bit 3	Index Pulse Observed [Interrupt]
Bit 2	Trajectory Complete [Interrupt]
Bit 1	Command Error [Interrupt]
Bit 0	Busy Bit

다음으로 모터를 초기화하는 함수인 motor_init() 함수에 대해 알아보자.

```
void motor_init(void)
{
	// 모터 초기화 시작

	// MOTOR BREAK ON
	// LM18200_BREAK 1 => 0x01
	// LM18200_BREAK 2 => 0x02
	// LM18200_BREAK 3 => 0x04
	LMD18200_OUT_EN1 = 0x07;
```

```
        // MOTOR h/w RESET PIN (PORTE 6)
        DDRE |= (1<<6);
        PORTE |= (1<<6);                // LM629 Reset Signal       HIGH
        _delay_ms(500);
        PORTE &= ~(1<<6);                        // LM629 Reset Signal       LOW

        MOTOR_Reset(MOTOR1);                     // LM629 S/W Reset
        MOTOR_Reset(MOTOR2);                     // LM629 S/W Reset
        MOTOR_Reset(MOTOR3);                     // LM629 S/W Reset

        //Motor1 초기화
        PID_Setting(MOTOR1, 2000, 2, 500);       // PID 설정
        Acc_Setting(MOTOR1, 10000);                        // 가속도 설정

        //Motor2 초기화
        PID_Setting(MOTOR2, 2000, 2, 500);       // PID 설정
        Acc_Setting(MOTOR2, 10000);                        // 가속도 설정

        //Motor3 초기화
        PID_Setting(MOTOR3, 2000, 2, 500);       // PID 설정
        Acc_Setting(MOTOR3, 10000);                        // 가속도 설정

        // MOTOR BREAK OFF
        LMD18200_OUT_EN1 = ~(0x07);
}
```

처음 모터를 초기화할 때는 모터에 H/W적인 브레이크를 걸어 초기화 도중 오동작을 하지 않도록 해준다.

모바일 로보틱스(ED-7275)의 모터 초기화 순서는 [그림 10-40]과 같다.

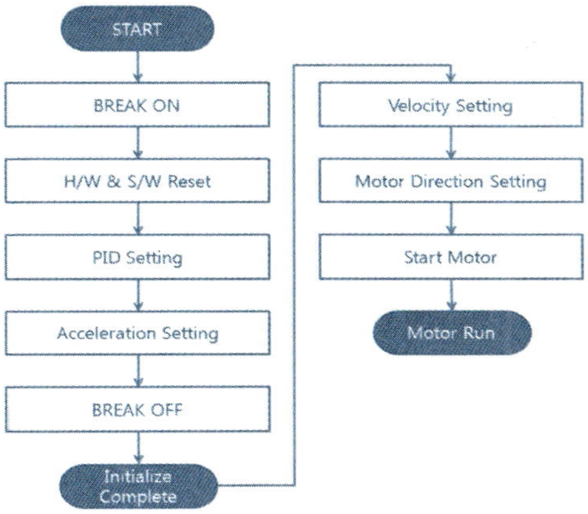

[그림 10-40] 모터 초기화 순서

초기화가 끝난 후 실제 모터를 구동할 때는 속도를 설정하고 모터의 회전방향을 설정 후 STT(Start Motion) 명령을 보내면 모터가 회전하게 된다.

가속도(Acceleration) 설정의 경우 초기화시 한번만 설정이 가능하고 속도(Velocity) 설정의 경우 이동중에도 변경이 가능하다.

다음 소스의 Motor_Speed_Start() 함수는 정방향인 경우에는 + 값으로 역방향인 경우에는 − 값으로 된 세 바퀴의 속도값을 모터에 적용시켜주는 함수이다.

```
// 세 바퀴 모터의 속도를 변경해준다.
void Motor_Speed_Start(double *v)
{
        unsigned int i;

        for(i=0; i<3; i++)
        {
                // 모터 방향 및 속도 변경
                if(v[i] < 0)            // - 값인 경우
                {
                        // 속도는 절대값을 넣을 것
                        Speed_Setting(i, -v[i]);
                        StartMotor(i, MOTOR_BB);        // 역회전

                }else{
                        // 속도는 절대값을 넣을 것
                        Speed_Setting(i, v[i]);
                        StartMotor(i, MOTOR_FF);        // 정회전
                }
        }

        STT_Motor();        // (적용)실제 이 곳에서 모터가 시작한다.
}
```

모바일 로봇은 전방향 휠(Omni Wheel)이 3축으로 구성되어져 있으며, 모터의 번호는 [그림 10-41]과 같다.

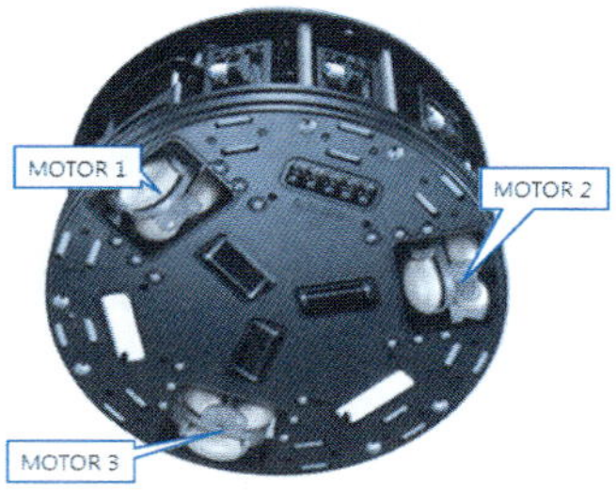

[그림 10-41] 전방향 휠 구성

5) 실행 및 확인

① 제공된 예제 프로그램을 통하여 컴파일 및 다운로드하여 동작 상태를 확인한다.

② 모터 제어기의 명령 전달 방법을 이해하고 모터를 정방향 및 역방향으로 속도를 변화하여 회전시킬 수 있다.

07 전방향 구동

1) 목 표

- 전방향(Omni-Directional) 구동의 원리를 이해한다.
- 전방향(Omni-Directional) 구동으로 전방향으로 로봇을 이동 및 회전할 수 있다.

2) 전방향 이동구조

① 모바일 로보틱스(ED-7275)는 3개의 모터가 전방향 구동 휠(Omni-directional wheel)을 구동할 수 있도록 연결이 되어 있으며, 이 3개의 모터를 동시에 제어함으로써 전방향 이동 및 회전 등을 할 수 있도록 메커니즘이 설계되어 있다.

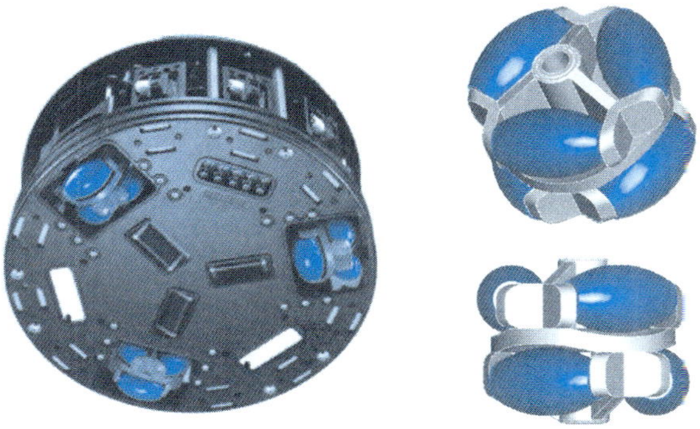

[그림 10-42] 모바일 로보틱스(ED-7275)의 옴니휠 배치 구조

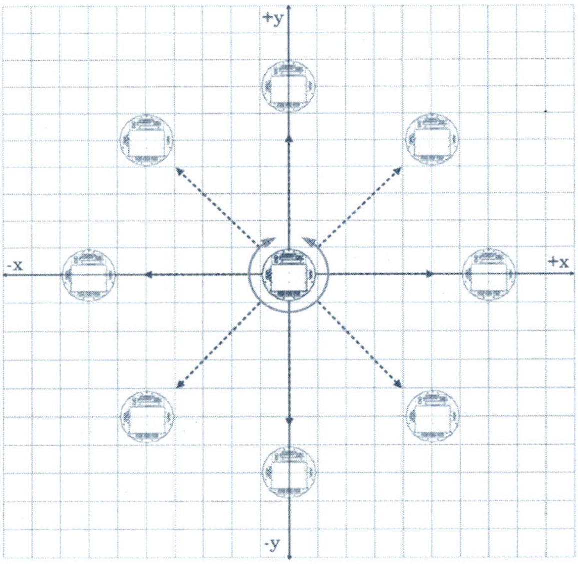

[그림 10-43] 모바일 로보틱스의 전방향 이동 능력

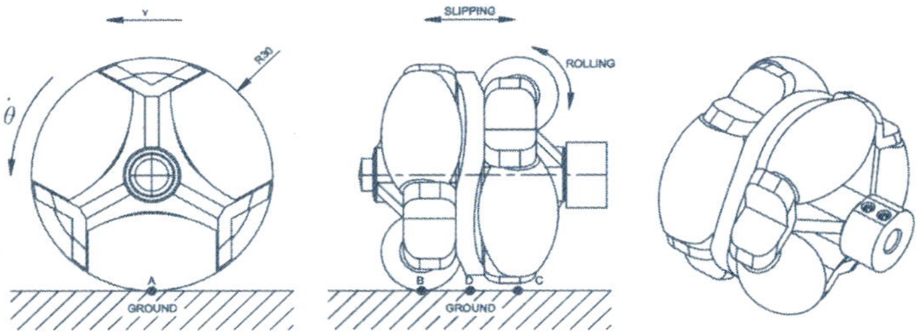

[그림 10-44] 전방향 구동 휠의 동작

옴니휠의 외곽 반지름 R은 30mm이며, 지면과는 A지점에서 접촉한다. 바퀴의 축이 $\dot{\theta}$의 각속도로 회전할 때 v의 전진속도를 얻을 수 있으며, 관계식은 다음과 같이 일반적인 구름바퀴와 동일하다.

$$v = R\dot{\theta}$$

이와 함께 3개의 보조바퀴가 축방향으로 미끄러질 수 있도록(Slipping) 바닥과 구름접촉(Rolling)으로 되어 있으며, C지점과 같이 지면에서 떨어지는 영역이 없이 항상 접촉할 수 있도록 복열식으로 배치되어 있다. 때문에 앞열과 뒷열의 보조바퀴는 서로 B-C지점을 번갈아가면서 지면에 접촉하게 된다. 해석을 단순화하기 위해 실제 지면 접촉점인 B, C

지점 중간의 D지점을 평균적인 접촉지점으로 삼기로 한다.

② 옴니휠을 120°간격으로 배치하고, 각각의 옴니휠을 독립적으로 제어함으로써 완전한 3자유도의 이동이 가능하게 된다. 3개의 옴니휠은 지면과 병렬로 배치되므로 원하는 방향과 속도로 움직이기 위해 각각의 구동축을 어느정도의 속도로 움직여야 하는지를 알아내는 역기구학(Inverse Kinematics) 해답을 비교적 간단하게 구할 수 있다. 옴니 디렉셔널 로봇의 역기구학은 다음과 같이 정의할 수 있다.

- 원하는 속도 및 각속도 ⇒ 역기구학(T) ⇒ 각각의 바퀴의 구동 속도

$$\begin{bmatrix} \dot{\theta}_0 \\ \dot{\theta}_1 \\ \dot{\theta}_2 \end{bmatrix} = T \cdot \begin{bmatrix} \dot{x}_m \\ \dot{y}_m \\ \dot{\phi} \end{bmatrix}$$

즉 역기구학 해석문제는 로봇의 상위제어기에서 결정된 속도 및 각속도를 달성하기 위하여 각각의 바퀴의 구동속도를 결정하기 위해 꼭 필요한 것이다.

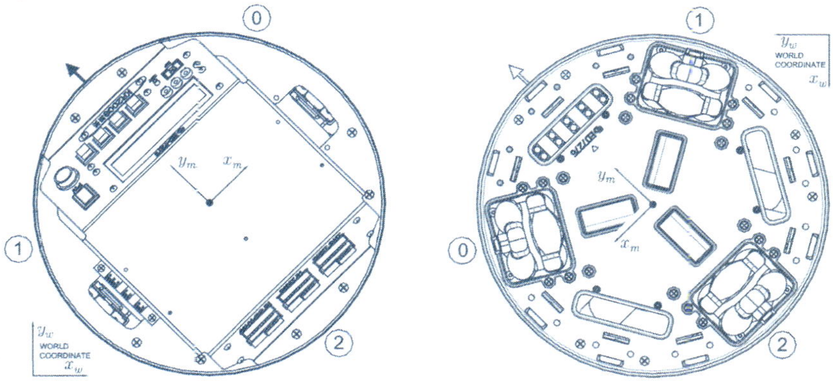

[그림 10-45] 좌표계 배치 및 구동바퀴 번호(상면, 하견)

우선 월드 좌표계 (x_w, y_w)을 설정할 수 있고, 로봇의 로컬 좌표계 (x_m, y_m)을 로봇의 중심에 설정한다. 따라서 로봇의 자세와 위치는 월드좌표계와 로봇의 로컬 좌표계 사이의 관계로 표현될 수 있다.

로봇의 로컬 좌표계의 방향은 [그림 10-45]와 같이 지정된 ⓪①②번 바퀴 중에서 ②번 바퀴를 로봇의 정후면으로 삼고, y_m축의 음의 방향을 그에 일치시킨다.

그리고, 로봇의 상면방향을 z_m축의 양의 방향으로 잡는다. 이렇게 ②번 바퀴쪽을 y_m

축과 일치시킴으로써 수식에서 불필요한 회전변환을 줄일 수 있게 되어 조금이라도 간략한 표현을 할 수 있는 효과를 얻게 된다.

우선, 로봇이 진행하고자 하는 방향과 속도를 나타내는 임의의 벡터 v_m을 정의할 수 있다. 로봇의 로컬 좌표계로 이를 분해하여 $(\dot{x}_m,\ \dot{y}_m)$으로 표현할 수 있다. 아울러, 로봇의 현재 자세를 나타내는 각도 ϕ도 정의할 수 있다. 이에 따라 로봇이 진행하고자 하는 각속도는 $\dot{\phi}$로 정해진다. 이제, 3자유도 로봇의 해석을 위해 x_m, y_m, ϕ 방향을 각각 분해하여 고찰해 보기로 한다. 로봇의 정면 방향이 y_m축이므로 이것을 먼저 생각해 보기로 한다.

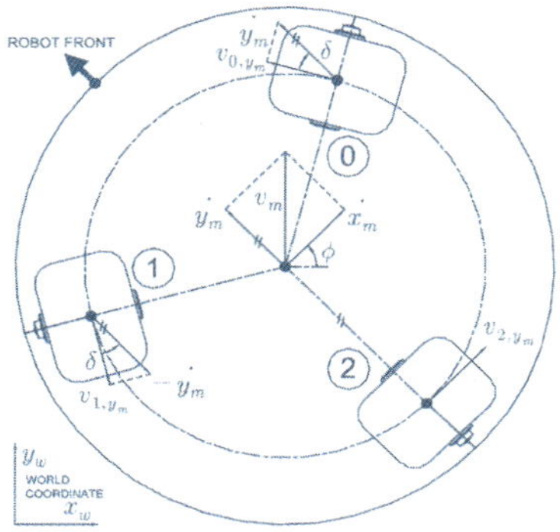

[그림 10-46] 로봇의 정면 방향이 y_m축 고려

②번 바퀴의 구동축은 y_m축과 일치하게 되므로 벡터 분해할 경우 아무런 속도도 나타나지 않게 되므로 무시한다. ⓪번 바퀴는 로봇의 로컬 좌표계로 분해할 경우 옴니휠의 보조바퀴에 의하여 구동축 방향으로는 아무런 힘도 가해지지 않으므로, 오로지 구동축에 의해 굴러가는 v_{0,y_m} 속도만 남게 된다.

①번 바퀴 역시 로봇의 로컬 좌표계로 분해할 경우 옴니휠의 보조바퀴에 의하여 구동축방향으로는 아무런 힘도 가해지지 않으므로, 오로지 구동축에 의해 굴러가는 v_{1,y_m} 속도만 남게 된다. 다만 이때의 방향은 ⓪번 바퀴와 반대가 되므로 유의한다(구동축의 배열 방향이 반대로 되어 있기 때문이다). 이때, 각 바퀴의 속도를 추출할 때 사용하는 오프셋 각도 δ값을 구할 필요가 있다. ⓪번 바퀴쪽을 주목해 보면 바퀴의 구동축이 로봇의 정면 방향과는 60° 각도로 배치되어 있다는 점에 유의하여 $\delta = 30°$로 정해진다. 따라서 최종적인 결과는 이상의 기하학적인 관계를 이용하여 다음과 같이 구할 수 있다.

$$v_{0,y_m} = \dot{y_m} \cos(\delta + \phi)$$

$$v_{1,y_m} = -\dot{y_m} \cos(\delta - \phi)$$

$$v_{2,y_m} = \dot{y_m} \sin(\phi)$$

이제, 로봇의 정면과 수직방향인 x_m축쪽을 고려해 본다.

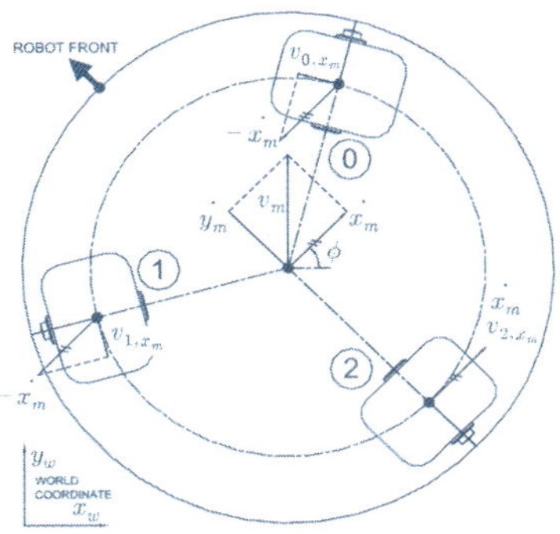

[그림 10-47] 로봇의 정면과 수직방향인 x_m축쪽 고려

②번 바퀴의 구동축은 x_m축과 수직하게 되므로 벡터 분해할 경우 구동축과 동일하게 겹쳐진다. ⓪번 바퀴는 로봇의 로컬 좌표계로 분해할 경우 옴니휠의 보조바퀴에 의하여 구동축방향으로는 아무런 힘도 가해지지 않으므로, 오로지 구동축에 의해 굴러가는 v_{0,x_m} 속도만 남게 된다. 다만 이때의 방향은 음수가 되므로 유의한다(구동축의 방향이 x_m축과 반대로 되어 있기 때문이다).

①번 바퀴 역시 로봇의 로컬 좌표계로 분해할 경우 옴니휠의 보조바퀴에 의하여 구동축방향으로는 아무런 힘도 가해지지 않으므로 오로지 구동축에 의해 굴러가는 v_{1,x_m}속도만 남게 된다. 역시 위와 같은 이유로 이때의 방향은 음수가 되므로 유의한다.

최종적인 결과는 이상의 기하학적인 관계를 이용하여 다음과 같이 구할 수 있다.

$$v_{0,x_m} = -\dot{x_m} \sin(\delta + \phi)$$

$$v_{1,x_m} = -\dot{x_m} \sin(\delta - \phi)$$

$$v_{2,x_m} = \dot{x_m} \cos(\phi)$$

마지막으로 로봇의 자세를 표현해 주는 각도값 ϕ를 고려해 본다.

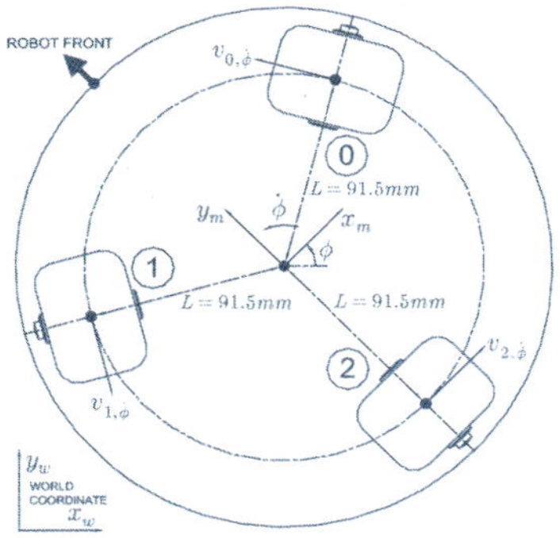

[그림 10-48] 로봇의 자세를 표현해 주는 각도값 고려

로봇의 각속도 $\dot{\phi}$가 일어나도록 로봇 중심과 바퀴 중심 간의 거리값인 $L=91.5\text{mm}$를 고려하여 결과를 얻을 수 있다.

$$v_{0,\dot{\phi}} = L\dot{\phi}$$

$$v_{1,\dot{\phi}} = L\dot{\phi}$$

$$v_{2,\dot{\phi}} = L\dot{\phi}$$

이상 x_m, y_m, ϕ 방향으로 따로 구한 로봇의 위치와 자세에 관한 결과들을 합성하여 다음과 같이 표현할 수 있다.

$$v_0 = -v_{0,x_m}\sin(\delta+\phi) + v_{0,y_m}\cos(\delta+\phi) + L\dot{\phi}$$

$$v_1 = -v_{0,x_m}\sin(\delta-\phi) - v_{0,y_m}\cos(\delta-\phi) + L\dot{\phi}$$

$$v_2 = v_{2,x_m}\cos(\phi) + v_{2,y_m}\sin(\phi) + L\dot{\phi}$$

아울러, 처음에 구한 옴니휠 구동축의 회전속도를 얻기 위해 $v=R\dot{\theta}$ 관계를 이용하여 다시 표현할 수 있다.

$$\dot{\theta}_0 = -\frac{\dot{v}_{0,x_m}}{R}\sin(\delta+\phi) + \frac{v_{0,y_m}}{R}\cos(\delta+\phi) + L\frac{\dot{\phi}}{R}$$

$$\dot{\theta}_1 = -\frac{\dot{v}_{0,x_m}}{R}\sin(\delta-\phi) - \frac{v_{0,y_m}}{R}\cos(\delta-\phi) + L\frac{\dot{\phi}}{R}$$

$$\dot{\theta}_2 = \frac{v_{2,x_m}}{R}\cos(\phi) + \frac{v_{2,y_m}}{R}\sin(\phi) + L\frac{\dot{\phi}}{R}$$

이를 행렬로 다시 표현하면 다음과 같다.

$$\begin{bmatrix}\dot{\theta}_0\\ \dot{\theta}_1\\ \dot{\theta}_2\end{bmatrix} = \frac{1}{R}\begin{bmatrix}-\sin(\delta+\phi) & \cos(\delta+\phi) & L\\ -\sin(\delta-\phi) & -\cos(\delta-\phi) & L\\ \cos(\phi) & \sin(\phi) & L\end{bmatrix}\begin{bmatrix}\dot{x}_{0,x_m}\\ \dot{y}_{0,y_m}\\ \dot{\phi}\end{bmatrix}$$

이 결과를 이용하여 아래와 같이 간단한 유사 코드(Pseudo code)를 작성해 본다.

```
#define L          0.0915    //중심축과 바퀴까지의 거리
#define R 0.030    //바퀴의 반지름

GlobalVelocity(double xdot, double ydot, double phi, double phidot)
{
        double v[3];
        double cp = cos(phi);
        double sp = sin(phi);

        v[0] = -0.5*(cp+sqrt(3.0)*sp)*xdot
                     - 0.5*(sp-sqrt(3.0)*cp)*ydot + L*phidot;
        v[1] = -0.5*(cp-sqrt(3.0)*sp)*xdot
                     - 0.5*(sp+sqrt(3.0)*cp)*ydot + L*phidot;
        v[2] =  cp*xdot + sp*ydot + L*phidot;

        for(int i = 0; i < 3; i++)
        thetadot[i] = v[i]/R;
}
```

3) 가감속 이동법

모바일 로봇이 전방향으로 이동하기 위한 좌표상의 벡터 방향 이동시 세 축바퀴의 각각의 회전속도는 ②의 공식에 의해 구해지고, 모바일 로봇의 이동을 좀 더 부드럽고 안정적으로 이동할 수 있도록 가감속 이동법을 적용하여 모바일 로봇을 이동하도록 하였다.

CHAPTER 10

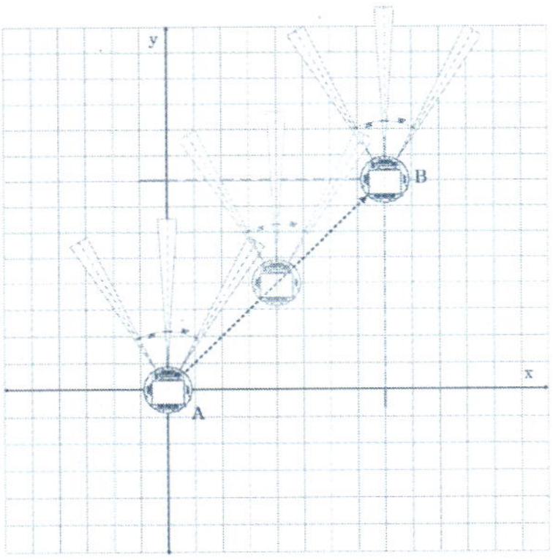

[그림 10-49] 가감속 이동법을 적용

모바일 로봇은 가감속 이동법을 적용하여 A에서 B로 이동할 경우 로봇의 속도변화는 [그림 10-50]과 같이 이동할 수 있다.

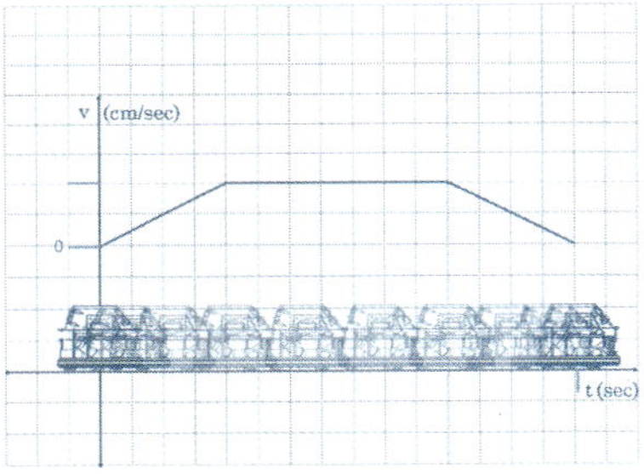

[그림 10-50] 가감속 이동법을 적용한 도표

가감속 이동을 하기 위해서는 좌표상의 x축과 y축에 대해서 각각의 가감속값을 구하여, 샘플링 시간마다 속도를 변화시켜 주는 방법으로 로봇의 가감속 제어를 한다.

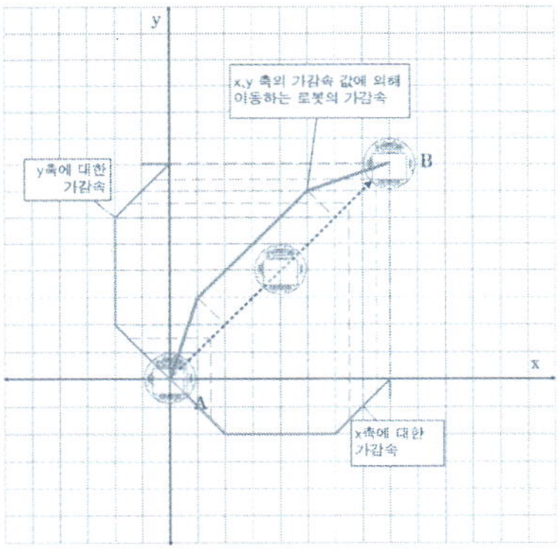

[그림 10-51] 샘플링 시간마다 속도를 변화시켜 주는 방법

그러면 가감속 제어 방법에 대해서 알아보자.

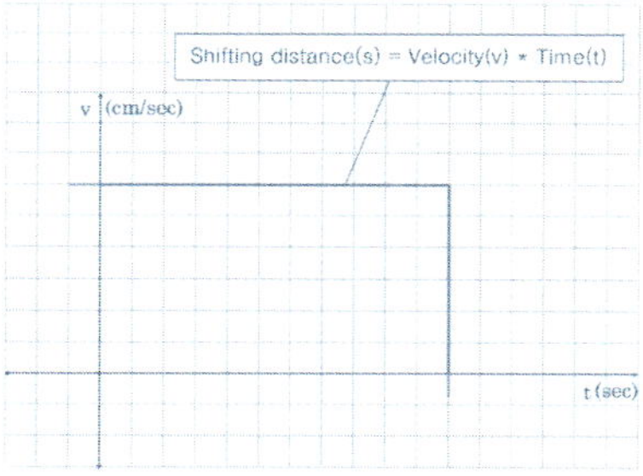

[그림 10-52] 로봇의 속도와 시간관계

로봇이 일정 속도로 이동한다고 가정했을 때 속도와 시간 관계에서 위와 같이 이동 거리를 구할 수 있다. 하지만 로봇의 출발 시점부터 일정 속도를 낼 경우 로봇의 흔들림 또는 슬립현상이 발생하므로, 로봇을 안정적으로 출발하게 하기 위해 속도의 변화를 [그림 10-53]처럼 사다리꼴 형태로 변환하여 안정적인 출발 및 정지를 할 수 있도록 하였다.

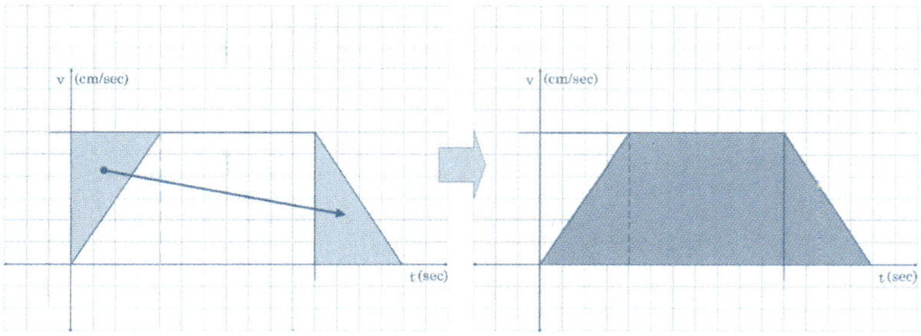

[그림 10-53] 로봇의 사다리꼴의 형태로 안정적인 출발과 정지

이때의 이동거리는 사각형의 넓이와 같으므로 사다리꼴 모양으로 변경했을 때의 이동거리의 변화는 없다. 단지 이동시간 t가 증가하는 것을 볼 수 있다.

그러면 예제 조건을 통해 사다리 꼴 형태의 가감속값을 구하는 방법을 알아보자.

먼저 원하는 속도에 도달하는 가속수치(=링버퍼의 크기)가 5이라고 가정하고 샘플링 주기를 1sec로 가정하자. 가속수치 5만큼의 링버퍼를 생성하고 버퍼의 값은 모두 0으로 채워준다.

목표이동거리 = 100cm, 속도 = 10cm/sec라는 가정하에 다음과 같은 순서로 가감속값이 구해진다.

① 모터 적용 속도값=링버퍼의 합 / 가속값(5)

② 이동거리 = 모터 적용할 속도값의 합 * 샘플링 시간

③ 목표 속도값 = 링버퍼에 넣은 속도값

④ 링버퍼에 넣은 속도값의 합 = 가감속 없이 이동시의 속도의 합

[표 10-8] 사다리꼴 형태의 가감속값을 구하는 방법

샘플링 시간	링버퍼					링버퍼의 합	모터 적용 속도값 (가감속)	이동거리	목표 속도값	링버퍼에 넣은 속도값의 합
0	0	0	0	0	0	0	0	0	0	0
1	10	0	0	0	0	10	2	2	10	10
2	10	10	0	0	0	20	4	6	10	20
3	10	10	10	0	0	30	6	12	10	30
4	10	10	10	10	0	40	8	20	10	40
5	10	10	10	10	10	50	10	30	10	50
6	10	10	10	10	10	50	10	40	10	60
7	10	10	10	10	10	50	10	50	10	70
8	10	10	10	10	10	50	10	60	10	80
9	10	10	10	10	10	50	10	70	10	90
10	10	10	10	10	10	50	10	80	10	100 (=목표거리)
11	0	10	10	10	10	40	8	88	0	100
12	0	0	10	10	10	30	6	94	0	100
13	0	0	0	10	10	20	4	98	0	100
14	0	0	0	0	10	10	2	100	0	100
15	0	0	0	0	0	0	0 (정지)	100 (도착)	0	100

① 링버퍼에 원하는 목표 속도값을 샘플링 시간마다 적용해준다.

② 링버퍼의 합을 링버퍼의 크기(5)로 나눈 값을 모터의 속도에 적용해준다.

③ 링버퍼에 적용한 목표 속도값의 합이 목표 거리값과 같아지면 목표 속도값을 0으로 하여 속도를 점점 감속한다.

④ 모터에 적용한 속도값의 합은 실제 이동한 이동거리와 같다. (Ts == 1sec)

4) 소스 코드 예제

1 제공된 예제 프로그램에서 \0.Device_Sample_Source\7.Omni 폴더를 선택하여 예제 프로젝트를 Open한다.

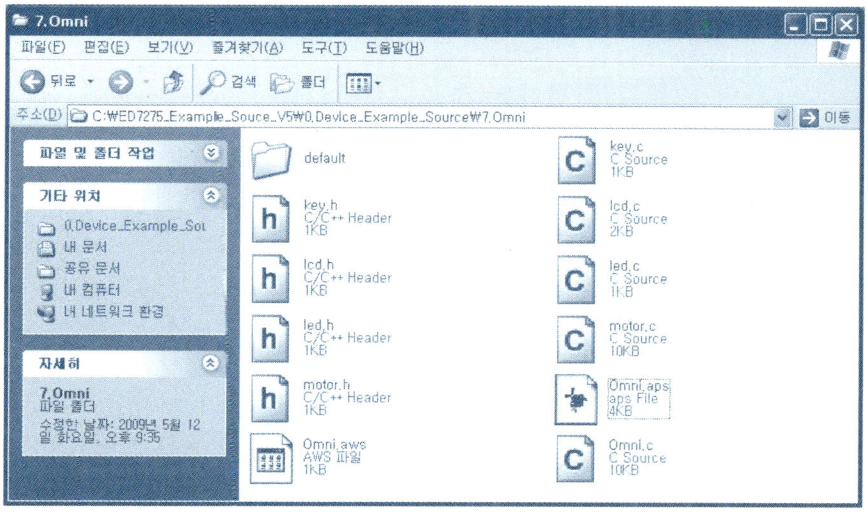

[그림 10-54] 제공된 예제 프로그램

② 프로젝트가 정상적으로 Open이 되면 Omni 구동 예제 소스를 확인할 수 있다. 그러면 해당 소스에 대해 하나씩 알아보도록 하자.

③ ...\7.Omni\Omni.c

```
//─────────────────────────────────
// ED-7275 Omni 작동 예제
// Omni.c
//─────────────────────────────────
#include <stdio.h>
#include <math.h>

#include <avr/io.h>
#include <util/delay.h>
#include <avr/interrupt.h>

#include "motor.h"
#include "lcd.h"
#include "key.h"
#include "led.h"

// 에러값
#define X_ERROR    1.01f
#define Y_ERROR    1.01f
#define T_ERROR    1.00f
```

```
#define L 0.0915    //91.5mm           (중심축과 바퀴 사이의 거리)
#define OMNI_ACC 30         // 가속 값 (Ts = 10msec )

//------------------------------------------------------------------------
// TIMER COUNTER
volatile unsigned int Motor_Timer_Cnt=0;

// gPos[3] => 목표 위치 / 샘플링 시간
// nPos[3] => 적용 속도의 합
// nCurPos[3] => 실제 이동거리(반올림 안된 값) / 샘플링 값
// Voin[3] => 이동 속도 항상 + 값이다.
// override => 속도 가변시 사용

// ACCBuffer[3][OMNI_ACC] => 가감속 버퍼
// SumAcc[3] => 가감속 버퍼의 합
double gPos[3], nPos[3], nCurPos[3], Voin[3], override = 1;
double ACCBuffer[3][OMNI_ACC], SumAcc[3];

//------------------------------------------------------------------------
// x y의 벡터 속도를 입력받아 세 바퀴의 각각의 속도값을 구한다. // radian
//        xdot : x축의 속도,  ydot : y축의 속도, psidot : 회전 각도 radian
//------------------------------------------------------------------------
// 전체 공식 소스
//------------------------------------------------------------
//        double psi;
//        double cp = cos(psi);
//        double sp = sin(psi);

          // 각 모터의 속도 계산
//        v[0] = -0.5*(cp+sqrt(3.0)*sp)*xdot - 0.5*(sp-sqrt(3.0)*cp)*ydot + L*psidot;
//        v[1] = -0.5*(cp-sqrt(3.0)*sp)*xdot - 0.5*(sp+sqrt(3.0)*cp)*ydot + L*psidot;
//        v[2] =  cp*xdot + sp*ydot + L*psidot;
//------------------------------------------------------------

void OmniSpeedSet(double xdot, double ydot, double psidot)
{
          double v[3];

          v[0] = -0.5*xdot + 0.86603*ydot + L*psidot;
          v[1] = -0.5*xdot - 0.86603*ydot + L*psidot;
          v[2] = xdot + L*psidot;

          Motor_Speed_Start(v);                    // <-- 계산된 속도로 모터를 회전한다.
}
```

```
//―――――――――――――――――――――――――――――――――――
// 가감속 처리 함수
//―――――――――――――――――――――――――――――――――――
// 실제 이동거리 반올림  =  CurPos,   계산된 속도  = Vo
void OmniAccConv(double *CurPos, double *Vo)
{
	static int pIndex=0;
	int nSgn;
	int i;

	for(i=0 ; i<3 ; i++)
	{
		//―――――――――――――――――――――――――――――
		// 목표 거리에 도달할 때까지 적용된 위치를 증가하고
		// 적용할 속도를 구한다.
		//―――――――――――――――――――――――――――――
		if(gPos[i] - nPos[i] > 0)  nSgn = 1;
		else nSgn = -1;

		// 원하는 속도값 = 부호 * 지정한 속도 * 조절할 수 있는 속도
		// (1이면 정상 속도 0.0, 0.1.....)으로 조절할 수 있음
		Vo[i] = nSgn * Voin[i] * override;

		if(nSgn >= 0)		// positive direction
		{
			// + 값일 때 목적지에 거의 도달하면 잔여 속도값을 구한다.
			if(nPos[i] + Vo[i] >= gPos[i]) Vo[i] = gPos[i] - nPos[i];
		}
		else{			// negative direction
			// - 값일 때 목적지에 거의 도달하면 잔여 속도값을 구한다.
			if(nPos[i] + Vo[i] <= gPos[i]) Vo[i] = gPos[i] - nPos[i];
		}
		// 이동한 속도를 이동거리값에 더한다.
		// ( 속도 * 샘플링 시간의 합은 이동거리..)
		nPos[i]+=Vo[i];

		//―――――――――――――――――――――――――――――
		// 적용할 속도값으로 ―> 가감속 고려된 현속도 계산한다
		//―――――――――――――――――――――――――――――
		SumAcc[i] -= ACCBuffer[i][pIndex]; // X 버퍼에서 가장 오래된 값을 뺀다.
		ACCBuffer[i][pIndex] = Vo[i];    // 최근 속도값을 넣는다.
		SumAcc[i] += ACCBuffer[i][pIndex]; // 최근 속도를 SumAcc에 더한다.
```

```
                    Vo[i] = SumAcc[i] / OMNI_ACC;      // 가속도값으로 속도 SumAcc을
나눈다.

                    //―――――――――――――――――――――――――――――――――――――
                    // 실제 이동거리와 가감속 고려된 현재 속도값을 구한다.( X, Y, Z=턴)
                    //―――――――――――――――――――――――――――――――――――――
                    nCurPos[i] += Vo[i];                  // 속도를 계산

                    // 부호에 맞게 반올림
                    if(nCurPos[i] >= 0) nSgn =1;
                    else nSgn = -1;

                    // nCurPos값을 반올림해준다.
                    CurPos[i]= (double)(long)(nCurPos[i] + nSgn * 0.0005);
                    // 실제 이동한 거리 (CurPos[i] * 1.0  => 1.0 = 0.010 * 100
                    // (샘플링 값 0.010, m -> cm 변환 * 100)   )
                    //CurPos[i]= CurPos[i];
          }

          // 링버퍼 구성
          pIndex++;
          if(pIndex >= OMNI_ACC) pIndex =0;
          //――――――――――――――――――――――――――
          // 실제 이동거리  =  CurPos,   계산된 속도  = Vo
}

// 정지 상태에서 출발할 경우 버퍼를 초기화해주어야 한다.
void OmniAccClear(void)
{
          int i, z;
          //――――――――――――――――――――――――――――――――――――
          // 변수들 초기화
          for(i = 0; i<3; i++)
          {
                    SumAcc[i] = 0;                // 가감속 계산 SUM 클리어
                    for (z=0 ; z< OMNI_ACC; z++) {        // 가감속 버퍼 클리어
                              ACCBuffer[i][z] = 0;
                    }
          }
}

//――――――――――――――――――――――――――――――――――――――――――
// 이동값 설정
void OmniSetting(double xPos, double yPos, double tPos, double Speed)
```

```
{
        int i;
        double tmp[3], maxtmp, tposL;

        // 실제 구동시의 오차값을 보상해준다.
        xPos *=  X_ERROR;
        yPos *=  Y_ERROR;
        tPos *=  T_ERROR;

        // 각도로 회전거리 값을 구한다.
        // L => 로봇의 중심축과 바퀴 사이의 거리
        tposL = 2 * M_PI * L * tPos / 360;

        //-----------------------------------------------------
        // 속도를 구하기 위해 거리값을 +로 바꿔준다.
        if(xPos < 0)          tmp[0] = -xPos;
        else                  tmp[0] = xPos;

        if(yPos < 0)          tmp[1] = -yPos;
        else                  tmp[1] = yPos;

        if(tPos < 0)          tmp[2] = -tposL;
        else                  tmp[2] = tposL;

        //-----------------------------------------------------
        // 가장 큰 값을 찾는다
        maxtmp = tmp[0];
        for(i=0; i<3; i++)    if(maxtmp < tmp[i])   maxtmp = tmp[i];

        //-----------------------------------------------------
        maxtmp /= Speed; // X, Y, 회전의 도달 시간을 같게 하기 위해서
        // 가장 긴 거리 도달 시간으로 X 축과 , Y축 , 회전의  속도를 다시 구한다.
        for(i=0; i<3; i++)    Voin[i] = tmp[i] / maxtmp;
        //-----------------------------------------------------
        override = 1;         // 속도 가변시 사용

        tPos = (tPos / 180) * M_PI; // 각도를 radian으로 바꿔준다. (dgree to radian)

        //-----------------------------------------------------
        // 목표 거리에 샘플링 시간(10ms)을 나눠 준다. (속도 * 샘플링 시간의 합은 이
동 거리)
        gPos[0] = xPos / 0.01;
        gPos[1] = yPos / 0.01;
        gPos[2] = tPos / 0.01;
```

```
        for(i = 0; i<3; i++)
        {
                nPos[i] = 0;            // 현재 속도 적용 위치 =  0
                nCurPos[i] = 0;     // >> 실제 이동 위치 0 <<
        }
}

//—————————————————————————————
// 목표위치에 도달했는지 확인
unsigned char OmniMoveCheck(double *CurPos)
{
        // 반드시 long으로 형변환하여 비교할 것!!
        // X, Y, 회전 모두 완료했을 경우
        // gPos[i] * 1.0 (샘플링 시간을 곱해주어야 한다.)

        if((long)gPos[0] == (long)CurPos[0]
        && (long)gPos[1] == (long)CurPos[1]
        && (long)gPos[2] == (long)CurPos[2])
        {
                //OmniSpeedSet(0,0,0);
                return 1;               // 목표에 도달 0
        }

        return 0; // 이동중
}

//—————————————————————————————
// 현재 속도가 0 인지 확인
unsigned char OmniVoCheck(double *Vo)
{
        // m/sec 속도에 100을 곱해서 정수값으로 속도를 비교한다.
        // 반드시 long으로 형변환하여 비교할 것!!
        // X, Y, 회전축의 속도가 모두 0 이면 모터가 정지한 상태로 확인한다.
        // unsigned char OmniMoveCheck(double *CurPos)와의 차이점은
        // 목표에 도달하지 않아도 로봇이 멈춰 있는 상태를 확인할 수 있다.
        if((long)(Vo[0]*1000) == 0
        && (long)(Vo[1]*1000) == 0
        && (long)(Vo[2]*1000) == 0)
        {
                OmniSpeedSet(0,0,0);
                return 1;               // 목표에 도달 0
        }
        return 0; // 이동중
}
```

```
// 로봇의 정지 상태 체크
// return == 0 이동중, 1 목표거리에 도달, 2 이동 후 속도가 0인 경우
unsigned char OmniStopCheck(double *CurPos, double *Vo)
{
	static unsigned char flag = 0;

	if(OmniMoveCheck(CurPos) == 1)
	{
		// 목표거리에 도달
		return 1;
	}

	if((long)CurPos[0] == 0
	&& (long)CurPos[1] == 0
	&& (long)CurPos[2] == 0)
	{
		flag = 0;
	}

	if(flag == 0)
	{
		if(OmniVoCheck(Vo) == 0)
		{
			flag = 1;
		}
	}else{
		// 처음 속도가 있는 후부터 정지하면 빠져 나감
		if(OmniVoCheck(Vo) == 1)
		{
			// 이동 후 속도가 0으로 떨어짐
			return 2;
		}
	}

	return 0;
}

// 속도 레벨 조절 ( 원래속도 = 1.0 ,  0.0 정지 )
void OmniSpeedLevel(double level)
{
	override = level;
}
```

```
void avr_init(void)
{
        // TIMER 3번 1ms 주기로 설정
        TCCR3B = 0x0C;  // Clock Select, clk/256 (From prescaler)
        OCR3A = 0x1E;   // (F_CPU / 256 / 1000) - 1;
        TCNT3 = 0x0000; // clear Timer/Counter3

        // TIMER 3번 인터럽트 ENABLE
        ETIMSK |= (1<<OCIE3A);      // enable OC3A interrupt

        // 외부 메모리 설정
        MCUCR = 0x80;
        XMCRA = 0x44;
        XMCRB = 0x80;
}

//------------------------------------------------------------------
// timer counter    1 tick = 1ms
//------------------------------------------------------------------
ISR(TIMER3_COMPA_vect)
{
        if(Motor_Timer_Cnt > 0) Motor_Timer_Cnt--;
}

// test omni -=-=-=-
int main(void)
{
        double CurPos[3], Vo[3];
        unsigned char flag = 0;

        avr_init();

        SREG |= 0x80;

        motor_init();


        key_init();
        lcd_init();

        LED_SW(0);

        lcd_string(LCD_LINE1, "OMNI MOVE");
        lcd_string(LCD_LINE2, "START = KEY1 !!");
```

```
while(1)
{
        if(key_in() == KEY0)break;
        _delay_ms(100);
}

CurPos[0] = 0;                  // 현재 이동한 거리 = 0
CurPos[1] = 0;
CurPos[2] = 0;

Vo[0] = 0;
Vo[1] = 0;
Vo[2] = 0;

OmniAccClear();                 // 가감속 버퍼를 클리어해준다.

// X 좌표 0.3m, Y 좌표 0.3m 속도는 0.3m/sec 이동.
OmniSetting(0.3, 0.3, 0, 0.3);

while(1){
        if(!Motor_Timer_Cnt)
        {
                Motor_Timer_Cnt = 10;       // 샘플링 시간은 10ms 주기
로 한다.

                // 0. 목표거리에 도달했거나 이동 후 속도가 0이면 빠져나간다.
                if(OmniStopCheck(CurPos, Vo) > 0)
                {
                        break;
                }
                // 1.가감속 계산 함수
                // (실제 이동 거리  =  CurPos,    계산된 속도  = Vo)
                OmniAccConv(CurPos, Vo);

                // 2.계산된 속도로 모터 이동
                OmniSpeedSet(Vo[0], Vo[1], Vo[2]);
        }
}

//Motor_Off();

while(1)
{
```

```
        }
}
```

5) 소스 설명

아래의 함수는 앞에서 설명한 모바일 로봇이 벡터 방향 속도로 이동하기 위해 세 개의 바퀴의 각각의 속도값을 구하여 모터에 적용해주는 함수이다. 인자값은 각각 x방향 속도, y방향 속도, 회전값이며, 단위는 m/sec와 회전값은 radian 값이다.

```
void OmniSpeedSet(double xdot, double ydot, double psidot)
{
        double v[3];

        v[0] = -0.5*xdot + 0.86603*ydot + L*psidot;     // MOTOR1
        v[1] = -0.5*xdot - 0.86603*ydot + L*psidot;     // MOTOR2
        v[2] = xdot + L*psidot;                         // MOTOR3

        Motor_Speed_Start(v);                           // <— 계산된 속도로 모터를 회전한다.
}
```

아래 함수는 앞에서 설명한 가감속값을 구하는 방법을 소스로 구현해 놓은 것으로, 매 샘플링 시간(10ms)마다 호출되어 x, y, 회전축에 대한 가감속에 따른 속도값 및 위치값을 계산하여 포인터로 넘겨주는 함수이다.

```
void OmniAccConv(double *CurPos, double *Vo)
{
        ...
}
```

아래 함수는 링버퍼를 0으로 clear해주는 함수이다.

```
void OmniAccClear(void)
{
        ...
}
```

현재 모바일 로봇은 10ms 주기의 샘플링 시간으로 동작하고 있으며, 링버퍼는 기본 30으로 하여 사용하고 있다. 이 값은 늘리거나 줄일 수 있으며 로봇의 동작 상황에 따라 달라진다.

다음 함수는 모바일 로봇이 이동을 시작하기 전에 목표 위치값 및 속도를 설정해주는 함수이다.

```
//—————————————————————————
// 이동값 설정
void OmniSetting(double xPos, double yPos, double tPos, double Speed)
{
        int i;
        double tmp[3], maxtmp, tposL;

        // 실제 구동시의 오차값을 보상해준다.
        xPos *=  X_ERROR;
        yPos *=  Y_ERROR;
        tPos *=  T_ERROR;

        // 각도로 회전 거리값을 구한다.
        // L => 로봇의 중심축과 바퀴 사이의 거리
        tposL = 2 * M_PI * L * tPos / 360;

        //—————————————————————————
        // 속도를 구하기 위해 거리값을 +로 바꿔 준다.
        if(xPos < 0)        tmp[0] = -xPos;
        else                tmp[0] = xPos;

        if(yPos < 0)        tmp[1] = -yPos;
        else                tmp[1] = yPos;

        if(tPos < 0)        tmp[2] = -tposL;
        else                tmp[2] = tposL;

        //—————————————————————————
        // 가장 큰 값을 찾는다
        maxtmp = tmp[0];
        for(i=0; i<3; i++)    if(maxtmp < tmp[i])  maxtmp = tmp[i];

        //—————————————————————————
        maxtmp /= Speed; // X, Y, 회전의 도달 시간을 같게 하기 위해서
        // 가장 긴 거리 도달 시간으로 X 축과 , Y축 , 회전의  속도를 다시 구한다.
        for(i=0; i<3; i++)    Voin[i] = tmp[i] / maxtmp;
        //—————————————————————————
        override = 1;        // 속도 가변 시 사용

        // 각도를 radian으로 바꿔준다. (dgree to radian)
        tPos = (tPos / 180) * M_PI;

        //—————————————————————————
        // 목표 거리에 샘플링 시간(10ms)을 나눠 준다.
        // (속도 * 샘플링 시간의 합은 이동 거리)
        gPos[0] = xPos / 0.01;
```

```
        gPos[1] = yPos / 0.01;
        gPos[2] = tPos / 0.01;

        for(i = 0; i<3; i++)
        {
                nPos[i] = 0;            // 현재 속도 적용 위치 =  0
                nCurPos[i] = 0;         // >> 실제 이동 위치 0 <<
        }
}
```

함수의 소스 중 다음 소스는 로봇이 계산식에 의해 이동시 슬립 및 백레쉬 등에 의한 오차가 발생할 경우 이러한 오차를 테스트에 의해 구해진 값으로 보상해주는 부분이다.

```
// 실제 구동시의 오차값을 보상해준다.
xPos *=  X_ERROR;
yPos *=  Y_ERROR;
tPos *=  T_ERROR;
```

아래 소스는 로봇이 이동시 x, y, 회전축의 이동 시간을 동일하게 해주기 위해서 이동거리가 가장 긴 축을 기준으로 각 축의 속도를 다시 구해주는 소스이다.

```
//-----------------------------------------------------
// 속도를 구하기 위해 거리값을 +로 바꿔 준다.
if(xPos < 0)        tmp[0] = -xPos;
else                tmp[0] = xPos;

if(yPos < 0)        tmp[1] = -yPos;
else                tmp[1] = yPos;

if(tPos < 0)        tmp[2] = -tposL;
else                tmp[2] = tposL;

//-----------------------------------------------------
// 가장 큰 값을 찾는다
maxtmp = tmp[0];
for(i=0; i<3; i++)   if(maxtmp < tmp[i])  maxtmp = tmp[i];

//-----------------------------------------------------
maxtmp /= Speed; // X, Y, 회전의 도달 시간을 같게 하기 위해서
// 가장 긴 거리 도달 시간으로 X 축과, Y축, 회전의  속도를 다시 구한다.
for(i=0; i<3; i++)   Voin[i] = tmp[i] / maxtmp;
```

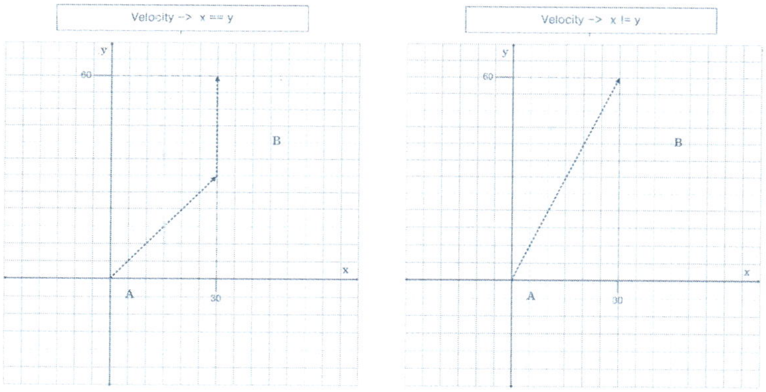

(a) (b)

[그림 10-55] 각 축의 속도를 다시 계산해주지 않을 경우 모바일 로봇이 왼쪽 그림과 같은 이동

만약 각 축의 속도를 다시 계산해주지 않을 경우 모바일 로봇이 [그림 10-55]의 (a)와 같은 이동을 하게 된다. 그러므로 긴 축을 기준으로 각 축의 도착시간이 동일하도록 다시 계산하여 (b)와 같은 이동을 할 수 있도록 해 준 것이다.

로봇의 회전값의 계산 값은 radian값으로 구해지므로 아래 소스에서처럼 입력된 degree 값을 radian으로 변환하여 준다.

```
// 각도를 radian으로 바꿔준다. (dgree to radian)
tPos = (tPos / 180) * M_PI;
```

로봇의 가감속 이동시 속도를 변화시켜 주는 샘플링 시간을 10ms 주기로 하고 있다. 그러므로 아래 소스에서처럼 gPos의 값인 목표 거리일 때의 속도의 합은 xPos에 샘플링 주기를 나누어 준 값과 같다.

```
//──────────────────────────────────
// 목표 거리에 샘플링 시간(10ms)을 나눠 준다.
// (속도 * 샘플링 시간의 합은 이동 거리)
gPos[0] = xPos / 0.01;
gPos[1] = yPos / 0.01;
gPos[2] = tPos / 0.01;
```

다음으로 링버퍼에 넣어준 속도의 합인 nPos와 모터에 적용한 속도의 합인 nCurPos의 값을 0으로 Clear해준다.

```
for(i = 0; i<3; i++)
{
        nPos[i] = 0;        // 현재 속도 적용 위치 = 0
```

```
            nCurPos[i] = 0;      // >> 실제 이동 위치 0 <<
}
```

다음 세 개의 함수는 로봇이 멈춘 상태를 확인하기 위한 함수로, 각각 목표의 거리에 도달하였는지 또는 현재 속도가 0인지를 확인해주는 함수이다.

```
unsigned char OmniMoveCheck(double *CurPos)
{
            ...
}
unsigned char OmniVoCheck(double *Vo)
{
            ...
}
unsigned char OmniStopCheck(double *CurPos, double *Vo)
{
            ...
}
```

다음 함수는 로봇이 이동 중에 속도의 level을 조절해줄 수 있도록 해주는 함수로 정상 속도 1을 기준으로 속도를 50% 줄이는 경우에는 0.5의 값을 넣어주고, 속도를 50% 올릴 경우 1.5의 값을 넣어주는 방법으로 속도를 조절할 수 있다. 이때 속도는 서서히 가감속하여 변화하며, 목표 이동 거리는 변하지 않는다.

```
void OmniSpeedLevel(double level)
{
            ...
}
```

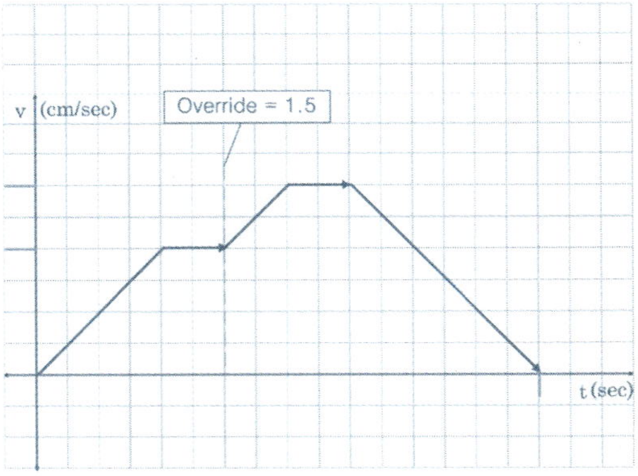

[그림 10-56] 속도의 level을 조절해 주는 함수

다음으로 가감속 이동시 샘플링 주기를 구하기 위한 Timer 설정 및 외부장치 제어를 위한 외부 메모리 설정을 해주는 avr_init() 함수에 대해 알아보도록 하겠다.

```
void avr_init(void)
{
        // TIMER 3번 1ms 주기로 설정
        TCCR3B = 0x0C;  // Clock Select, clk/256 (From prescaler)
        OCR3A = 0x1E;   // (F_CPU / 256 / 1000) - 1;
        TCNT3 = 0x0000; // clear Timer/Counter3

        // TIMER 3번 인터럽트 ENABLE
        ETIMSK |= (1<<OCIE3A);      // enable OC3A interrupt

        // 외부 메모리 설정
        MCUCR = 0x80;
        XMCRA = 0x44;
        XMCRB = 0x80;
}
```

모바일 로보틱스(ED-7275)에서는 가감속 이동시 샘플링 주기를 10ms로 맞추기 위해 avr의 기능 중 타이머 인터럽트(Timer Interrupt)를 사용해 10ms 주기를 맞추어 주고 있다. 이러한 Timer 설정을 위해 ETIMSK, TCCR3B, OCR3A, TCNT3의 레지스터가 사용되는데, 이 레지스터는 모두 타이머 인터럽트(Timer Interrupt) 3에 대한 설정을 해주는 레지스터이다.

타이머 인터럽트(Timer Interrupt) 설정에 대한 상세 내용은 ATmega128의 데이터 북을 참조하도록 하고, 여기서는 타이머 인터럽트(Timer Interrupt) 3이 어떻게 설정 되어 인터럽트를 발생하게 하는지를 살펴보도록 하겠다.

TIMER3의 타운터(Count) 값을 비교하여 일정 주기로 분주하도록 하기 위해 해당 인터럽트를 사용하도록 설정하는 ETIMSK에서 bit4번인 OCIE3A를 1로 설정하여 Timer/Counter3, Output Compare A Match Interrupt Enable를 사용하도록 하였다.

(1) ETIMSK(Extended Timer/Counter Interruot Mask Register)

Bit	7	6	5	4	3	2	1	0	
	–	–	TICIE3	OCIE3A	OCIE3B	TOIE3	OCIE3C	OCIE1C	ETIMSK
Read/Write	R	R	R/W	R/W	R/W	R/W	R/W	R/W	
Initial Value	0	0	0	0	0	0	0	0	

OCIE3A : Timer/Counter3, Output Compare A Match Interrupt Enable

다음으로 TCCR3B 레지스터를 이용해 카운터(Counter)의 클록 분주를 clk/256으로 설정하였다. 현재의 클록이 8MHz이므로 clk/256 = 31.250kHz마다 타이머 카운터 3번이 카운터(Counter)를 하게 된다.

(2) TCCR3B(Timer/Counter3 Control Register B)

Bit	7	6	5	4	3	2	1	0	
	ICNC3	ICES3	–	WGM33	WGM32	CS32	CS31	CS30	TCCR3B
Read/Write	R	R/W	R	R/W	R/W	R/W	R/W	R/W	
Initial Value	0	0	0	0	0	0	0	0	

[표 10–9] CSn2–0선택

CSn2	CSn1	CSn0	De7scription
0	0	0	No clock source.(Timer/Counter stopped)
0	0	1	$clk_{I/O}$/1(No prescaling)
0	1	0	$clk_{I/O}$/8(From prescaler)
0	1	1	$clk_{I/O}$/64(From prescaler)
1	0	0	$clk_{I/O}$/256(From prescaler)
1	0	1	$clk_{I/O}$/1024(From prescaler)
1	1	0	External clock source on Tn pin. Clock on falling edge
1	1	1	External clock source on Tn pin. Clock on risingedge

다음의 OCR3A(Output Compare Registr 3 A) 레지스터는 분주할 카운터(Counter) 비교값이고, TCNT3(Timer/Counter3) 레지스터는 TIMER3의 클록 분주에 따라 발생되고 있는 카운터(Counter)값이다.

OCR3A의 값을 (F_CPU / 256 / 1000)−1로 계산하여 1ms 주기로 설정해 Timer Interrupt 3 Compare Match A에 대한 인터럽트 함수를 1ms 주기마다 호출하도록 설정하였다. 아래 함수명은 컴파일러에 의해 미리 선언된 것이므로 반드시 아래와 같은 함수 형식으로 사용하도록 하자. ISR의 괄호 안에 들어갈 인터럽트 함수의 이름은 C:\WinAVR\avr\include\avr\iom128.h에 선언되어져 있다.

```
ISR(TIMER3_COMPA_vect)
{
        if(Motor_Timer_Cnt > 0) Motor_Timer_Cnt--;
}
```

이 함수 내부에서는 Motor_Timer_Cnt라는 변수값을 0보다 큰 경우에는 계속 다운 카운트(Down Count)가 되도록 하고 있다. 그래서 샘플링 주기인 10ms를 맞추기 위해서는 메인 함수 내에서 Motor_Timer_Cnt의 값에 10값을 넣은 후에 Motor_Timer_ Cnt 변수의 값이 0이 되는지를 기다려 10ms 주기를 발생할 수 있도록 하였다.

다음 소스는 앞에서 설명한 함수들을 토대로 좌표로 이동하는 test main() 함수이다. 다음 소스를 확인하며 Motor_Timer_Cnt의 10ms의 샘플링 주기를 설정하는 방법도 확인해 보도록 하자.

```
// test omni -=-=-=-
int main(void)
{
        double CurPos[3], Vo[3];
        ...

        CurPos[0] = 0;                  // 현재 이동한 거리 = 0
        CurPos[1] = 0;
        CurPos[2] = 0;

        Vo[0] = 0;
        Vo[1] = 0;
        Vo[2] = 0;

        OmniAccClear();                 // 가감속 버퍼를 클리어해준다.
        // X 좌표 0.3m, Y 좌표 0.3m 속도는 0.3m/sec 이동.
        OmniSetting(0.3, 0.3, 0, 0.3);

        while(1){
                if(!Motor_Timer_Cnt)
                {
                        // 샘플링 시간은 10ms 주기로 한다.
                        Motor_Timer_Cnt = 10;

                        // 0. 목표거리에 도달했거나 이동 후
                        // 속도가 0이면 빠져나간다.
                        if(OmniStopCheck(CurPos, Vo) > 0)
                        {
                                break;
                        }
                        // 1.가감속 계산 함수
                        // (실제 이동 거리 = CurPos, 계산된 속도 = Vo)
                        OmniAccConv(CurPos, Vo);
```

```
                    // 2.계산된 속도로 모터 이동
                    OmniSpeedSet(Vo[0], Vo[1], Vo[2]);
            }
        }
        ...
}
```

위 소스는 전방향(Omni-Directional) 및 가감속을 모두 적용하여 좌표로 이동하게 하는 소스이다. 각각의 호출되는 함수의 용도 및 위치를 확인하여 다양한 응용이 가능하도록 하자.

처음 프로그램이 시작하면 OmniAccClear() 함수를 이용해 링버퍼를 모두 삭제(Clear) 해 주고, OmniSetting() 함수를 이용해 이동 거리 및 속도값을 설정한다. 속도 및 이동거리가 설정이 되면 while문으로 loop상태가 되도록 하여 내부에서는 Motor_Timer_ Cnt 변수의 값이 0이 되는지를 확인한다. Motor_Timer_Cnt 값이 0이 되면, 다시 Motor_Timer_Cnt 값을 10으로 변경하여 다시 인터럽트 루틴에서 Down Count 할 수 있도록 하여 10ms의 샘플링 주기를 만들어 준다.

10ms의 샘플링 주기마다 OmniAccConv() 함수에 의해서 x축, y축, 회전에 대한 가감속 값 및 이동거리를 구하고, 계산된 각 축에 대한 속도값을 OmniSpeedSet() 함수를 통하여 세 개의 바퀴에 적용해준다. 각 바퀴에 속도값이 적용이 되면 로봇이 좌표 이동 또는 회전을 하게 되고, OmniStopCheck() 함수에 의해서 목표거리에 도달하였는지 또는 속도가 0으로 떨어졌는지를 체크하여 로봇이 멈추게 된다.

6) 실행 및 확인

1. 제공된 예제 프로그램을 통하여 컴파일 및 다운로드하여 동작 상태를 확인한다.
2. 전방향 휠(Omni-directional wheel) 기본적인 구조를 확인할 수 있으며, 각 모터에 대한 가감속 및 위치 이동에 대한 기본 원리를 확인할 수 있다.
3. 독특한 형태의 전방향(Omni-directional) 구조에 따른 제어방법을 이해할 수 있다.

부록

모바일 로보틱스 참고자료

부록 01 모바일 로보틱스(ED-7275)의 회로도

01 모바일 로보틱스의 메인 제어 보드

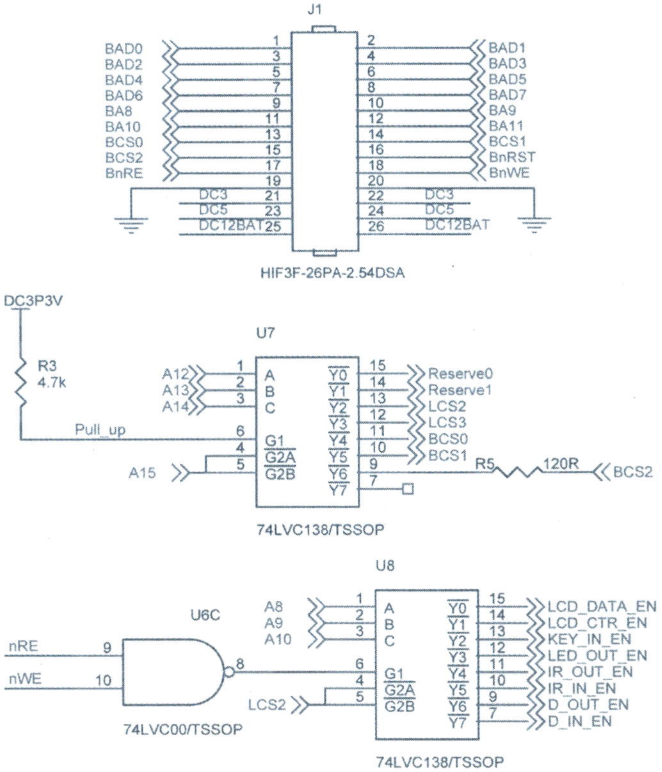

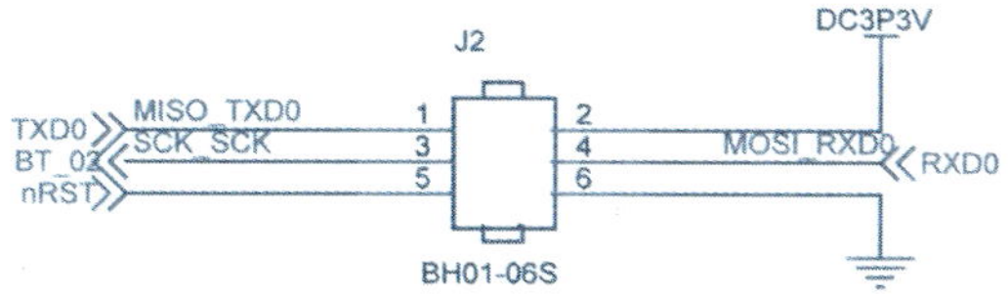
J2
DC3P3V
TXD0
BT_02
nRST
MISO_TXD0
SCK_SCK
MOSI_RXD0
RXD0
BH01-06S

컨넥터 실크네임 : ISP

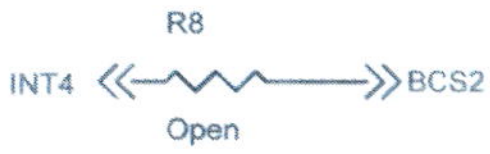
R8
INT4
BCS2
Open

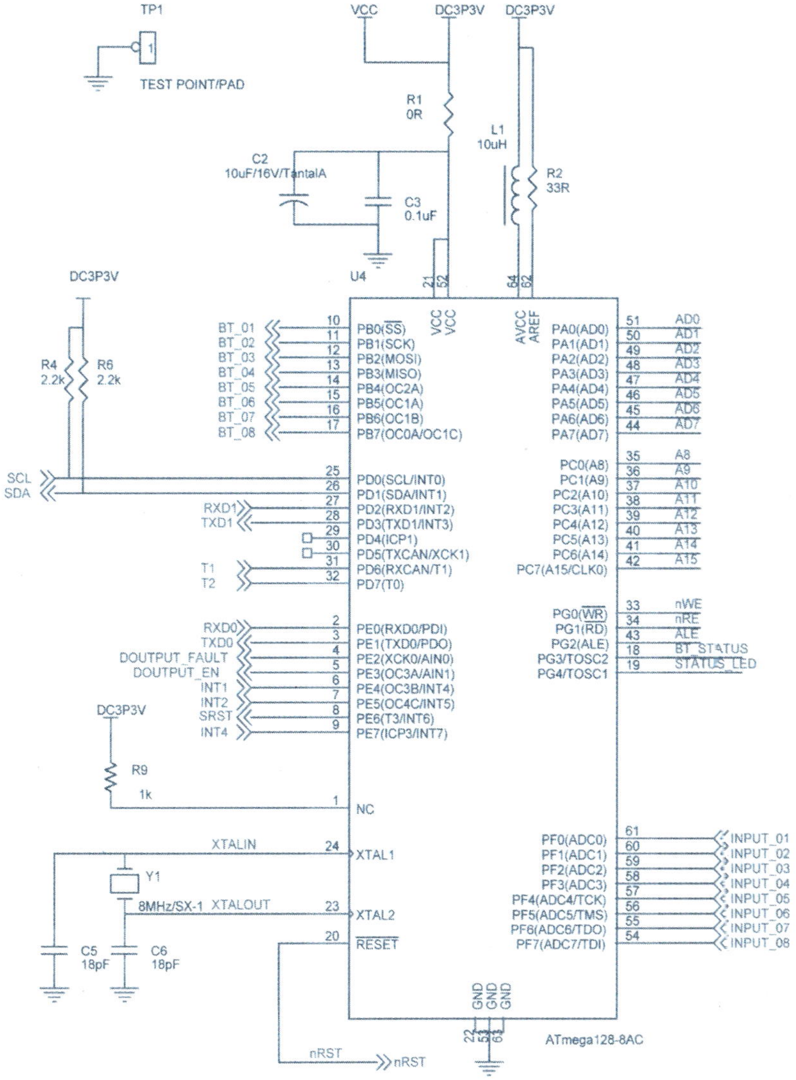
TP1
TEST POINT/PAD
VCC
DC3P3V
R1
0R
C2
10uF/16V/TantalA
C3
0.1uF
L1
10uH
R2
33R
U4
R4
2.2k
R6
2.2k
SCL
SDA
BT_01
BT_02
BT_03
BT_04
BT_05
BT_06
BT_07
BT_08
RXD1
TXD1
T1
T2
RXD0
TXD0
DOUTPUT_FAULT
DOUTPUT_EN
INT1
INT2
SRST
INT4
R9
1k
XTALIN
XTALOUT
Y1
8MHz/SX-1
C5
18pF
C6
18pF
nRST
PB0(SS)
PB1(SCK)
PB2(MOSI)
PB3(MISO)
PB4(OC2A)
PB5(OC1A)
PB6(OC1B)
PB7(OC0A/OC1C)
PD0(SCL/INT0)
PD1(SDA/INT1)
PD2(RXD1/INT2)
PD3(TXD1/INT3)
PD4(ICP1)
PD5(TXCAN/XCK1)
PD6(RXCAN/T1)
PD7(T0)
PE0(RXD0/PDI)
PE1(TXD0/PDO)
PE2(XCK0/AIN0)
PE3(OC3A/AIN1)
PE4(OC3B/INT4)
PE5(OC4C/INT5)
PE6(T3/INT6)
PE7(ICP3/INT7)
NC
XTAL1
XTAL2
RESET
VCC
AVCC
AREF
GND
PA0(AD0)
PA1(AD1)
PA2(AD2)
PA3(AD3)
PA4(AD4)
PA5(AD5)
PA6(AD6)
PA7(AD7)
PC0(A8)
PC1(A9)
PC2(A10)
PC3(A11)
PC4(A12)
PC5(A13)
PC6(A14)
PC7(A15/CLKO)
PG0(WR)
PG1(RD)
PG2(ALE)
PG3/TOSC2
PG4/TOSC1
PF0(ADC0)
PF1(ADC1)
PF2(ADC2)
PF3(ADC3)
PF4(ADC4/TCK)
PF5(ADC5/TMS)
PF6(ADC6/TDO)
PF7(ADC7/TDI)
AD0
AD1
AD2
AD3
AD4
AD5
AD6
AD7
A8
A9
A10
A11
A12
A13
A14
A15
nWE
nRE
ALE
BT_STATUS
STATUS_LED
INPUT_01
INPUT_02
INPUT_03
INPUT_04
INPUT_05
INPUT_06
INPUT_07
INPUT_08
ATmega128-8AC

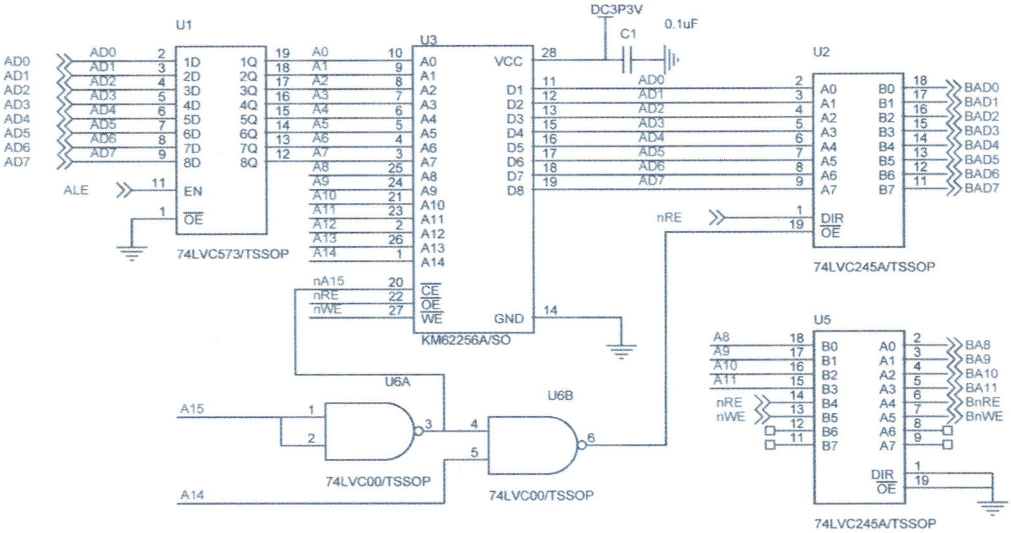
U1
74LVC573/TSSOP
AD0
AD1
AD2
AD3
AD4
AD5
AD6
AD7
ALE
EN
OE
1D 2D 3D 4D 5D 6D 7D 8D
1Q 2Q 3Q 4Q 5Q 6Q 7Q 8Q
U3
KM62256A/SO
VCC
GND
CE
OE
WE
A0 A1 A2 A3 A4 A5 A6 A7 A8 A9 A10 A11 A12 A13 A14
D1 D2 D3 D4 D5 D6 D7 D8
nA15
nRE
nWE
DC3P3V
C1
0.1uF
U2
74LVC245A/TSSOP
DIR
BAD0
BAD1
BAD2
BAD3
BAD4
BAD5
BAD6
BAD7
U5
74LVC245A/TSSOP
BA8
BA9
BA10
BA11
BnRE
BnWE
U6A
U6B
A15
A14
74LVC00/TSSOP
74LVC00/TSSOP

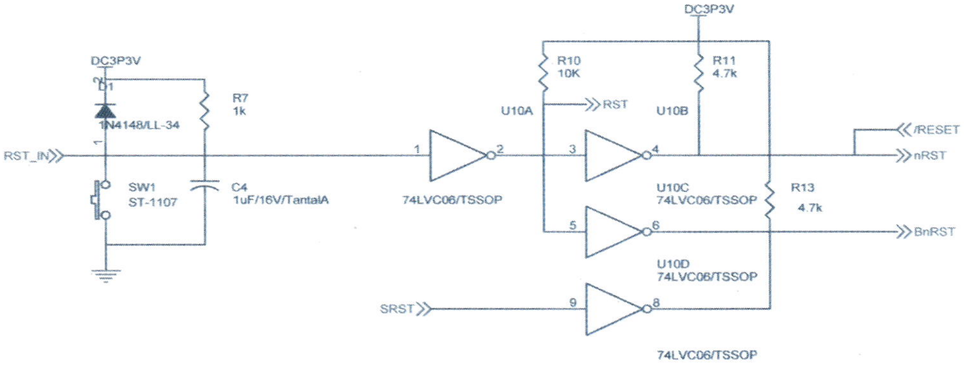
DC3P3V
D1
1N4148/LL-34
R7
1k
RST_IN
SW1
ST-1107
C4
1uF/16V/TantalA
74LVC06/TSSOP
U10A
RST
R10
10K
R11
4.7k
U10B
/RESET
nRST
U10C
74LVC06/TSSOP
R13
4.7k
BnRST
U10D
74LVC06/TSSOP
SRST
74LVC06/TSSOP

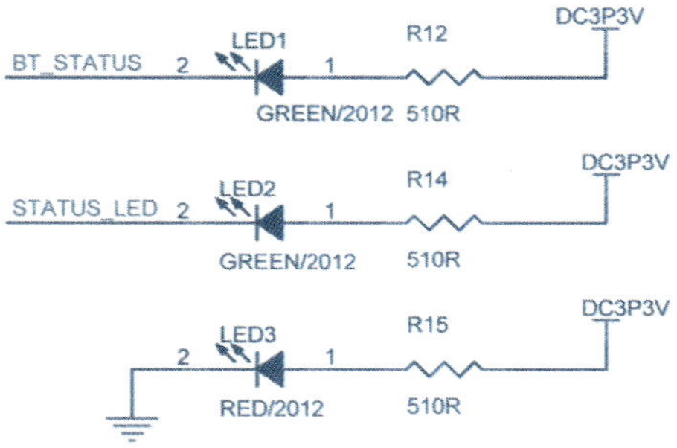
BT_STATUS
LED1
GREEN/2012
R12
510R
DC3P3V
STATUS_LED
LED2
GREEN/2012
R14
510R
DC3P3V
LED3
RED/2012
R15
510R
DC3P3V

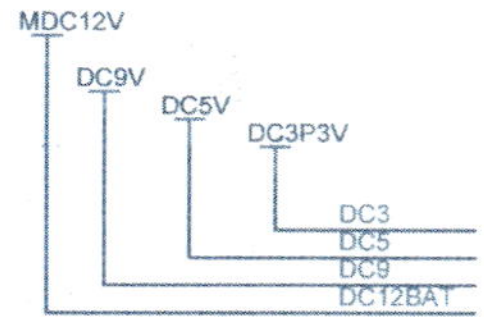
MDC12V
DC9V
DC5V
DC3P3V
DC3
DC5
DC9
DC12BAT

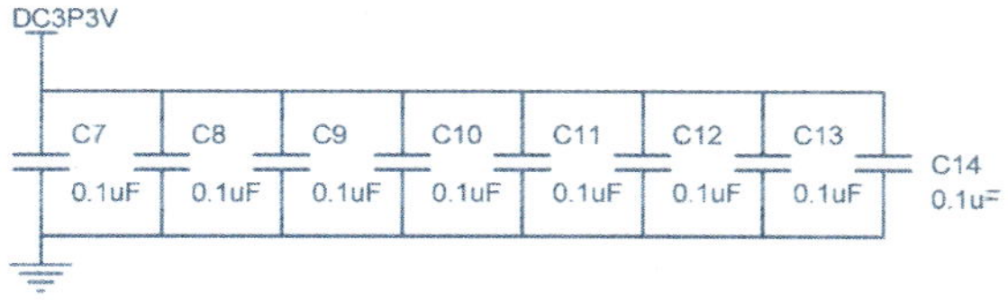
DC3P3V
C7 0.1uF
C8 0.1uF
C9 0.1uF
C10 0.1uF
C11 0.1uF
C12 0.1uF
C13 0.1uF
C14 0.1uF

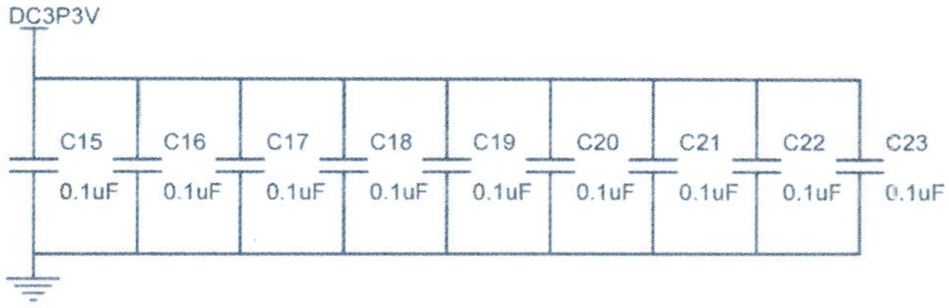
DC3P3V
C15 0.1uF
C16 0.1uF
C17 0.1uF
C18 0.1uF
C19 0.1uF
C20 0.1uF
C21 0.1uF
C22 0.1uF
C23 0.1uF

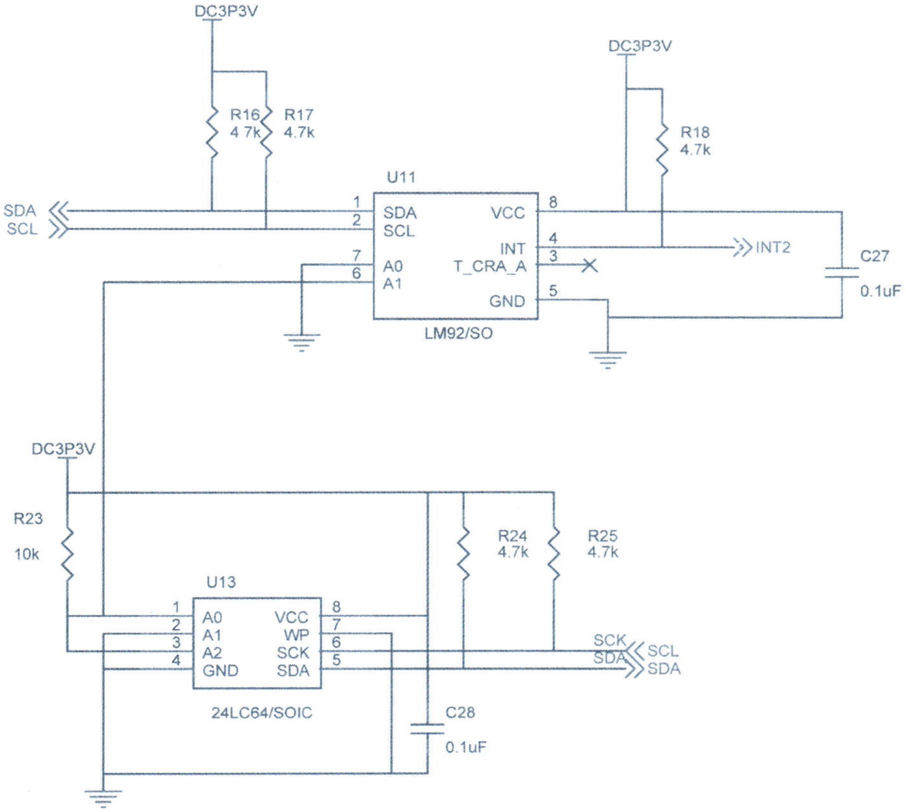
DC3P3V
R16 4.7k
R17 4.7k
DC3P3V
R18 4.7k
U11
SDA
SCL
1 SDA
2 SCL
7 A0
6 A1
VCC 8
INT 4
T_CRA_A 3
GND 5
INT2
C27 0.1uF
LM92/SO
DC3P3V
R23 10k
R24 4.7k
R25 4.7k
U13
1 A0
2 A1
3 A2
4 GND
VCC 8
WP 7
SCK 6
SDA 5
SCK
SDA
SCL
SDA
24LC64/SOIC
C28 0.1uF

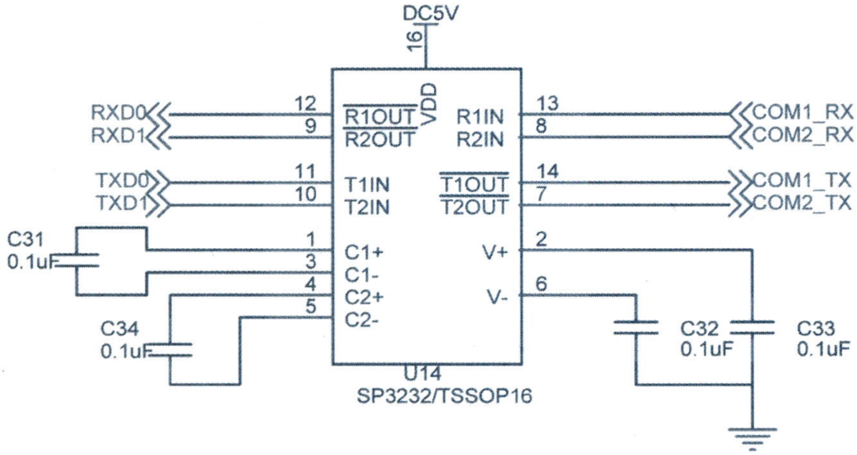
DC5V
16
VDD
RXD0
RXD1
12
9
R1OUT
R2OUT
R1IN
R2IN
13
8
COM1_RX
COM2_RX
TXD0
TXD1
11
10
T1IN
T2IN
T1OUT
T2OUT
14
7
COM1_TX
COM2_TX
C31
0.1uF
1
3
4
5
C1+
C1-
C2+
C2-
V+
V-
2
6
C34
0.1uF
C32
0.1uF
C33
0.1uF
U14
SP3232/TSSOP16

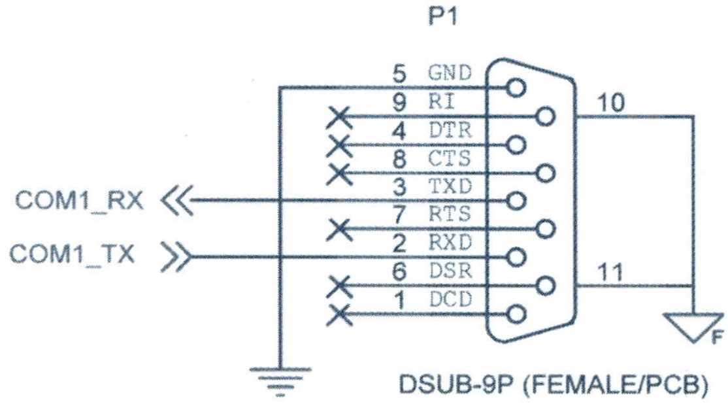
P1
5 GND
9 RI
4 DTR
8 CTS
3 TXD
7 RTS
2 RXD
6 DSR
1 DCD
10
11
COM1_RX
COM1_TX
F
DSUB-9P (FEMALE/PCB)

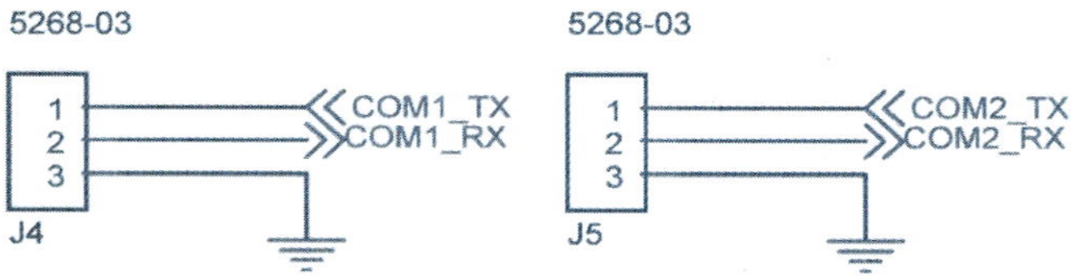
5268-03
1
2
3
COM1_TX
COM1_RX
J4
5268-03
1
2
3
COM2_TX
COM2_RX
J5

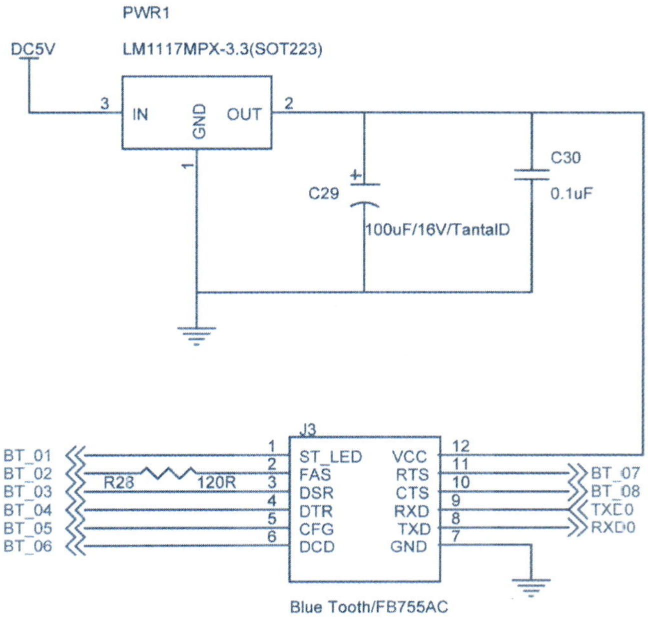
PWR1
DC5V
LM1117MPX-3.3(SOT223)
IN
GND
OUT
C29
100uF/16V/TantalD
C30
0.1uF
J3
BT_01
BT_02
BT_03
BT_04
BT_05
BT_06
R28
120R
ST_LED
FAS
DSR
DTR
CFG
DCD
VCC
RTS
CTS
RXD
TXD
GND
BT_07
BT_08
TXD0
RXD0
Blue Tooth/FB755AC

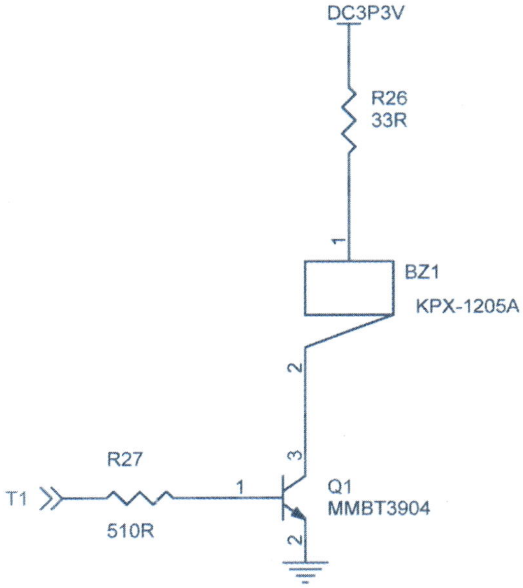
DC3P3V
R26
33R
BZ1
KPX-1205A
R27
T1
510R
Q1
MMBT3904

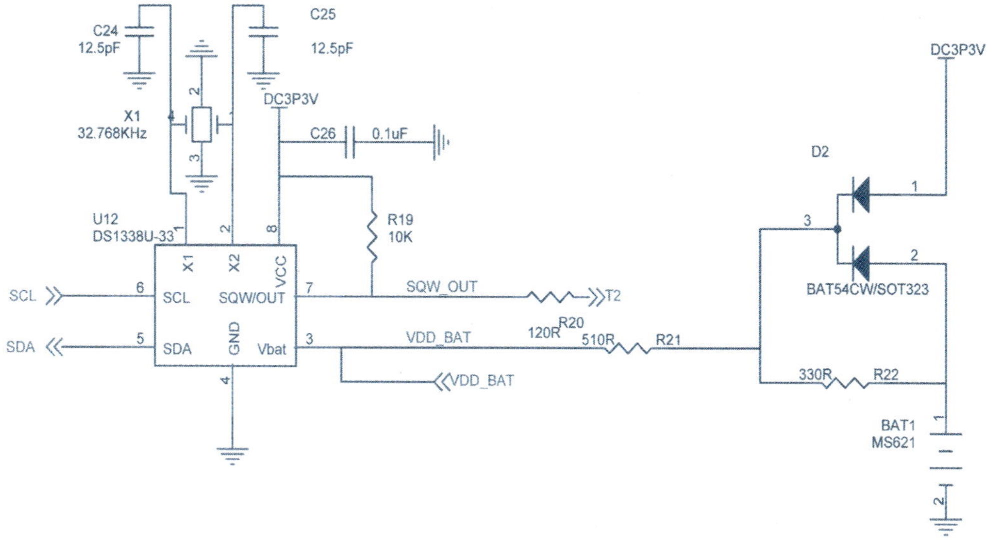
C24
12.5pF
C25
12.5pF
X1
32.768KHz
DC3P3V
C26
0.1uF
U12
DS1338U-33
R19
10K
X1
X2
VCC
SCL
SQW/OUT
SDA
GND
Vbat
SQW_OUT
T2
VDD_BAT
120R
R20
510R
R21
VDD_BAT
D2
BAT54CW/SOT323
DC3P3V
330R
R22
BAT1
MS621

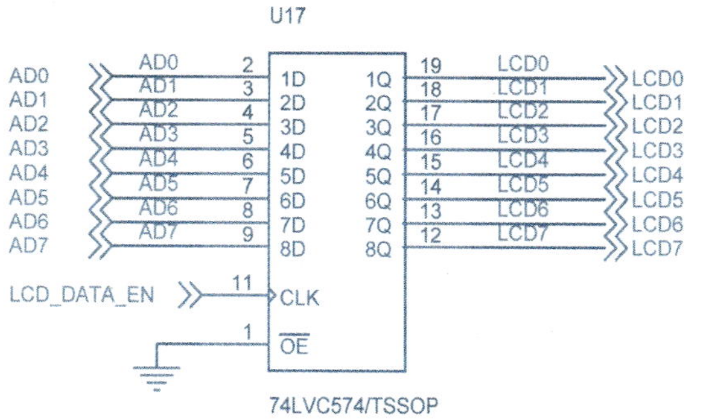
U17
AD0
AD1
AD2
AD3
AD4
AD5
AD6
AD7
1D 2D 3D 4D 5D 6D 7D 8D
1Q 2Q 3Q 4Q 5Q 6Q 7Q 8Q
LCD0
LCD1
LCD2
LCD3
LCD4
LCD5
LCD6
LCD7
LCD_DATA_EN
CLK
OE
74LVC574/TSSOP

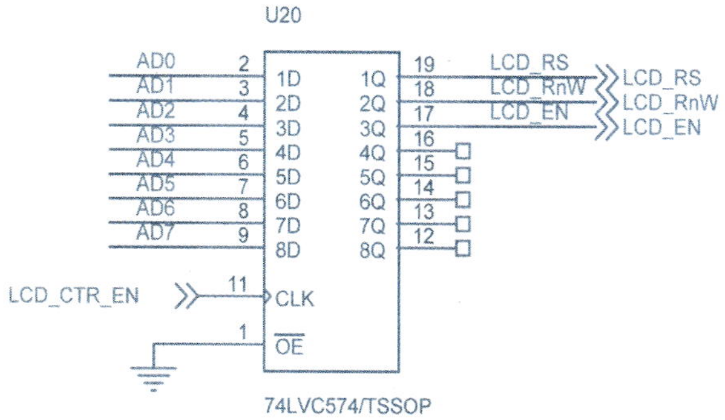
U20
AD0
AD1
AD2
AD3
AD4
AD5
AD6
AD7
1D 2D 3D 4D 5D 6D 7D 8D
1Q 2Q 3Q 4Q 5Q 6Q 7Q 8Q
LCD_RS
LCD_RnW
LCD_EN
LCD_CTR_EN
CLK
OE
74LVC574/TSSOP

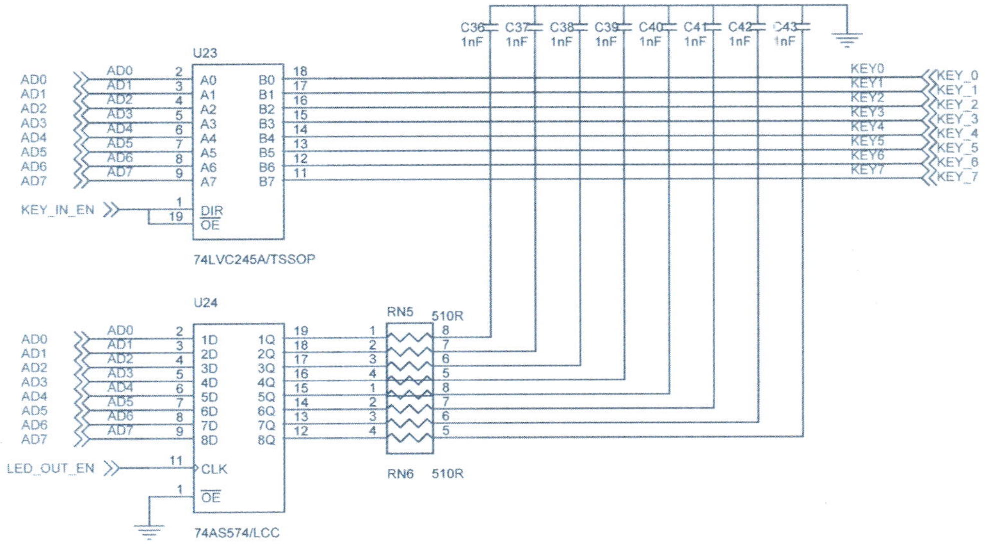
C36 C37 C38 C39 C40 C41 C42 C43
1nF 1nF 1nF 1nF 1nF 1nF 1nF 1nF
U23
AD0 AD1 AD2 AD3 AD4 AD5 AD6 AD7
A0 A1 A2 A3 A4 A5 A6 A7
B0 B1 B2 B3 B4 B5 B6 B7
KEY0 KEY1 KEY2 KEY3 KEY4 KEY5 KEY6 KEY7
KEY_0 KEY_1 KEY_2 KEY_3 KEY_4 KEY_5 KEY_6 KEY_7
KEY_IN_EN
DIR
OE
74LVC245A/TSSOP
U24
1D 2D 3D 4D 5D 6D 7D 8D
1Q 2Q 3Q 4Q 5Q 6Q 7Q 8Q
RN5 510R
RN6 510R
LED_OUT_EN
CLK
OE
74AS574/LCC

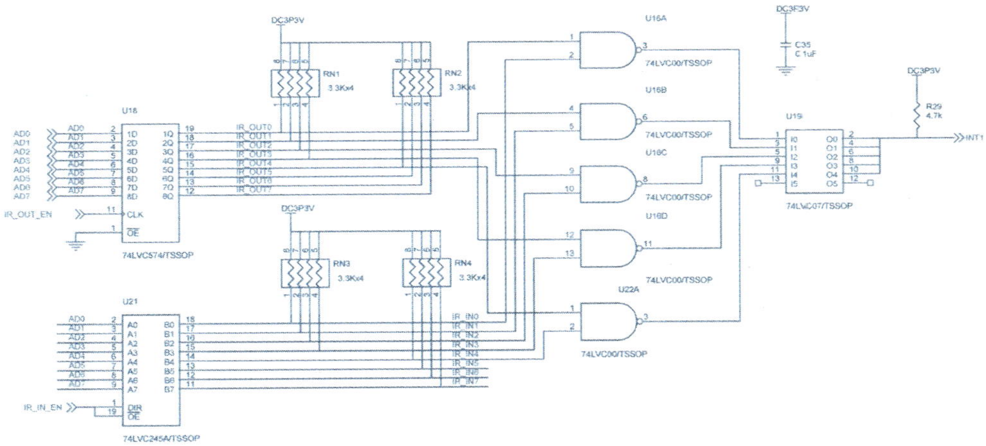
DC3P3V
RN1 3.3Kx4
RN2 3.3Kx4
RN3 3.3Kx4
RN4 3.3Kx4
U18
74LVC574/TSSOP
IR_OUT_EN
U21
74LVC245A/TSSOP
IR_IN_EN
U16A U16B U16C U16D
74LVC00/TSSOP
U22A
C35 0.1uF
R29 4.7k
U19
74LVC07/TSSOP
INT1

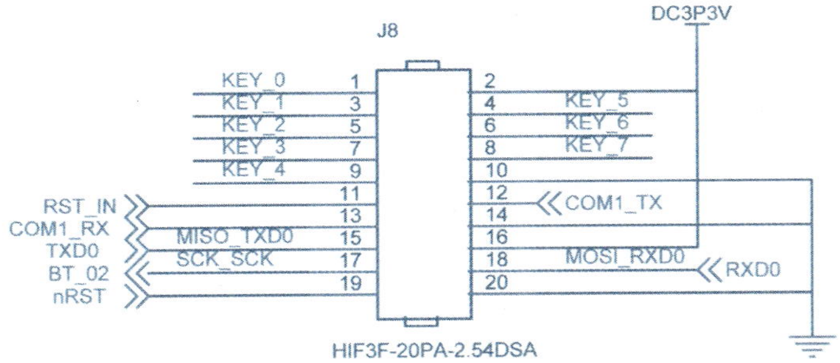
J8
DC3P3V
KEY_0 KEY_1 KEY_2 KEY_3 KEY_4
KEY_5 KEY_6 KEY_7
RST_IN
COM1_RX
TXD0
BT_02
nRST
MISO_TXD0
SCK_SCK
COM1_TX
MOSI_RXD0
RXD0
HIF3F-20PA-2.54DSA

부록

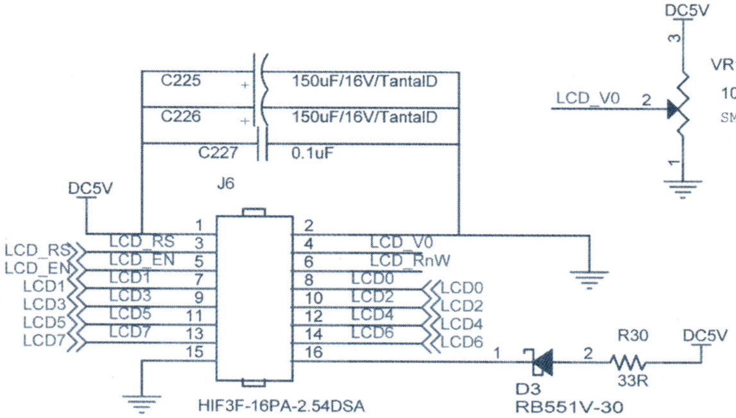
DC5V
VR1
10k
SMD
LCD_V0
C225
150uF/16V/TantalD
C226
150uF/16V/TantalD
C227
0.1uF
DC5V
J6
LCD_RS
LCD_EN
LCD1
LCD3
LCD5
LCD7
LCD_V0
LCD_RnW
LCD0
LCD2
LCD4
LCD6
R30
DC5V
33R
D3
RB551V-30
HIF3F-16PA-2.54DSA

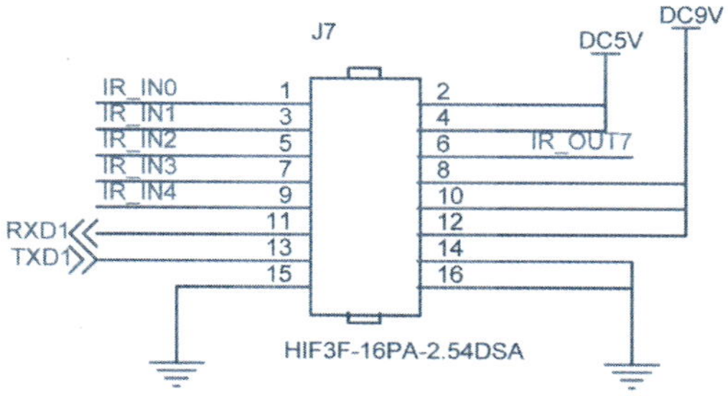
J7
DC5V
DC9V
IR_IN0
IR_IN1
IR_IN2
IR_IN3
IR_IN4
IR_OUT7
RXD1
TXD1
HIF3F-16PA-2.54DSA

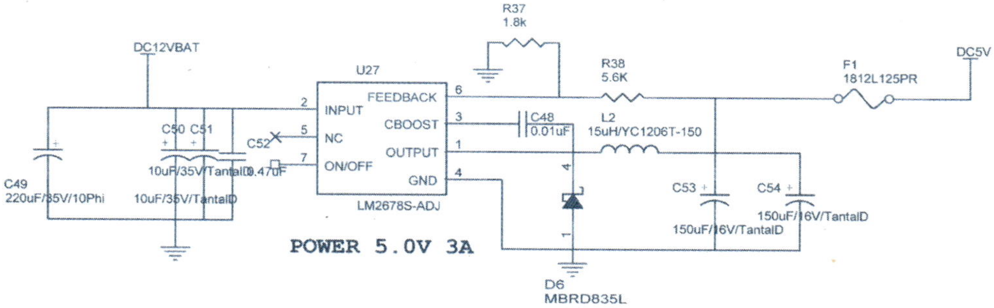
R37
1.8k
DC12VBAT
U27
R38
5.6K
F1
1812L125PR
DC5V
INPUT
FEEDBACK
CBOOST
NC
OUTPUT
ON/OFF
GND
C48
0.01uF
L2
15uH/YC1206T-150
C50 C51
C52
10uF/35V/TantalD
0.47uF
C49
220uF/35V/10Phi
10uF/35V/TantalD
LM2678S-ADJ
C53
C54
150uF/16V/TantalD
150uF/16V/TantalD
POWER 5.0V 3A
D6
MBRD835L

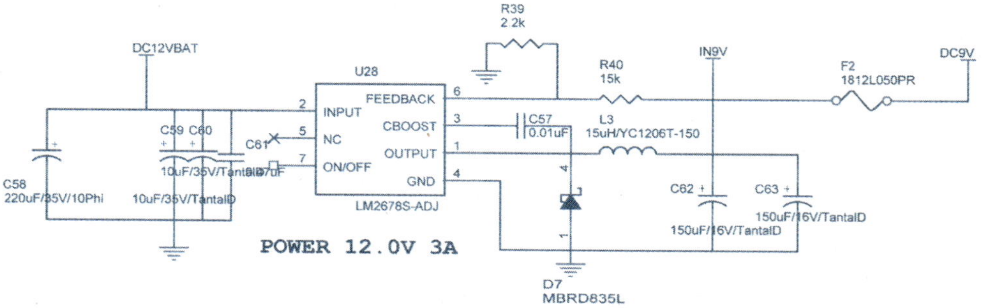
R39
2.2k
DC12VBAT
U28
R40
15k
IN9V
F2
1812L050PR
DC9V
INPUT
FEEDBACK
CBOOST
NC
OUTPUT
ON/OFF
GND
C57
0.01uF
L3
15uH/YC1206T-150
C59 C60
C61
10uF/35V/TantalD
0.47uF
C58
220uF/35V/10Phi
10uF/35V/TantalD
LM2678S-ADJ
C62
C63
150uF/16V/TantalD
150uF/16V/TantalD
POWER 12.0V 3A
D7
MBRD835L

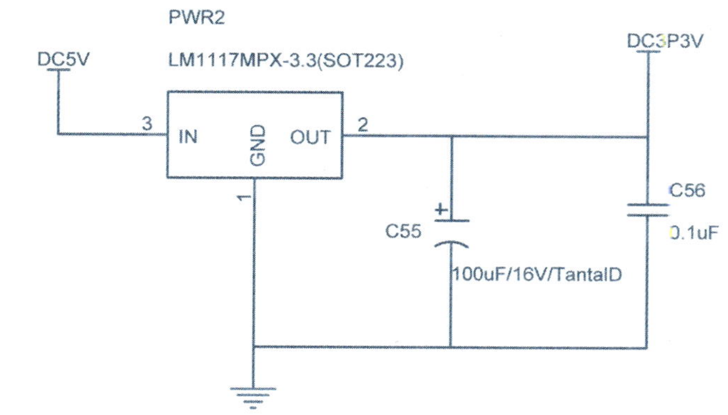
PWR2
LM1117MPX-3.3(SOT223)
DC5V
DC3P3V
3
IN
GND
OUT
2
1
C55
100uF/16V/TantalD
C56
0.1uF

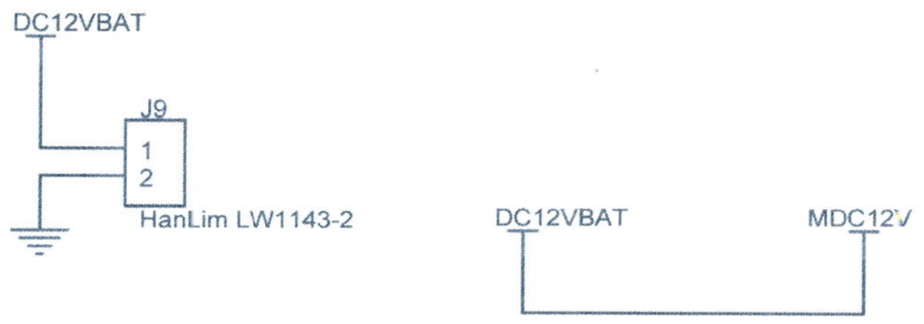
DC12VBAT
J9
1
2
HanLim LW1143-2
DC12VBAT
MDC12V

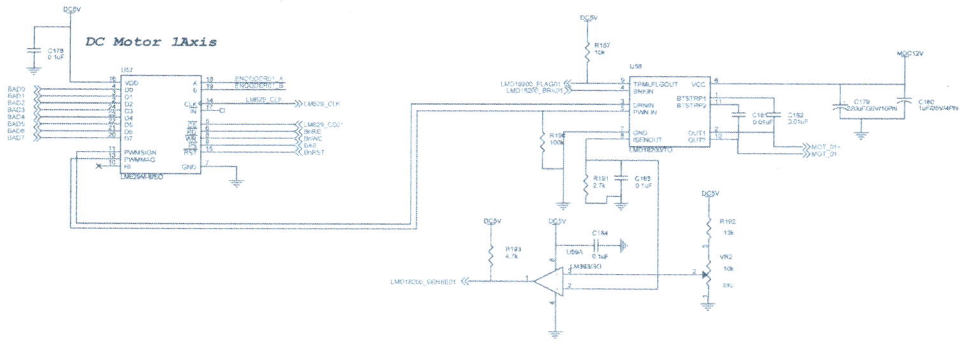
DC Motor 1Axis

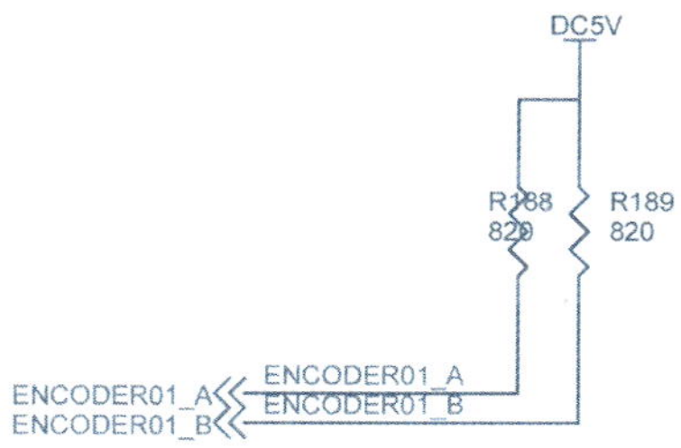
DC5V
R188
820
R189
820
ENCODER01_A
ENCODER01_B
ENCODER01_A
ENCODER01_B

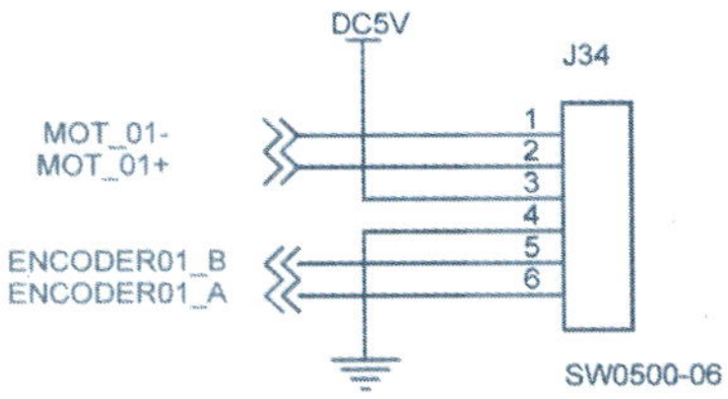
DC5V
J34
MOT_01-
MOT_01+
1
2
3
4
5
6
ENCODER01_B
ENCODER01_A
SW0500-06

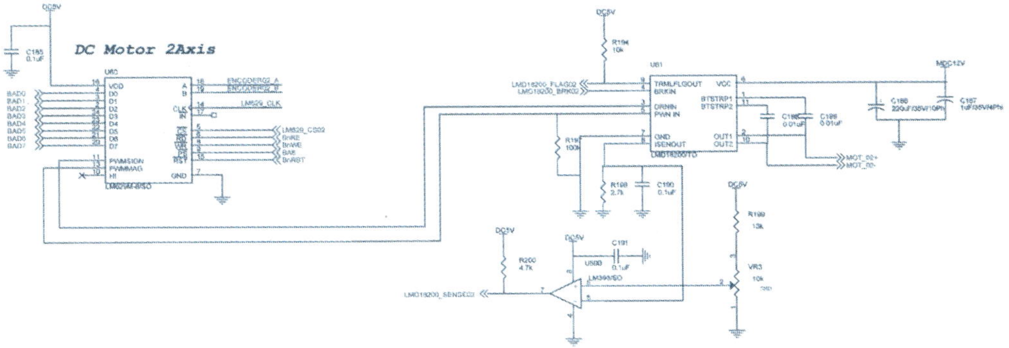
DC Motor 2Axis

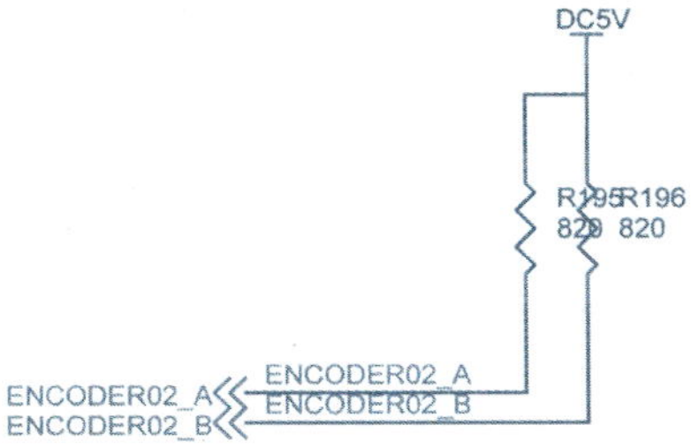
DC5V
R195
820
R196
820
ENCODER02_A
ENCODER02_B
ENCODER02_A
ENCODER02_B

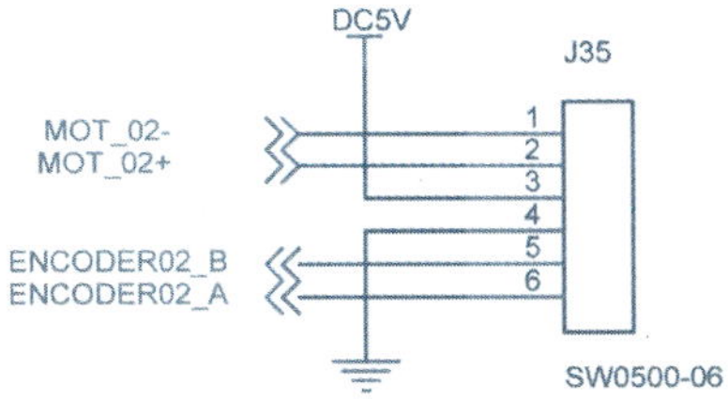
DC5V
J35
MOT_02-
MOT_02+
1
2
3
4
5
6
ENCODER02_B
ENCODER02_A
SW0500-06

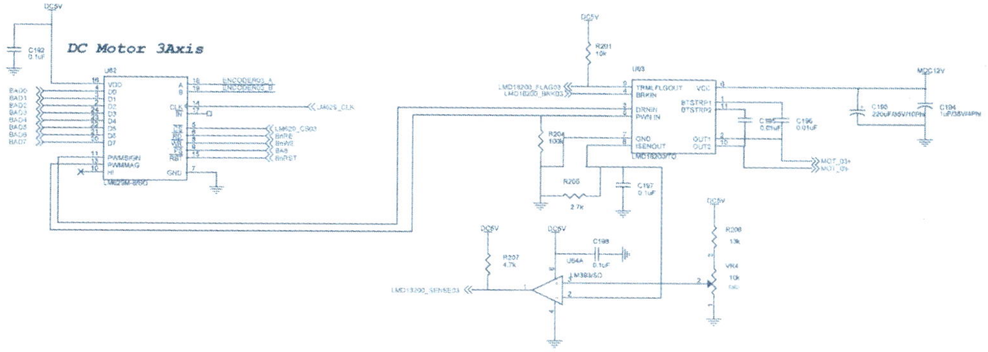
DC Motor 3Axis
DC5V

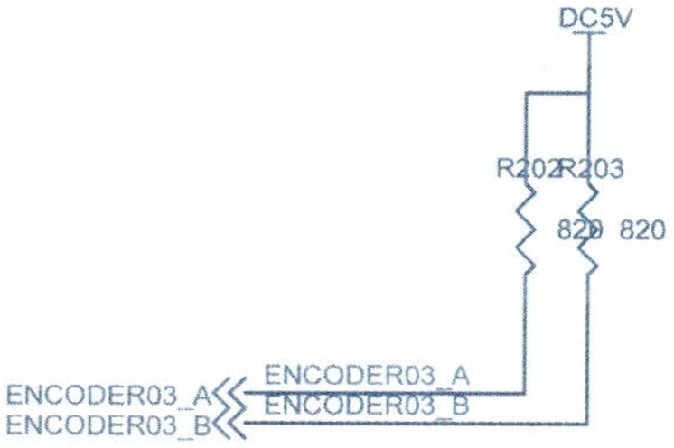
DC5V
R202
R203
820
820
ENCODER03_A
ENCODER03_B
ENCODER03_A
ENCODER03_B

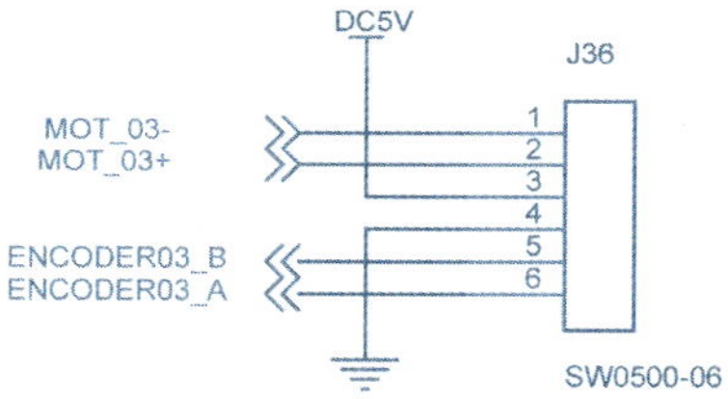
DC5V
J36
MOT_03-
MOT_03+
ENCODER03_B
ENCODER03_A
1
2
3
4
5
6
SW0500-06

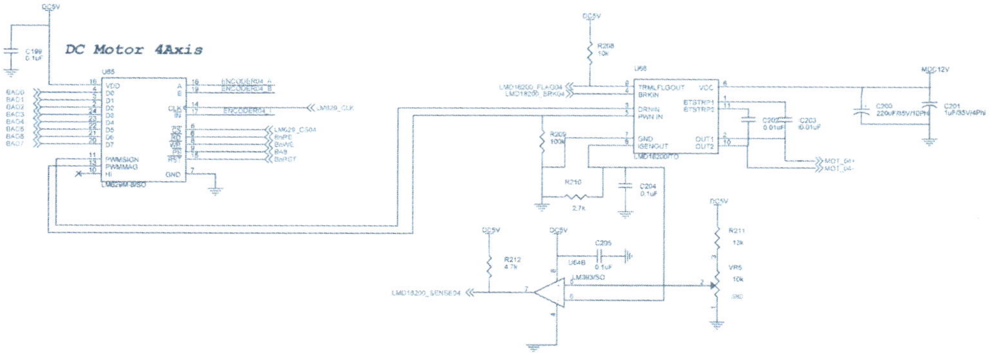
DC Motor 4Axis
DC5V

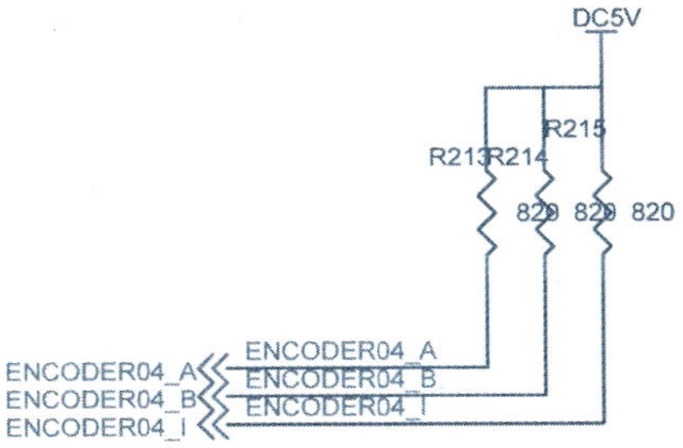
DC5V
R213
R214
R215
820
820
820
ENCODER04_A
ENCODER04_B
ENCODER04_I
ENCODER04_A
ENCODER04_B
ENCODER04_I

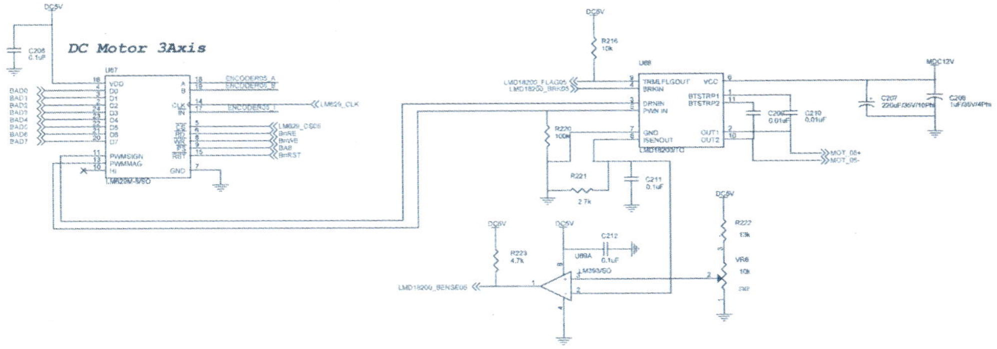
DC Motor 3Axis
DC5V
MDC12V

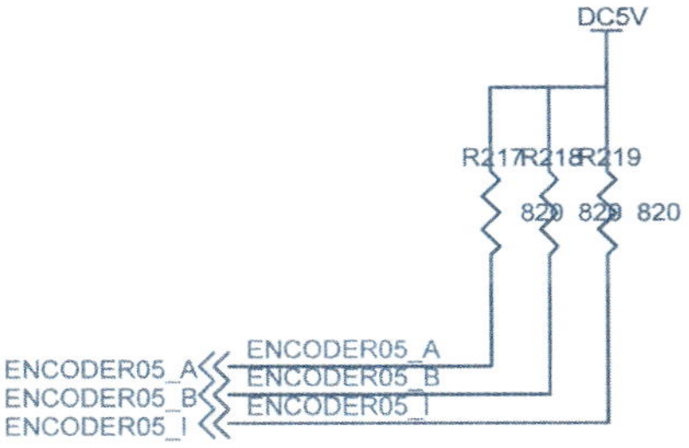
DC5V
R217
R218
R219
820
820
820
ENCODER05_A
ENCODER05_B
ENCODER05_I
ENCODER05_A
ENCODER05_B
ENCODER05_I

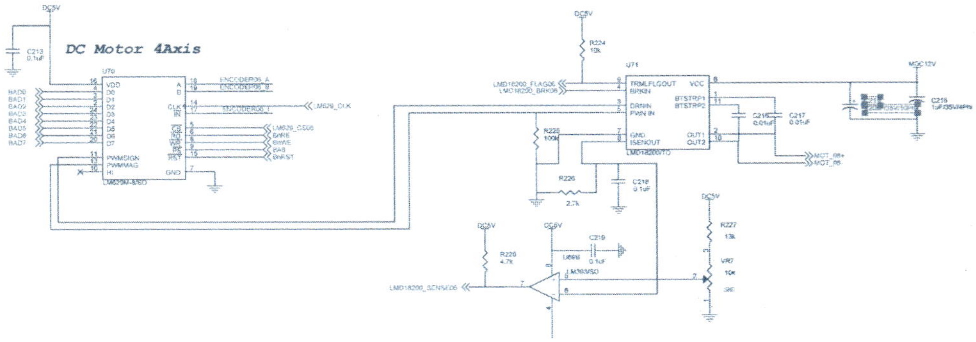
DC Motor 4Axis
DC5V
MDC12V

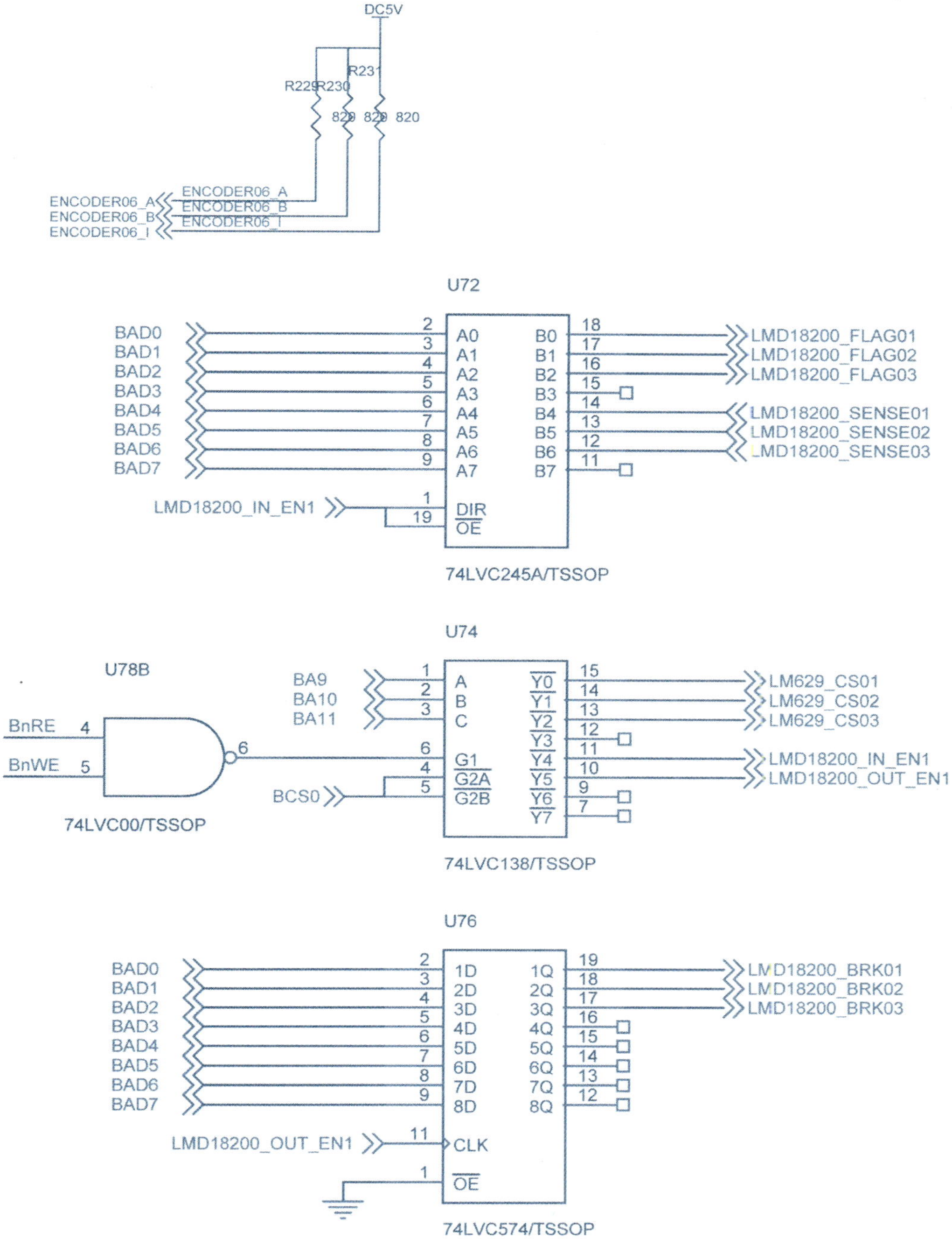
DC5V
R229 R230 R231
820 820 820
ENCODER06_A
ENCODER06_B
ENCODER06_I
U72
BAD0 BAD1 BAD2 BAD3 BAD4 BAD5 BAD6 BAD7
A0 A1 A2 A3 A4 A5 A6 A7
B0 B1 B2 B3 B4 B5 B6 B7
DIR OE
LMD18200_IN_EN1
LMD18200_FLAG01
LMD18200_FLAG02
LMD18200_FLAG03
LMD18200_SENSE01
LMD18200_SENSE02
LMD18200_SENSE03
74LVC245A/TSSOP
U74
U78B
BnRE
BnWE
74LVC00/TSSOP
BA9 BA10 BA11
BCS0
A B C G1 G2A G2B
Y0 Y1 Y2 Y3 Y4 Y5 Y6 Y7
LM629_CS01
LM629_CS02
LM629_CS03
LMD18200_IN_EN1
LMD18200_OUT_EN1
74LVC138/TSSOP
U76
BAD0 BAD1 BAD2 BAD3 BAD4 BAD5 BAD6 BAD7
1D 2D 3D 4D 5D 6D 7D 8D
1Q 2Q 3Q 4Q 5Q 6Q 7Q 8Q
CLK OE
LMD18200_OUT_EN1
LMD18200_BRK01
LMD18200_BRK02
LMD18200_BRK03
74LVC574/TSSOP

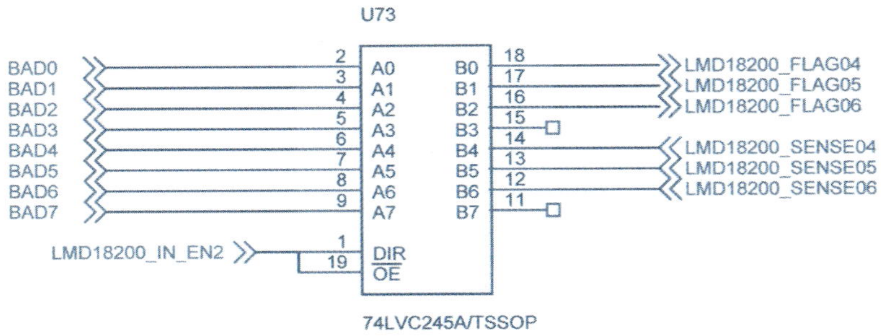
U73
BAD0
BAD1
BAD2
BAD3
BAD4
BAD5
BAD6
BAD7
LMD18200_IN_EN2
A0 A1 A2 A3 A4 A5 A6 A7
DIR
OE
B0 B1 B2 B3 B4 B5 B6 B7
LMD18200_FLAG04
LMD18200_FLAG05
LMD18200_FLAG06
LMD18200_SENSE04
LMD18200_SENSE05
LMD18200_SENSE06
74LVC245A/TSSOP

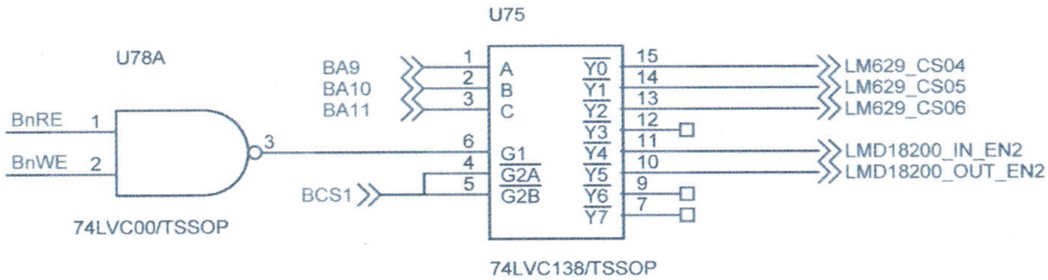
U78A
BnRE
BnWE
74LVC00/TSSOP
U75
BA9
BA10
BA11
BCS1
A B C
G1 G2A G2B
Y0 Y1 Y2 Y3 Y4 Y5 Y6 Y7
LM629_CS04
LM629_CS05
LM629_CS06
LMD18200_IN_EN2
LMD18200_OUT_EN2
74LVC138/TSSOP

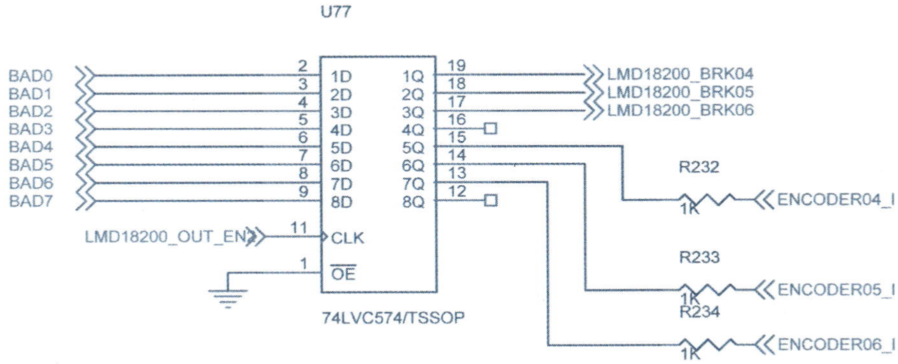
U77
BAD0
BAD1
BAD2
BAD3
BAD4
BAD5
BAD6
BAD7
LMD18200_OUT_EN2
1D 2D 3D 4D 5D 6D 7D 8D
CLK
OE
1Q 2Q 3Q 4Q 5Q 6Q 7Q 8Q
LMD18200_BRK04
LMD18200_BRK05
LMD18200_BRK06
R232
1K
ENCODER04_I
R233
1K
ENCODER05_I
R234
1K
ENCODER06_I
74LVC574/TSSOP

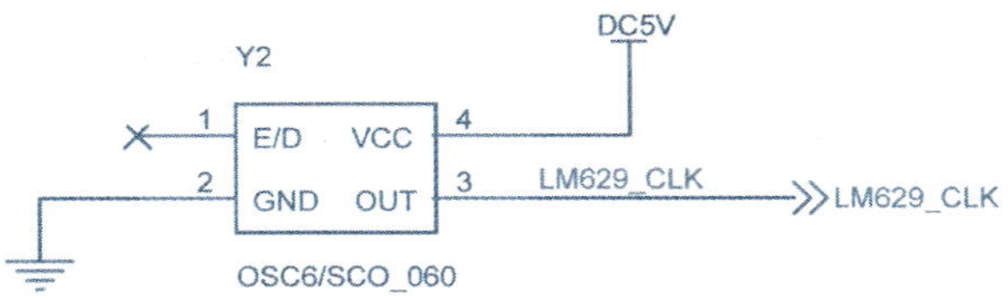
DC5V
Y2
E/D
VCC
GND
OUT
LM629_CLK
LM629_CLK
OSC6/SCO_060

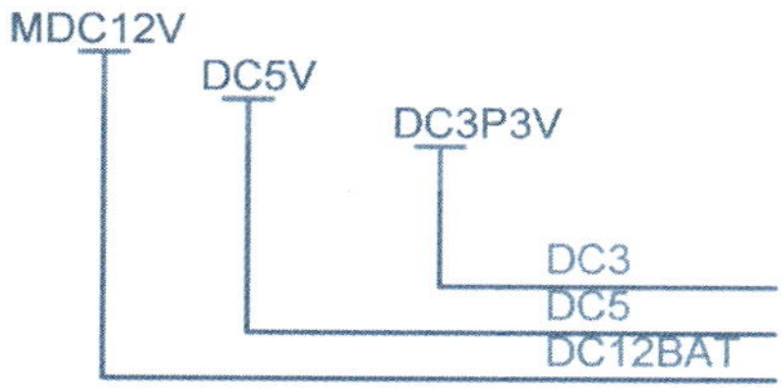
MDC12V
DC5V
DC3P3V
DC3
DC5
DC12BAT

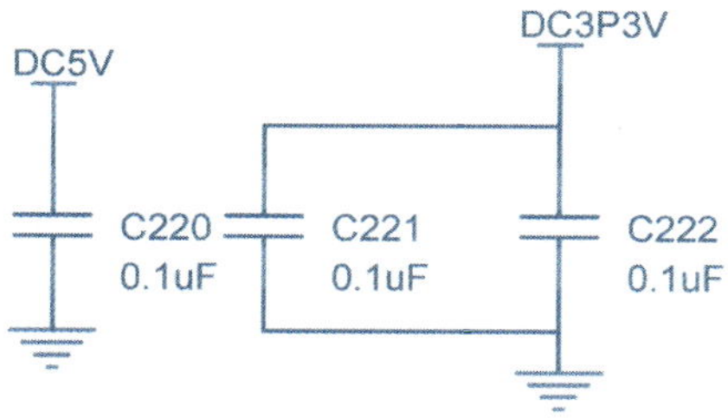
DC5V
DC3P3V
C220
0.1uF
C221
0.1uF
C222
0.1uF

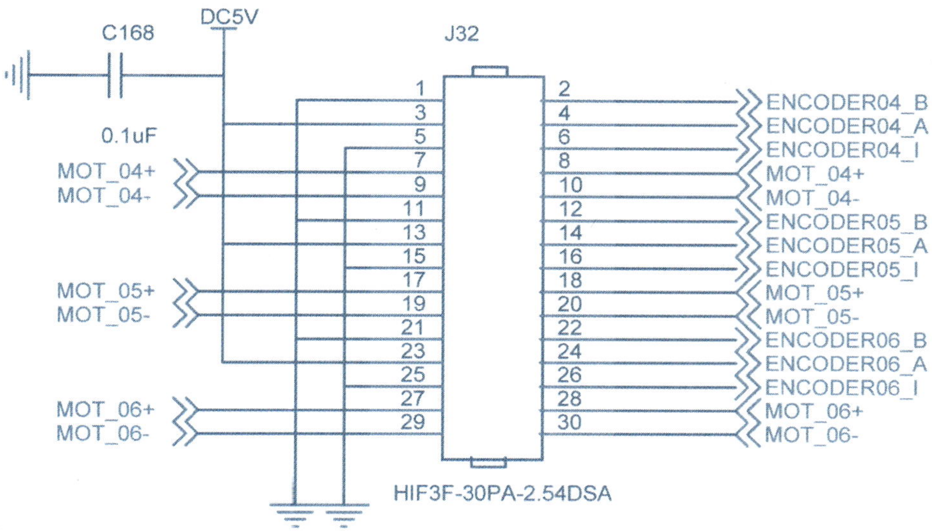
C168
0.1uF
DC5V
J32
MOT_04+
MOT_04-
MOT_05+
MOT_05-
MOT_06+
MOT_06-
ENCODER04_B
ENCODER04_A
ENCODER04_I
MOT_04+
MOT_04-
ENCODER05_B
ENCODER05_A
ENCODER05_I
MOT_05+
MOT_05-
ENCODER06_B
ENCODER06_A
ENCODER06_I
MOT_06+
MOT_06-
HIF3F-30PA-2.54DSA

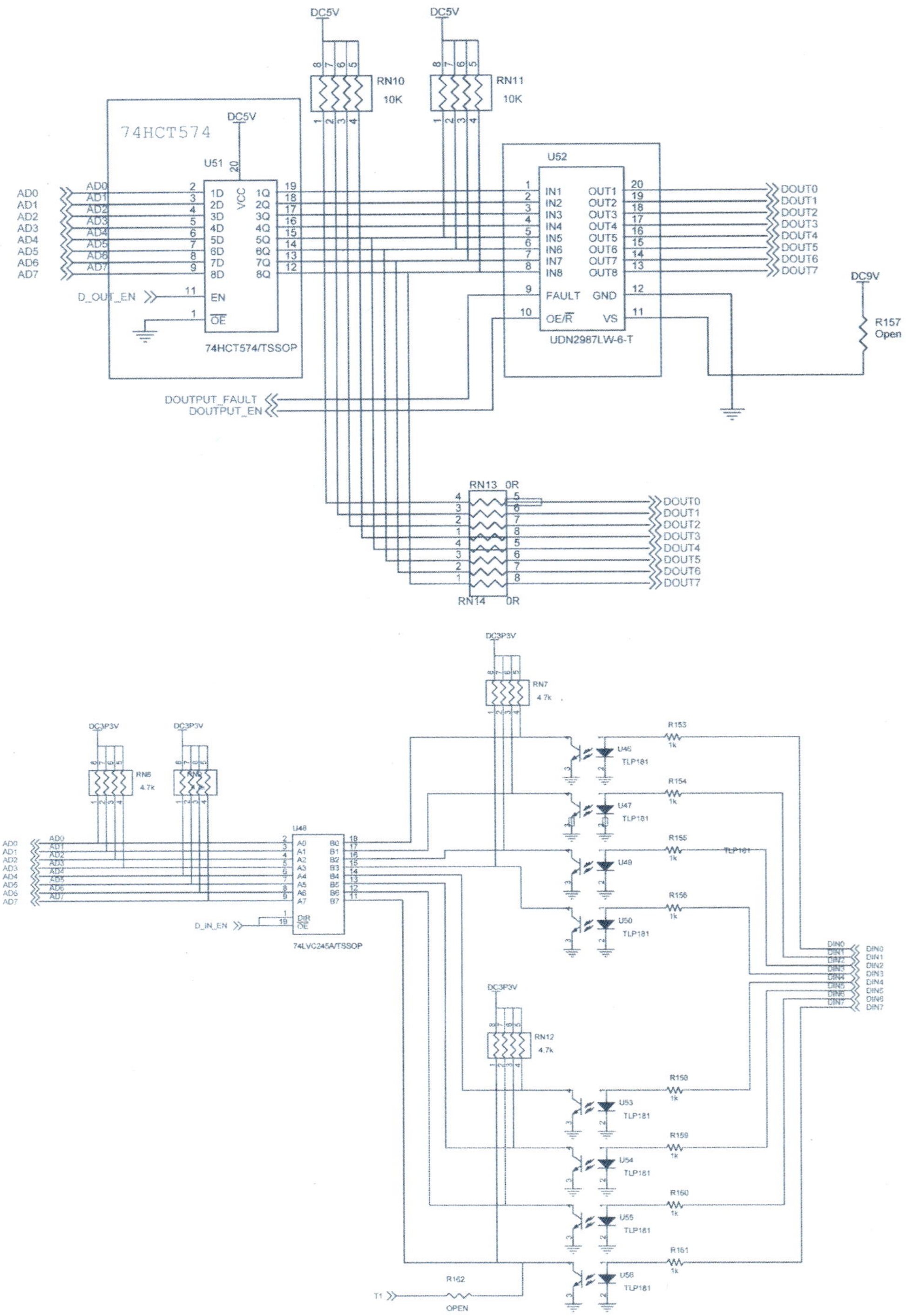
DC5V
RN10
10K
RN11
10K
74HCT574
U51
VCC
AD0
AD1
AD2
AD3
AD4
AD5
AD6
AD7
1D
2D
3D
4D
5D
6D
7D
8D
1Q
2Q
3Q
4Q
5Q
6Q
7Q
8Q
D_OUT_EN
EN
OE
74HCT574/TSSOP
U52
IN1
IN2
IN3
IN4
IN5
IN6
IN7
IN8
OUT1
OUT2
OUT3
OUT4
OUT5
OUT6
OUT7
OUT8
FAULT
GND
OE/R
VS
UDN2987LW-6-T
DOUT0
DOUT1
DOUT2
DOUT3
DOUT4
DOUT5
DOUT6
DOUT7
DC9V
R157
Open
DOUTPUT_FAULT
DOUTPUT_EN
RN13 0R
RN14 0R
DC3P3V
RN7
4.7k
RN8
4.7k
RN12
4.7k
U48
DIR
OE
D_IN_EN
74LVC245A/TSSOP
TLP181
R162
OPEN
T1

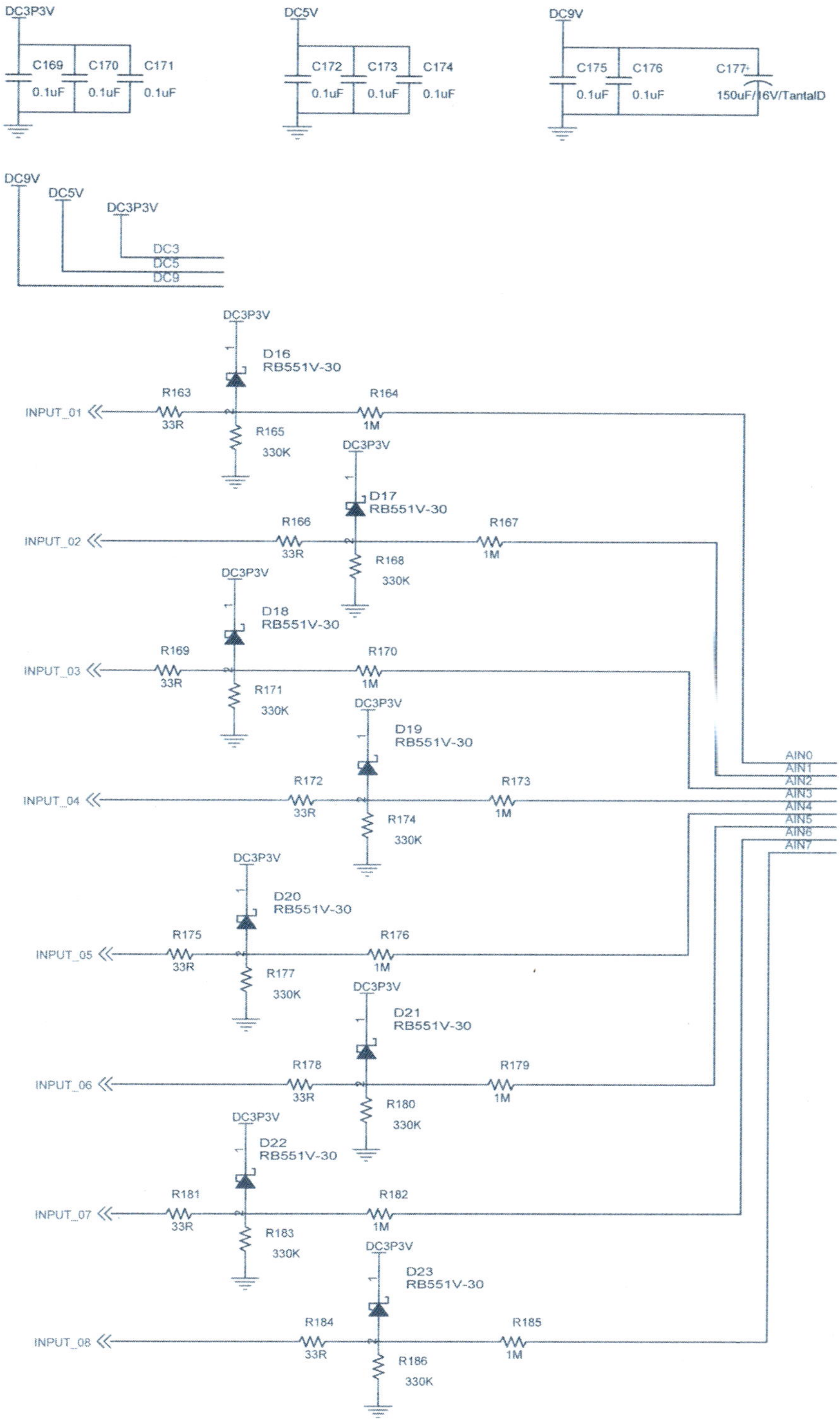
DC3P3V
C169
C170
C171
0.1uF
DC5V
C172
C173
C174
DC9V
C175
C176
C177
150uF/16V/TantalD
DC3
DC5
DC9
D16 RB551V-30
D17 RB551V-30
D18 RB551V-30
D19 RB551V-30
D20 RB551V-30
D21 RB551V-30
D22 RB551V-30
D23 RB551V-30
INPUT_01
INPUT_02
INPUT_03
INPUT_04
INPUT_05
INPUT_06
INPUT_07
INPUT_08
R163 33R
R164 1M
R165 330K
R166 33R
R167 1M
R168 330K
R169 33R
R170 1M
R171 330K
R172 33R
R173 1M
R174 330K
R175 33R
R176 1M
R177 330K
R178 33R
R179 1M
R180 330K
R181 33R
R182 1M
R183 330K
R184 33R
R185 1M
R186 330K
AIN0
AIN1
AIN2
AIN3
AIN4
AIN5
AIN6
AIN7

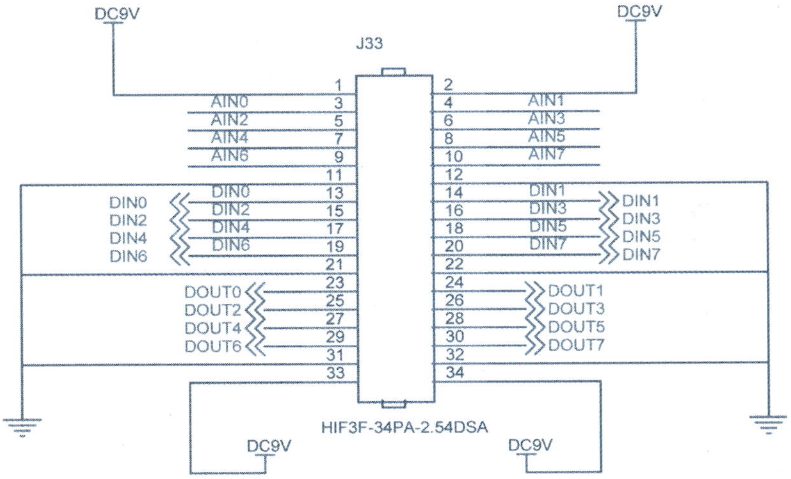

02 모바일 로보틱스(ED-7275)의 뒷부분 인터페이스

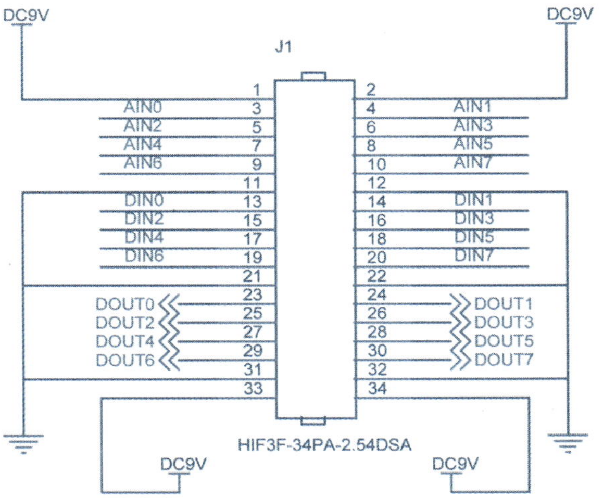

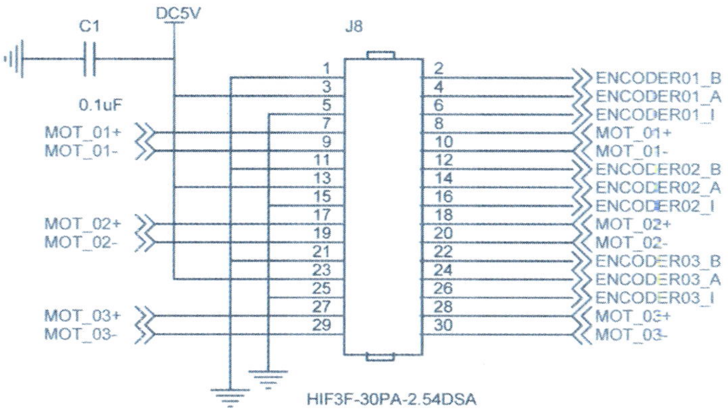

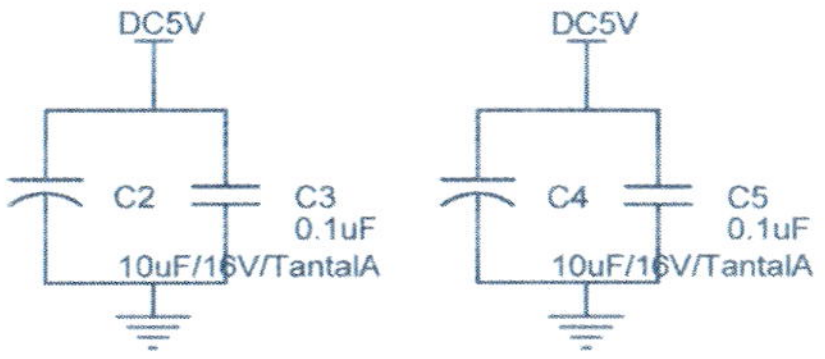

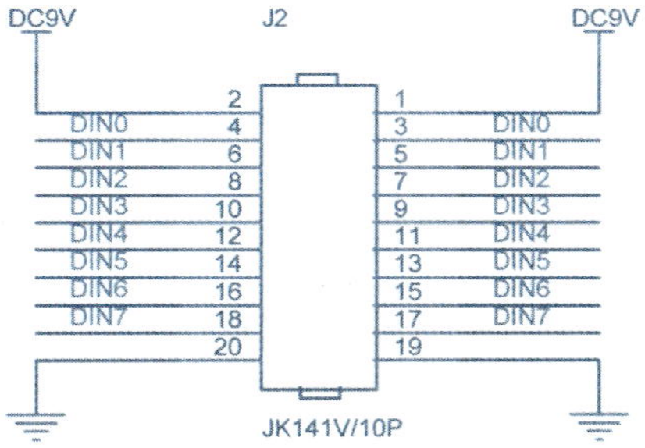

실크:12V 1 2 3 4 5 6 7 8 GND

실크:DIGIT IN

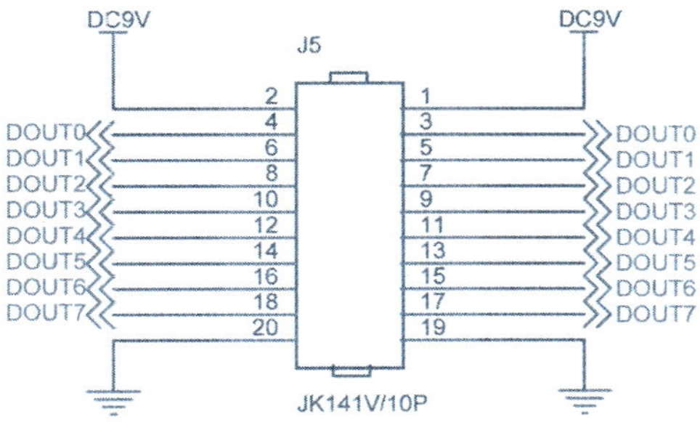

실크:12V 1 2 3 4 5 6 7 8 GND

실크:DIGIT OUT

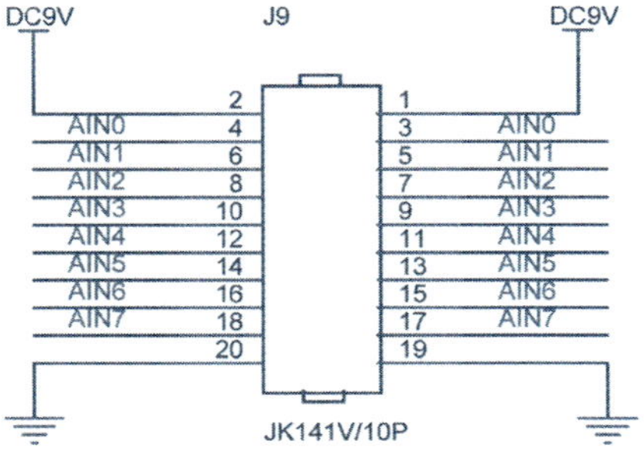

실크:12V 1 2 3 4 5 6 7 8 GND
실크:ANALOG IN

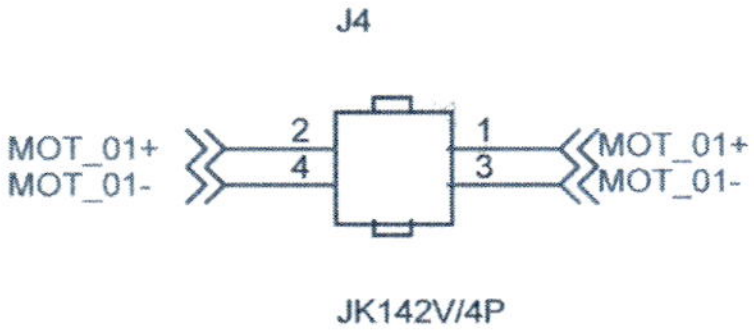

실크:+ -
실크:MOTOR4

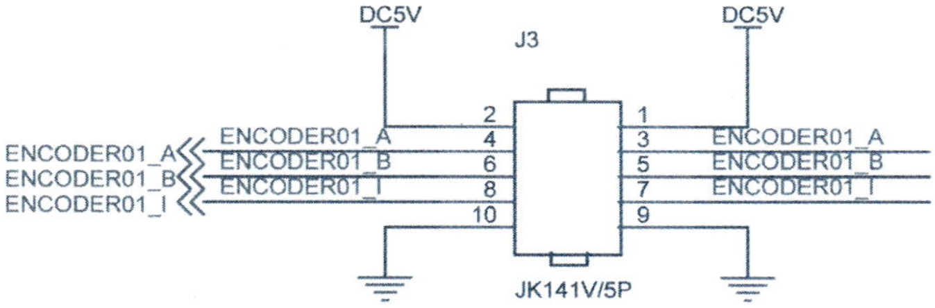

실크:5V A B Z GND

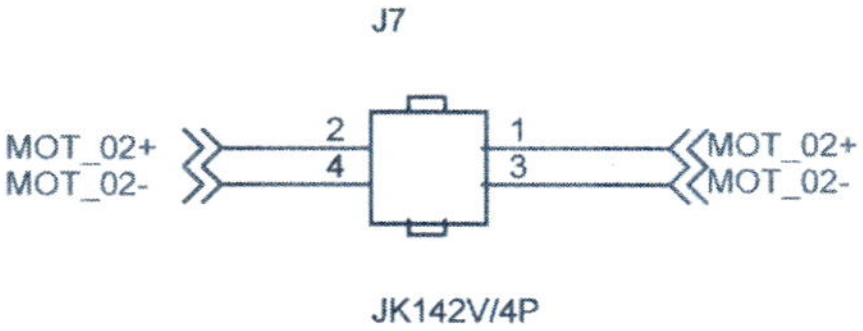

실크:+ -
실크:MOTOR5

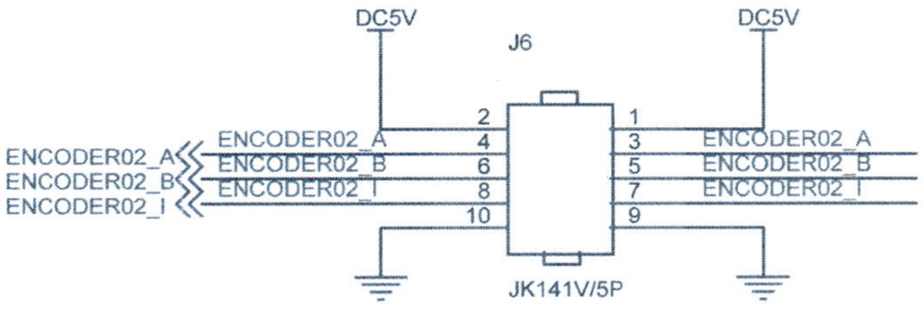

실크:5V A B Z GND

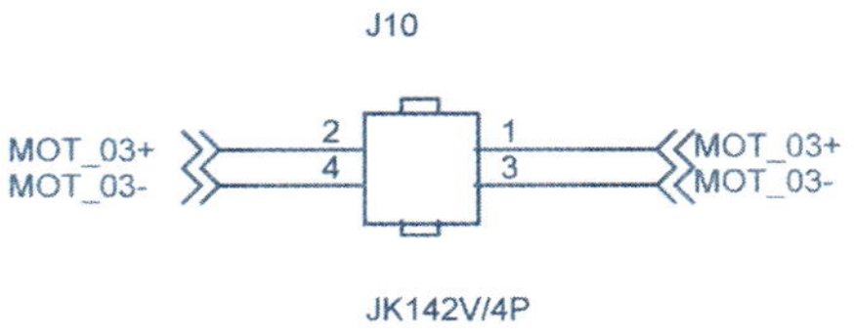

실크:+ -
실크:MOTOR6

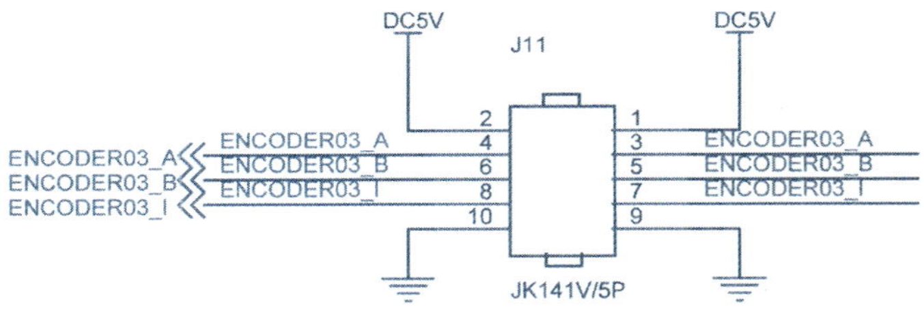

실크:5V A B Z GND

부록

03 모바일 로보틱스(ED-7275)의 앞부분 인터페이스

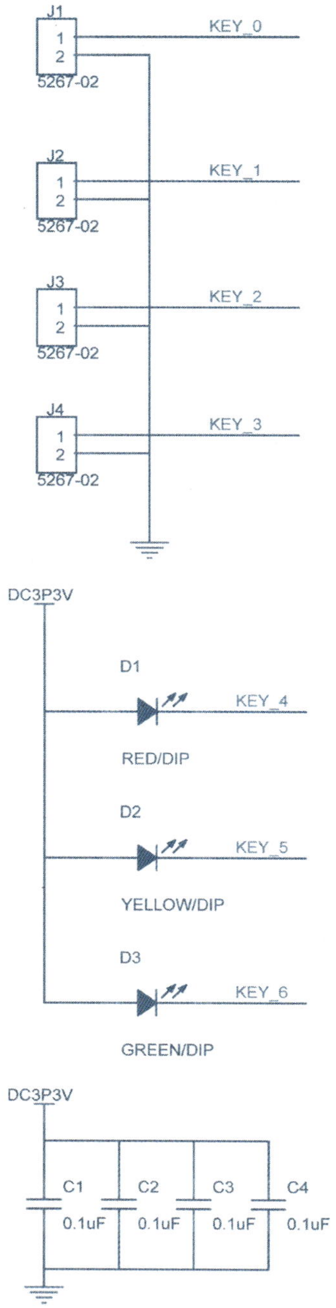

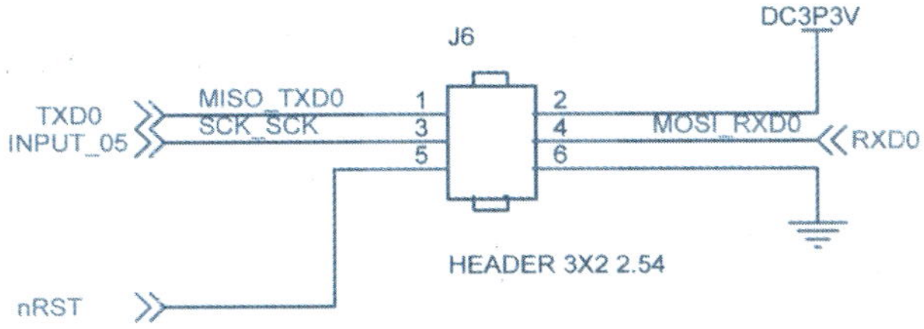
J6
DC3P3V
TXD0
INPUT_05
MISO_TXD0
SCK_SCK
1
3
5
2
4
6
MOSI_RXD0
RXD0
HEADER 3X2 2.54
nRST

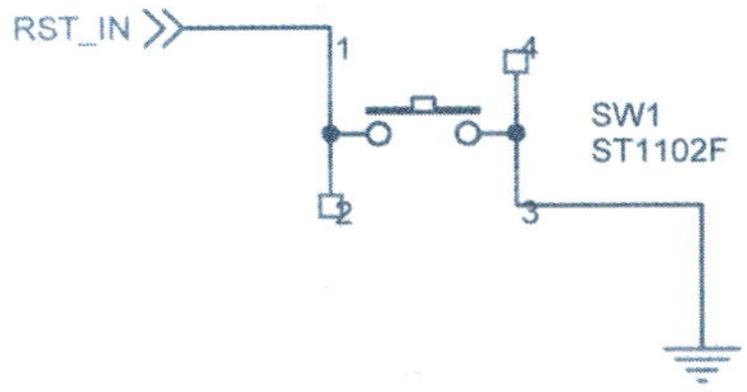
RST_IN
1
2
3
4
SW1
ST1102F

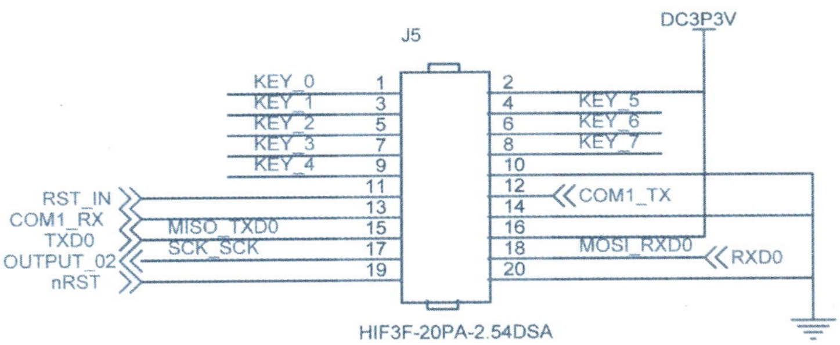
J5
DC3P3V
KEY_0
KEY_1
KEY_2
KEY_3
KEY_4
KEY_5
KEY_6
KEY_7
RST_IN
COM1_RX
TXD0
OUTPUT_02
nRST
MISO_TXD0
SCK_SCK
COM1_TX
MOSI_RXD0
RXD0
1
3
5
7
9
11
13
15
17
19
2
4
6
8
10
12
14
16
18
20
HIF3F-20PA-2.54DSA

04 모바일 로보틱스(ED-7275)의 IR 센서 인터페이스

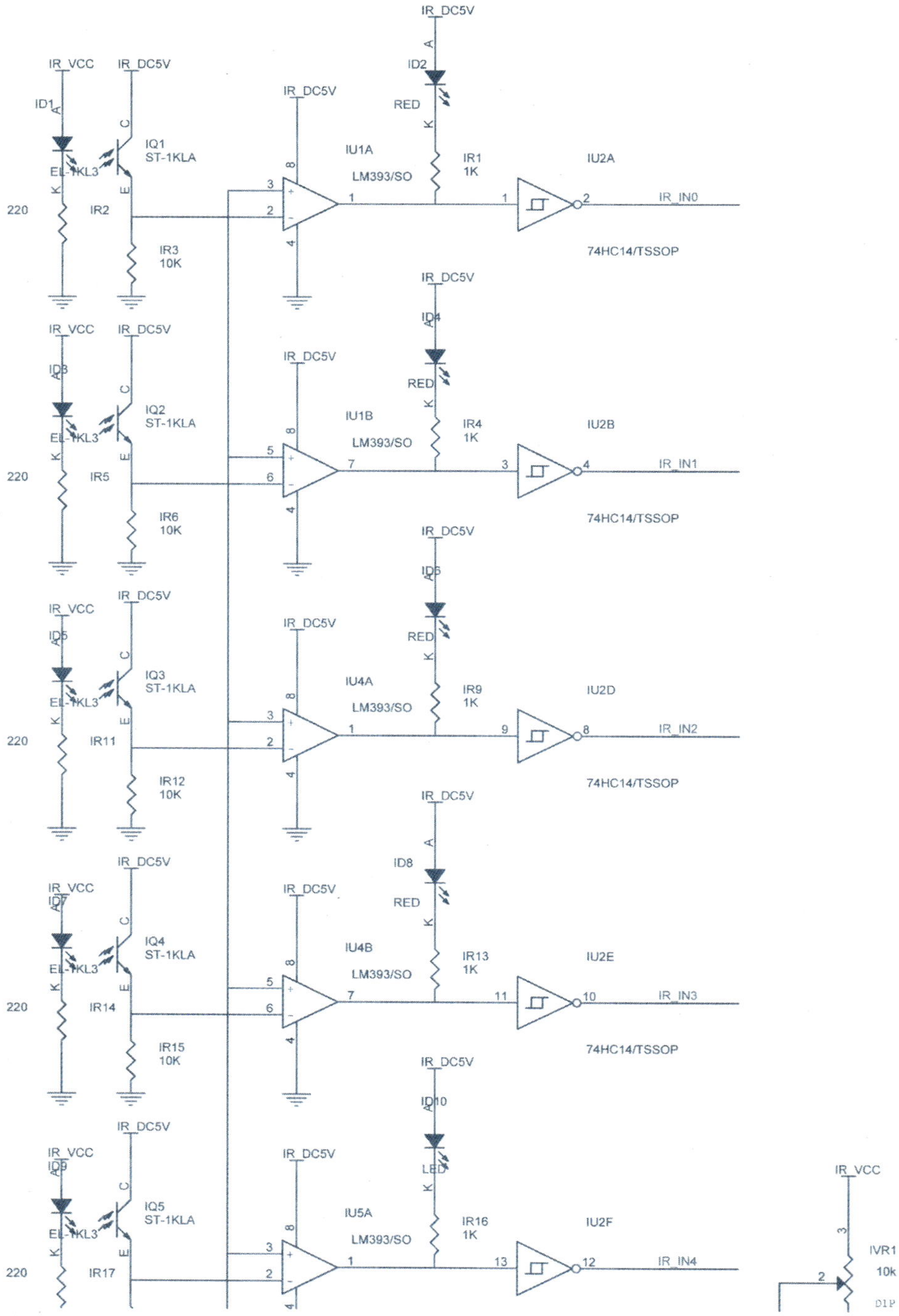

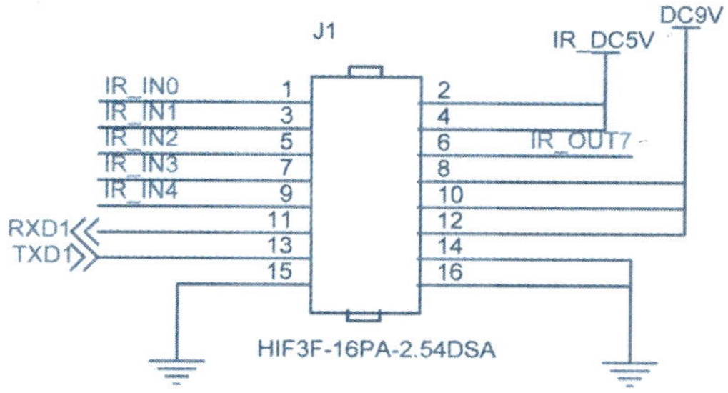
J1
DC9V
IR_DC5V
IR_IN0
IR_IN1
IR_IN2
IR_IN3
IR_IN4
RXD1
TXD1
IR_OUT7
HIF3F-16PA-2.54DSA

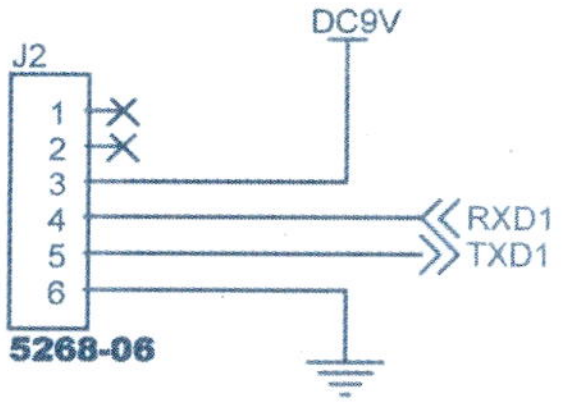
J2
DC9V
RXD1
TXD1
5268-06

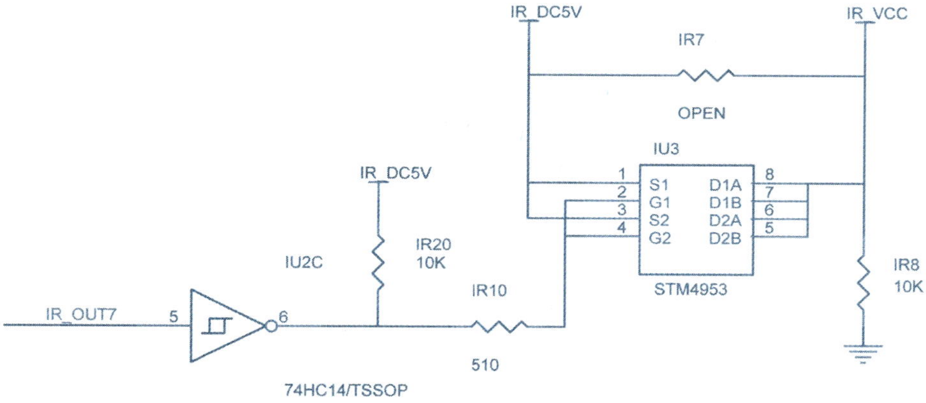
IR_DC5V
IR_VCC
IR7
OPEN
IU3
S1
G1
S2
G2
D1A
D1B
D2A
D2B
STM4953
IR_DC5V
IR20
10K
IU2C
IR10
510
IR8
10K
IR_OUT7
74HC14/TSSOP

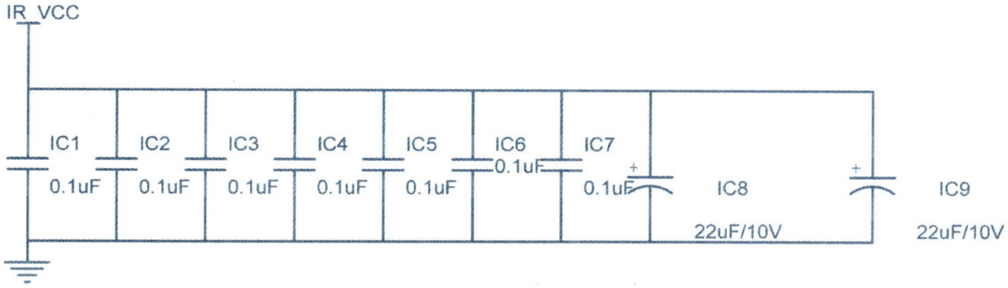
IR_VCC
IC1
0.1uF
IC2
0.1uF
IC3
0.1uF
IC4
0.1uF
IC5
0.1uF
IC6
0.1uF
IC7
0.1uF
IC8
22uF/10V
IC9
22uF/10V

부록

05 모바일 로보틱스(ED-7275)의 배터리 인터페이스 보드

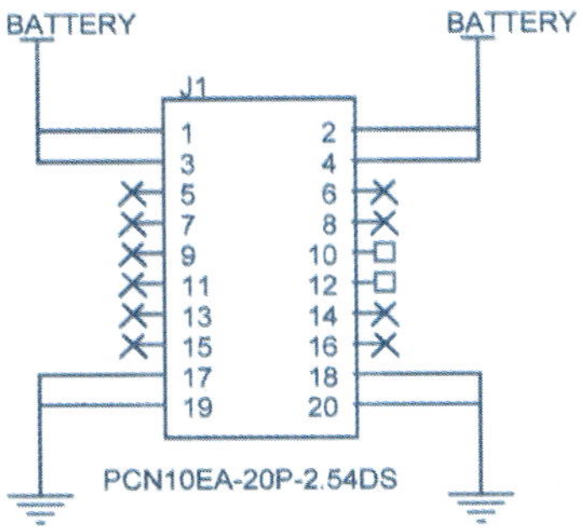

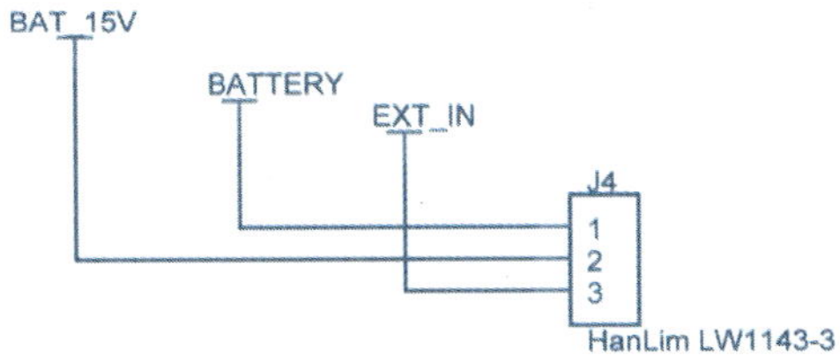

실크 : SWITCH

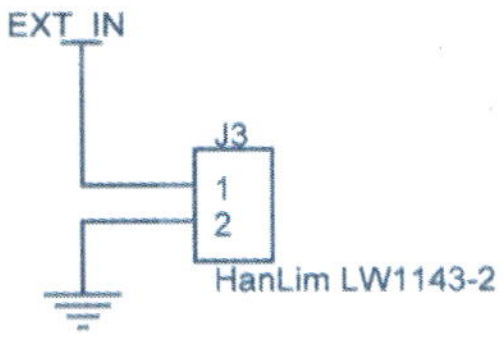

실크 : EXT IN

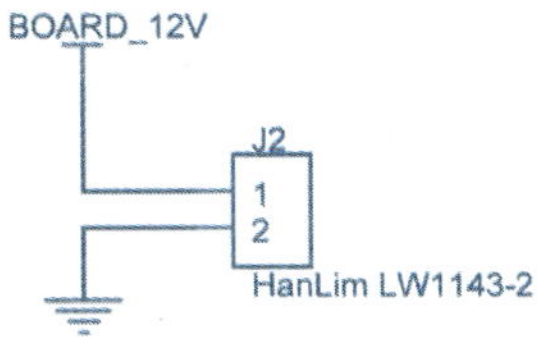

실크 : MAIN OUT

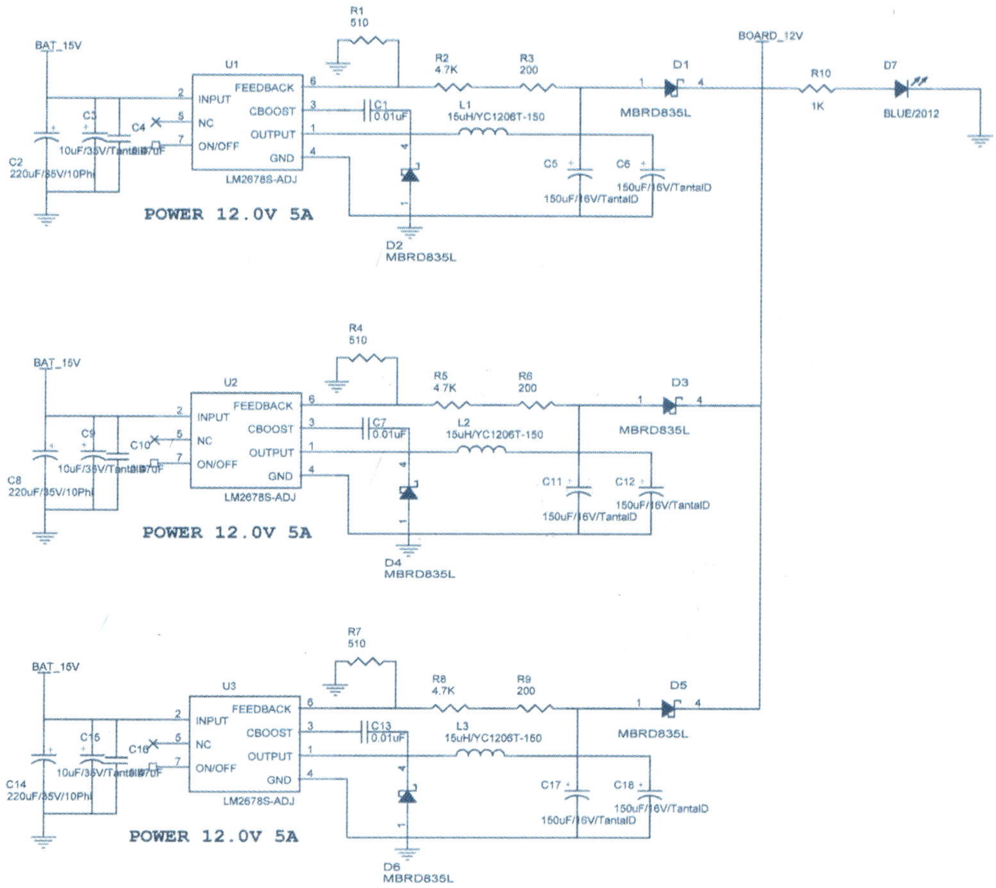
R1
510
BAT_15V
U1
R2
4.7K
R3
200
D1
BOARD_12V
R10
1K
D7
BLUE/2012
FEEDBACK
INPUT
CBOOST
NC
OUTPUT
ON/OFF
GND
LM2678S-ADJ
C1
0.01uF
L1
15uH/YC1206T-150
MBRD835L
C2
220uF/35V/10Phi
C3
10uF/35V/Tantal
C4
C5
C6
150uF/16V/TantalD
POWER 12.0V 5A
D2
MBRD835L
R4
510
U2
R5
4.7K
R6
200
D3
C7
0.01uF
L2
15uH/YC1206T-150
C8
C9
C10
C11
C12
LM2678S-ADJ
POWER 12.0V 5A
D4
MBRD835L
R7
510
U3
R8
4.7K
R9
200
D5
C13
0.01uF
L3
15uH/YC1206T-150
C14
C15
C16
C17
C18
LM2678S-ADJ
POWER 12.0V 5A
D6
MBRD835L

부록 02

기능올림픽 관련 자료

01 직종명 : 모바일 로보틱스(Mobile Robotics)

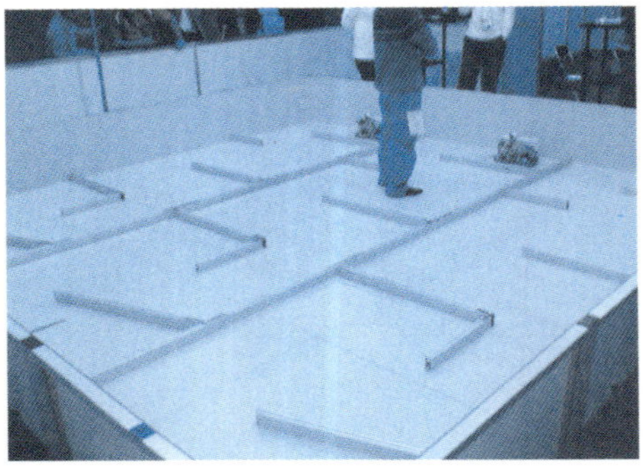

1. 직종설명

2인 1팀으로 경기하며, 모바일 로봇의 기계 시스템을 조립, 설치 및 유지관리하고 로봇 제어 시스템을 장착, 운영하여 원하는 작업을 수행할 수 있도록 프로그램을 구현하는 직종이다.

2. 작업범위

① 모바일 로봇 시스템의 디자인 수행

② 논리적 문제 해결

③ 제조업체의 기술자료에 따라 모바일 로봇의 조립

④ 모바일 로봇 제어 및 지능 프로그래밍 설계 및 구현

⑤ 모바일 로봇과 제어 시스템의 연결

⑥ 심사위원이 제시한 일련의 문제 해결을 위해 모바일 로봇이 올바르게 기능할 수

있도록 시운전

⑦ 기술적 문서의 해석 및 시스템의 결함 추적 및 결함의 해결에 대한 작업 과정의 문서화 등

3. 작업수행(과제수행)

1) 대회별 경기시간

① 지방기능경기대회 : 15시간 내외

② 전국기능경기대회 : 20시간 내외

※ 출제 과제에 따라 일부 변경될 수 있음

2) 과제별 및 주요 작업내용

과제 번호	과제명	주요 작업 내용	시간	팀 구성
1	모바일 로봇 분해. 조립 및 상태계측	– 제조업체의 기술 자료에 따른 로봇의 분해 또는 조립 – 로봇 플랫폼의 결함 추적 관리 – 동작상태 확인	3.0	2인1팀 작 업
2	모바일 로봇 기초 제어 및 동작계측	– 로봇 시스템의 센서나 액추에이터와 같은 모바일 로봇의 단위 요소 특성을 확인할 수 있는 제어 프로그램의 구현 – 구현한 프로그램의 동작상태 확인	3.0	〃
3	모바일 로봇 시스템 제어 및 동작계측	– 로봇 시스템의 센서를 활용한 액추에이터를 제어하는 특성을 구현하는 시스템 특성을 가지는 제어 프로그램의 구현 – 구현한 프로그램의 동작상태 확인	3.0	〃
4	단수 모바일 로봇의 제어 및 동작계측	– 1대의 로봇이 독립된 경기장에서 제시된 과제를 수행하는 제어 프로그램 구현 – 구현한 프로그램의 동작상태 확인	3.0	〃
5	복수 모바일 로봇의 제어 및 동작계측	– 2대 이상의 로봇이 동일 구획 경기장에서 제시된 과제를 수행하는 제어 프로그램 구현 – 구현한 프로그램의 동작상태 확인	4.0	〃
6	모바일 로봇의 원격 제어 및 동작계측	– 단수 또는 복수의 로봇이 제시된 과제를 수행하는 원격제어 또는 제어 프로그램 구현 – 구현한 제어의 동작상태 확인	4.0	〃
계			20.0	

※ 과제별 시간은 예시 시간이며, 대회별 출제 과제에 따라 변경될 수 있다.

3) 과제출제

과제 번호	과　제　명	지방대회	전국대회	비고
1	모바일 로봇 분해, 조립 및 상태계측	✓	✓	◆ 과제출제 참고사항 1. 지방대회는 지방대회 경기용 로봇의 사양으로 과제를 출제함 2. 전국대회는 차기년도 국제기능올림픽대회에서 사용하는 로봇을 모델로 과제를 출제함 ※ 차기대회의 로봇이 선정되지 않았을 경우 직전대회의 로봇으로 출제함
2	모바일 로봇 기초제어 및 동작계측	✓	✓	
3	모바일 로봇시스템 제어 및 동작계측	✓	✓	
4	단수 모바일 로봇의 제어 및 동작계측	✓	✓	
5	복수 모바일 로봇의 제어 및 동작계측	–	✓	
6	모바일 로봇의 원격제어 및 동작계측	✓	✓	
비고		전체 5과제 중 3~4 과제 출제	전체 6과제 중 4~5 과제 출제	

4) 과제내용

경기과제는 다음과 같은 내용 등이 포함되어 제시된다.

- 허용된 로봇간의 직접적인 접촉 등의 상호작용(interaction) 방식을 규정하며, 이때 경기과제는 결코 파괴적인(destructive) 로봇 형태(behavoir)를 허용해서는 안된다.
- 경기 로봇이 기능을 발휘해야 하는 다양한 작업 조건
- 경기용 로봇이 수행해야만 하는 다양한 기능적 이동성(mobility) 및 목표물의 관리과제
- 로봇 시범경기장에서 작업 수행시 선수와 경기용 로봇 사이에 허용되는 사항
- 개별 과제에 대한 채점기준 및 규칙(play rule)

※ 경기과제에 따라 변경될 수 있다.

(1) 1과제 : 모바일 로봇 분해 · 조립 및 상태 계측

시스템 구성시 요구사항에 대해 주어진 과제에 주어진 재료를 활용하여 모바일 로봇을 조립 또는 분해하거나 분해 또는 조립하는 작업을 신속히 완성하고, 시운전을 통하여 작업 완성도를 평가할 수 있도록 한다.

① 시스템의 분해 또는 조립 작업

과제에서는 분해 또는 조립하기 위한 자료가 제시되고, 이를 기반으로 로봇 플랫폼을 조립완성하거나 분해 조립하는 작업을 수행하는 것으로 로봇의 요소 성분과 구성요소에

대한 기초 기술을 요구하는 작업이다.

② 상태계측 작업

구성 작업이 완료된 후 분해 또는 조립 상태를 점검하고 이를 검증할 수 있는 동작프로그램을 사용하거나 선수들이 완성하여 로봇 시스템의 동작상태 등을 확인한다.

(2) 2과제 : 모바일 로봇 요소제어 및 동작계측

모바일 로봇의 센서나 액추에이터와 같이 모바일 로봇의 단위요소 특성을 확인할 수 있는 과제로서, 주어진 과제를 제시된 언어를 사용하여 제어 프로그램을 완성하고 성능을 계측하도록 한다.

① 제어 프로그램 작업

모바일 로봇에 다음과 같은 조건을 구현할 수 있는 제어 프로그램을 작성한다.

- I/O 포트 제어 기능
- 초기화(리셋) 기능
- 카운터 및 연산기능
- A/D, D/A 변환기능
- 동작상태 표시기능
- Interface 기능
- 시간지연 기능
- 센서 연동기능
- 모터와 같은 액추에이터 제어기능
- UI기기와의 통신기능(예 : 시리얼 통신 또는 무선통신)
- 상기 기능을 활용하여 주어진 작업을 이해하고 이를 구현하는 종합 기능

② 동작계측 작업

과제 수행이 완료된 후 제어 프로그램의 과제완성에 대한 동작계측을 확인한다.

(3) 3과제 : 모바일 로봇시스템 제어 및 상태계측

로봇시스템의 센서를 활용한 액추에이터를 제어하는 특성을 구현하는 시스템 특성을 가지는 제어 프로그램을 구현하고 성능을 계측한다.

"과제2 모바일 로봇 요소 제어 및 상태계측"과의 차이점은 센서(입력)와 액추에이터(출력)과의 연계과제를 다루는데 중점이 있다.

① 제어 프로그램 작업

다음은 상기 과제에 해당하는 작업의 몇 가지 예를 보여준다.

- 센서와 연동된 I/O 포트의 입력변화에 따른 로봇플랫폼의 동작 제어
- 센서(예 : 광센서나 유도 센서)의 입력변화에 따른 특성 추종 동작 제어
- 센서를 이용하여 직선이나 곡선을 추종하는 제어 프로그램
- 비전센서(카메라)를 이용하여 물체를 로봇이 추종하게 하는 제어 프로그램
- 광센서를 활용한 장애물 회피 제어 프로그램
- 원하는 목표값을 센서를 활용하여 정확히 추종하는 제어 알고리즘(PID)에 따른 제어 프로그램을 완성하고 이의 성능을 계측하는 프로그램

② 동작계측 작업

과제 수행이 완료된 후 제어 프로그램의 과제완성에 대한 동작계측을 확인한다.

(4) 4과제 : 단수 모바일 로봇의 제어 및 동작계측

1대의 로봇이 독립된 경기장에서 제시된 과제를 수행하는 제어 프로그램을 구현하고 이의 상태를 계측한다.

여기서, 독립된 경기장이라 함은 1대의 동작 계측동안 다른 로봇에 의하여 동작계측의 성능에 영향을 받지 않도록 격리된 공간을 의미한다. 큰 공간을 분할하여 사용할 경우에도 분할된 공간에 1대의 로봇만이 사용될 경우에는 독립된 경기장으로 본다.

① 제어 프로그램 작업

- 로봇 플랫폼의 특성에 대한 동작보다는 주변 환경을 인식하거나 주변 환경 인식을 기반으로 하는 과제의 성격을 요구하고 이를 수행하는 제어 프로그램을 구현한다.
- 로봇에 대한 추가적인 장치(예 : 그리퍼(gripper))의 제어도 로봇 플랫폼의 제어 범위에 포함한다.

② 동작계측

- 과제에서 요구되는 과제를 얼마나 신속하고 정확하게 수행하는 동작계측을 수행한다.

(5) 5과제 : 복수 모바일 로봇의 제어 및 동작계측

2대 이상의 로봇이 동일 구획 경기장에서 제시된 과제를 수행하는 제어 프로그램을 완

성하고, 성능에 대한 동작계측을 수행한다.

① 제어 프로그램 작업

- 동일한 경기장내에 2대 이상의 로봇이 동시에 동일한 과제를 수행할 수 있도록 제어 프로그램을 완성한다.
- 수행과제의 동작계측에 따른 성능은 상대적인 결과로 나타나는 것을 원칙으로 한다. 예를 들어, 동일한 공간 내에 20개의 물체가 놓여 있고 두 대의 로봇(A로봇과 B로봇)이 있을 경우 A로봇이 12개의 물체를 확보하였을 경우, B는 최대 8개의 물체를 확보할 수 있는 것과 같이 상대적인 결과로 나타남을 의미한다.

② 동작계측

- 제시된 과제의 수행여부와 완성의 경우에도 상대적인 동작특성을 계측한다.

(6) 6과제 : 모바일 로봇의 원격제어 및 동작계측

단수 또는 복수의 로봇이 제시된 과제를 수행하는 원격제어 또는 제어 프로그램을 구현하고 동작상태를 계측한다.

① 원격제어 또는 제어(자동) 프로그램 작업

- 단수 또는 복수의 로봇이 리모컨 또는 별도의 조작 수단을 이용하게 하는 등의 원격제어방식이나 로봇자체의 자동제어 프로그램을 통하여 주어진 과제를 수행하게 한다.

② 동작계측

- 제시된 과제의 수행여부와 완성의 경우에도 상대적인 동작특성을 계측한다.

5) 과제의 작업수행 요구사항

(1) 모바일 메커니즘(플랫폼) 기술

공간이동과 환경과 관련된 모바일 메커니즘의 이해와 기계도면과 전기 및 전자회로도를 이해하고, 모바일 메커니즘의 설계, 조립 및 분해능력이 있어야 한다.

(2) 액추에이터 기술

제어용 모터를 포함한 각종 모터의 구조와 기능 및 특성을 이해하고, 제어를 위한 기본회로를 설계할 수 있고 이를 구현할 수 있어야 한다.

(3) 제어기술

제어 시스템의 구성을 위한 하드웨어의 설계와 조립이 가능하고, 제어의 성능을 달성할 수 있는 기본적인 제어이론(예 : PID)에 대한 이해와 이를 기반으로 프로그램을 구현할 수 있어야 한다.

(4) 센서 기술

로봇 시스템 자체 및 환경인식을 위하여 사용되는 각종 센서의 기능과 구조 및 특성을 이해하고, 센서를 이용한 응용회로를 구성하고 이를 운영할 수 있어야 한다.

(5) 통신기술

센서와 제어기와의 기본적인 통신을 이해하고 이를 활용한 프로그램을 할 수 있어야 하고, 로봇 플랫폼과 PC와 같은 또 다른 제어기와의 통신을 위하여 제공되는 무선통신에 대한 기본적인 이해와 이를 활용하여 로봇을 운영할 수 있어야 한다.

(6) 프로그래밍 기술

로봇플랫폼상에서 로봇을 제어하는 마이크로프로세서에서 운영할 수 있는 프로그램 언어(예 : C)을 이해하고, 이를 활용하여 작업을 수행하기 위한 운영 프로그램을 설계 및 구현할 수 있어야 하고, PC 컴퓨터상에서 운영되는 프로그래밍 언어(예 : 그래픽 언어)를 이해하고, 이를 활용하여 로봇의 성능을 활용할 수 있도록 운영 프로그램을 설계 및 구현할 수 있어야 한다.

(7) 인공지능기술

로봇이 환경을 인식하기 위한 방법에 대한 이해와 이를 이용하여 주어진 작업을 완성할 수 있는 프로그래밍 기술에 대한 이해와 이를 구현할 수 있어야 한다.

4. 과제의 공개

① 경기과제명(제목)은 대회개최 2주전에 공개할 수 있다.

② 과제의 공개범위 및 시기, 방법 등은 한국위원회에서 결정한다.

5. 경기장 시설 및 선수 지참공구

1) 경기장 구성

① 전체적인 경기장 공간은 개인별 팀의 작업공간, 심사위원 작업공간 1개소를 필요로 하며, 지방대회와 전국대회의 경기장 구성을 달리함을 원칙으로 한다.

② 지방대회의 경우 각 팀이 팀의 작업공간을 시연장으로 사용하여 팀의 이동을 최소화한다.

③ 전국대회의 경우 작업공간과 시연장을 분리함을 원칙으로 한다.

- 또한, 시연장은 차기 국제기능올림픽대회의 시연장과 동일한 규격을 사용함을 원칙으로 한다.
- 전국대회 개최시까지 국제기능올림픽대회의 시연장 규격이 결정되지 않았을 경우 직전 국제대회의 규격을 사용함을 원칙으로 한다.

④ 심사위원 작업공간에는 최소 1대의 컴퓨터와 프린터를 설치한다.

⑤ 1팀당 작업공간의 소요면적은 최소 8.1m^2정도가 요구된다.

⑥ 정해진 공간내 테이블 위치는 과제 수행 후 변경이 불가능하다.

⑦ 팀별 공간을 최대한 이격시켜 상호 접촉을 최소화한다.

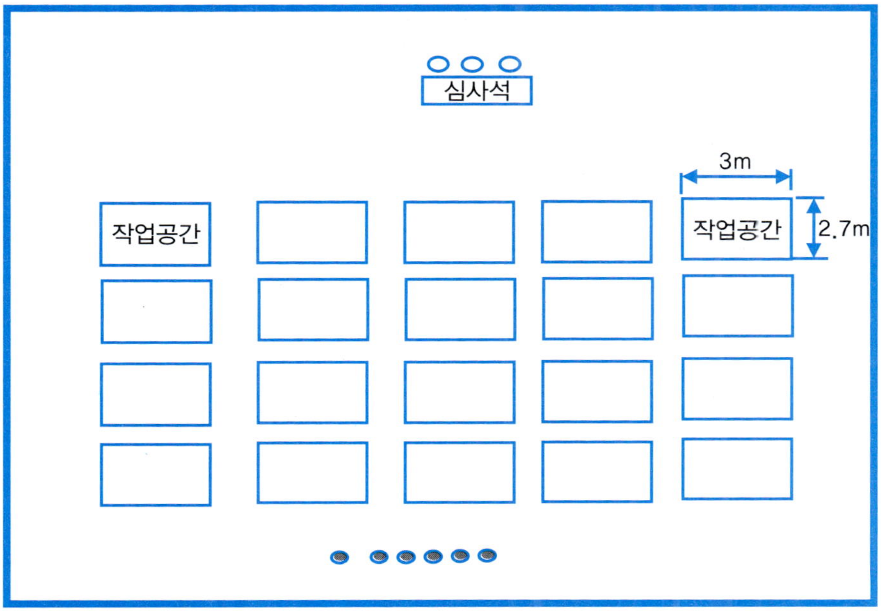

[그림 1] 지방대회 경기장 배치도면 예

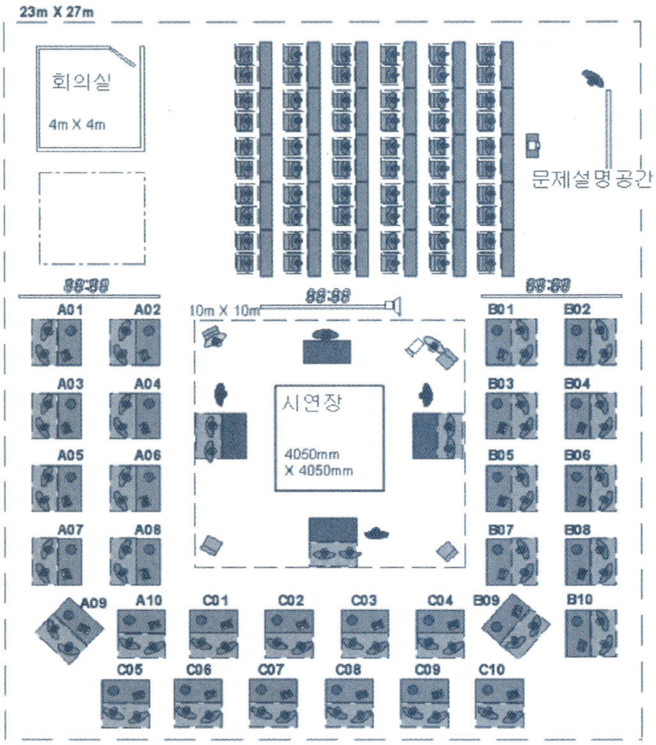

[그림 2] 전국대회 경기장 배치도면 예

2) 경기장 시설목록

(1) 지방대회용 경기장 시설목록

순번	장 비 명	규 격	단위	수량	비 고
1	작업대	90 x 120cm 이상	set	2/팀	
2	전 원	220V, 3구 이상	조	2/팀	1팀당
3	의 자	작업용	개	1	1팀당 2개 지급 심사용 별도 3개
4	스톱워치(초시계)	전자식, 3시간 이상용	개	1	심사용 1개
5	컴 퓨 터	펜티엄 Ⅳ 이상, Windows XP 이상, 한글, 엑셀 소프트웨어 탑재	SET	1	심사위원용
6	프 린 터	레이저, A4 이상	대	1	경기장당
7	칠 판	1200×900mm, 이동용	개	1	경기장당
8	캐비넷	심사용 컴퓨터, 소모품 등을 보관하기 위해			필요시(경기장 전체 보안장치로 대체 가능)
9	앰프 설비		개	1	심사위원용
10	오실로스코프		개	1	심사위원용

(2) 전국대회용 경기장 시설목록

순번	장 비 명	규 격	단위	수량	비 고
1	전원 케이블세트	220VAC 콘센트,	개	3구/팀	확장 콘센트 사용가능
2	경기 코트	4050 X 4050(400)	대	1	다소의 조정 가능
3	코트 조명	상부 조명시설(형광등 8개소)	세트	1	경기 코트 균일조명
4	작업 테이블	1800 X 900 X 750	대	1/팀	2인용(선수용)
5	작업의자		개	2/팀	선수용
6	수강 테이블	600 X 900 X 750	대	1/팀	필요시
7	의자		개	2/팀	선수용
8	빔 프로젝터		대	1	대형 모니터로 대체가능
9	전광판 시계	분(999분),초(60)display	대	3	시간, 부저 세팅가능
10	비디오 카메라	조명 없이 사용할 수 있는 것	대	1	필요시
11	TV	벽걸이	대	1	필요시
12	컴퓨터	Window XP	대	1	심사위원용
13	프린터	HP A4	대	1	심사위원용
14	방송용 설비	안내방송	세트	1	경기진행
15	화이트보드	이동용	대	1	경기진행
16	호루라기	경기용	개	10	경기진행
17	스톱워치	경기용	개	3	심사위원

※ 각 대회의 경기장의 시설은 출제과제에 따라 변경될 수 있다.

(3) 전국대회 지급재료

순번	장 비 명	규 격	단위	수량	비 고
1	로봇 ID용 플래그	로보티노용	개	1	로보티노 번호표시용
2	종이 테이프	흑색-50mm폭	롤	1	경기 코트용
3	PVC 테이프	흑색-표준	롤	2	경기 코트용
4	알미늄 테이프	50mm	롤	2	경기 코트용
5	마킹실린더	적색, PVC, 30mm	개	1	과제수행용
6	로봇 워크	과제공개시 사양제시	세트	1	과제수행용
7	파티션브라키트	80X40X1000,Wall partition	세트	2	과제수행용
8	랜스툴용 워크	과제공개시 사양제시	세트	1	과제수행용
9	경기용 퍽(아이스하키)	PVC 78X30-적색	개	1	과제수행용
10	PVC	78X30-청색	개	1	과제수행용
11	슬리퍼		벌	1	참가선수 및 심사위원
12	선수용 질문카드	적색 등 눈에 잘 보이는 색	장	1/팀	

※ 과제에 따라 재료목록이 달라지며, 참가선수 지참재료로 변경할 수 있다.

3) 선수 지참공구 목록

(1) 지방 대회용 로봇 사양

No	대항목	세부항목	사 양
1	로봇 시스템	이동방식	전방향(omni-directional) 이동방식
		제어방식	임베디드 마이콤 기반제어
		직선 최대주행속도	50cm/초 이하
2	제어부	MCU	주제어기 : ATmega128 (별도의 모터 제어용 MCU를 사용해도 무방함)
		모터	DC모터(인코더 부착, 25펄스/1회전 이상)
		배터리	– 사용시간 60분 이상 – 모터 인가전압 12VDC 이하
		I/O	– 1개 LCD(20x2문자 LCD) – 입력용 스위치 2개 – 전원표시용 LED1개 – 8개 아날로그 입력단자(거리 센서 등) – 8개 디지털 입력단자(접촉 센서 등) – 6개 모터 출력단자(정역방향 255단계 출력 변화)
3	기구부	이동형태	전방향 로봇(omnidirectional mobility)
		구동바퀴 개수	3개
		로봇 외형 형상	원통형
		로봇 외형 치수	– 지름 : 250mm ±5mm – 높이 : 200~250mm
4	센서부	바닥감지용 센서	IR 센서 5개(바닥 라인 폭 : 약 19mm±1mm)
		전방감지용 거리 센서	– PSD 센서 3개(위치:정면(0°), ±30°) – 감지거리 : 10~80cm
5	프로그래밍 환경	사용언어 및 개발 환경	– C언어 – WINAVR 및 AVR Studio 사용
		다운로더 방식	ISP 다운로더 (PC의 USB 포트 이용)

(2) 전국 대회용 로봇 사양

① 차기 국제기능올림픽대회의 로봇 사양과 동일한 플랫폼을 사용한다.

② 차기 국제기능올림픽대회의 로봇 사양이 결정되지 않았을 경우는 직전 대회의 로봇 사양을 사용한다.

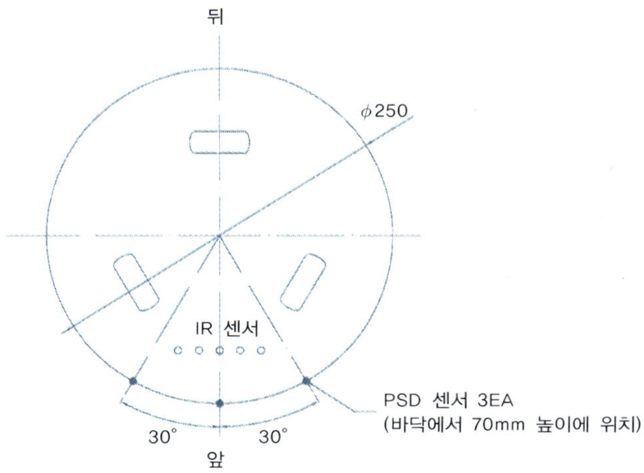

[그림 3] 지방대회 로봇 외형 형상

※ 지방대회용 로봇의 규격이 아니면 경기에 참가할 수 없으며, 각종 사양은 달라질 수 있다.

(3) 지방 및 전국대회 공통 공구류

순번	장 비 명	규 격	단위	수량	비 고
1	조립기본공구	납땜용 인두 30~50W	개	1	
2	프린터	A4지원	대	1	
3	디지털 오실로스코프	100MHz 이상(2CH)	대	1	
4	회로시험기	일반용	대	1	
5	stop watch	표준	대	1	
6	필기도구	볼펜, 연필, 수성펜	조	1	
7	줄자	2M 이상	개	1	
8	육각 렌치 세트	1~10MM	세트	1	
9	양용 드라이버	대(+, – 겸용)	개	1	
10	몽키 스패너	200MM	개	1	
11	커터	소형	개	1	
12	와이어 스트리퍼	200MM	개	1	
13	압착기	핀 터미널 압착용	개	1	
14	니퍼	소형	개	1	
15	라디오 팬치	소형	개	1	
16	광파이버 커터	광파이어 전용	개	1	
17	소형 일자 드라이버	센서 감도조절용	개	1	
18	드라이버 세트	소, 중, 대 (+, –두 가지 종류)	개	1	
19	기타	로봇 분해, 조립에 필요한 공구			상품으로 구할 수 있는 것

※ 각 대회의 출제과제에 따라 달라질 수 있다.

6. 경기진행

(1) 경기전

① 참가 선수는 경기 시작시간 10분전까지 경기장에 입실하여 대기한다.

② 재료(로봇, 지참공구 등 포함)에 관한 사항

- 선수가 지참한 재료 및 로봇 등은 심사위원의 확인을 받아야 한다.
- 심사장의 주도하에 각 팀은 최소 경기 시작 3시간 전에 조추첨을 완료하고, 등번호부여 및 작업장 배치를 완료한다.
- 심사위원은 자리배치와 준비물을 확인하고, 경기 진행시 유의사항을 선수들에게 숙지시켜 경기 진행을 원활히 할 수 있도록 한다.
- 심사위원은 자리배치와 등번호 부여가 완료된 후 각 팀별 경기에 사용될 지급재료의 지급 및 지참 재료를 확인한다. 특히, 지급재료의 경우 각 팀에게 이상여부에 대한 확인여부를 문서로 받아 보관한다.
- 심사위원은 각 팀이 경기용 재료에 대한 확인 사인(signature)을 한 이후에 재료에 대한 모든 책임은 각 팀에게 있음을 공지한다.

(2) 경기중

① 경기 진행은 제시된 과제순으로 실시한다.

② 다음은 부정행위로 간주한다.

- 참가 팀간 재료(지급재료 및 지참재료)를 주거나 바꾸는 행위
- 경기장내 지정된 장소 이탈하거나 다른 팀의 선수와 대화를 하는 행위
- 팀간 작품 제작을 도와주는 행위
- 공지된 내용 외에 개인적으로 소유한 메모리나 프로그램 등을 반입한 행위
- 로봇 또는 재료 등의 사양을 임의로 변경하여 경기에 임하는 경우
- 기타 부정한 방법으로 작품을 제작하는 경우 또는 전체 심사위원이 부정행위로 결정하는 행위

※ 부정행위의 최종확정은 심사장과 전체 심사위원의 합의로 결정함

○ 경기 진행중 경기장 출입은 금지되며, 특별한 경우 심사장의 승인을 득한 후 심사위원의 동행에 의한 경우는 예외로 할 수 있다.

(3) 경기후

작업장은 깨끗이 정리정돈한 후 퇴실한다.

7. 과제 채점

(1) 채점방법

① 채점은 과제 출제위원이 정한 채점기준에 의하여 채점한다.

② 공정한 경기를 위해 필요하다고 인정될 때는 심사위원 전원의 합의에 의해 채점 기준을 추가로 선정하고 이를 채점할 수 있다.

③ 문서화되어 제출되는 답안은 심사장을 포함한 심사위원 전원 합의에 의하여 채점한다.

④ 각 과제별 규정된 경기시간 이내에 작업을 완성하지 못하면 완성된 부분까지 채점기준에 의해 채점하여 점수를 부여한다.

⑤ 각 과제의 종료는 선수의 종료선언과 심사장의 확인에 의하여 인정된다.

⑥ 기타 채점과 관련된 사항은 기능경기대회 관리규칙에서 정한 바에 의한다.

(2) 주요 채점항목별 배점기준

과제번호	주 요 항 목	채 점 방 법		배 점	감 점	비 고
		주관적	객관적			
1	작업완성(작업완성 배점)	○	○	상		◆ 과제별 배점의 합은 총 100점으로 한다. ◆ 각 항목에 대한 배점 및 감점은 작업의 난이도에 따라 배점기준 범위에서 해당 점수를 정한다. ◆ 배점 및 감점기준 상 : 10~20점 중 : 5~10점 하 : 2~5점 ◆ 작업시간 배점은 국제대회의 규칙을 준용함을 원칙으로 한다.
	작업시간(작업시간 배점)		○	하		
	채점기준에 의한 세부항목 감점		○		하	
2	작업완성(작업완성 배점)		○	상		
	작업시간(작업시간 배점)		○	중		
	채점기준에 의한 세부항목 감점				하	
3	작업완성(작업완성 배점)		○	상		
	작업시간(작업시간 배점)		○	중		
	채점기준에 의한 세부항목 감점		○		하	
4	작업완성(작업완성 배점)		○	상		
	작업시간(작업시간 배점)		○	하		
	채점기준에 의한 세부항목 감점		○		하	
5	작업완성(작업완성 배점)		○	상		
	작업시간(작업시간 배점)		○	중		

과제번호	주 요 항 목	채 점 방 법		배 점	감 점	비 고
		주관적	객관적			
	채점기준에 의한 세부항목 감점		○		하	
6	작업완성(작업완성배점)		○	중		
	작업시간(작업시간배점)		○	중		
	채점기준에 의한 세부항목 감점		○		하	
	계			100	10	

※ 채점항목 및 배점기준 등은 출제되는 과제별로 달라짐.

8. 안전 및 기타

① 모든 안전복장 및 공구취급과 기계작업의 안전은 일반적인 산업안전규정에 따른다.

② 과제에 따라 안전장비가 필요할 경우 과제 출제시 선수지참 항목에 이를 명시하고, 과제 수행 전 심사위원은 이를 선수들에게 알려 안전사고를 예방할 수 있게 한다.

③ 선수들은 자신의 작업장에 어떠한 방해물도 없도록 정리해야 하며, 바닥에 다른 사람의 사고를 야기할 재료, 장비 및 기타 물품이 없도록 정리하여야만 한다.

④ 선수가 안전규정을 준수하지 않을 경우에는 안전항목에서 감점을 받을 수 있다. 거듭하여 안전규정을 위반할 경우에는 경기에서 일시적 또는 영구적으로 제외될 수 있다.

9. 공통사항

① 직종 설명서의 내용은 과제출제 및 경기진행, 심사채점 과정 등에서 사전예고 없이 일부 변경될 수 있습니다.

② 직종설명의 내용보다는 경기과제, 채점기준표, 시행자료(시행시 유의사항, 경기장 시설목록, 선수지참재료, 선수지참공구목록 등) 등이 우선한다.

10. 시행일자 : 2009년 지방기능경기부터

02 모터 전원공급 체크 설명서

본 설명서는 ED-7275의 모터 공급전압을 미리 측정하여 불필요한 판정 시비를 사전에 차단하기 위한 조치사항이다. 따라서 2009 지방기능경기대회 모바일 로보틱스 직종 심사위원님은 반드시 본 문서에 따라 측정을 해주기 바란다. 문의사항은 (주)ED의 R&D센터 담당자에게 연락주면 된다.

1. 준비물

번호	외관	부품명	용 도	비고
1	–	오실로스코프 또는 디지털 멀티미터 등 전압을 측정할 수 있는 계측기	모터에 공급되는 전압을 검사	–

2. 전압 측정 방법

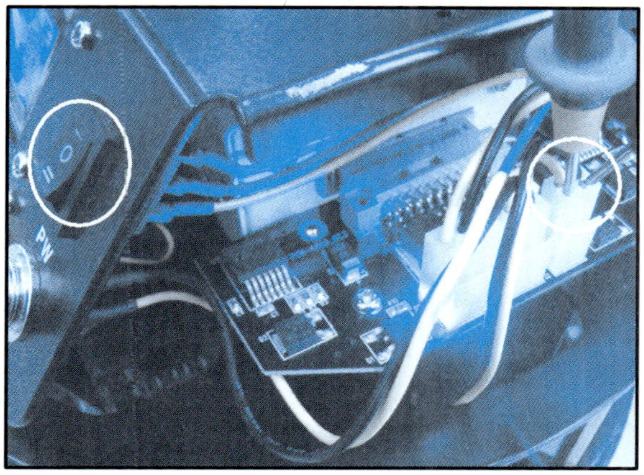

① 전압 측정시 반드시 로봇의 전원 스위치를 ON 상태로 켠다.

② 계측기의 프로브를 위 사진 우측의 동그라미 영역에 나타난 단자에 대면 전압을 측정할 수 있다.

③ 계측기 사용방법은 현장에서 확인한다.

3. 모바일 로보틱스(ED-7275) 로봇 프로그램 삭제방법

① 먼저 로봇과 PC간에 ISP 다운로더 보드 및 케이블을 연결한다. 그리고 AVR Studio 소프트웨어를 실행시킨다. 그 다음 위 그림과 같이 AVR Programer를 로봇과 연결시키는 버튼을 누른다.

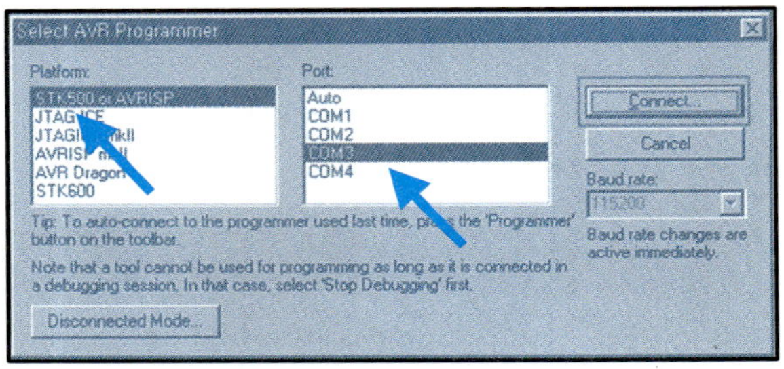

② PC에 맞는 “COMx”를 선택하고 “Connect...” 버튼을 클릭한다. 이때 만일 COM 번호를 모른다면 “Auto”를 선택하면 된다.

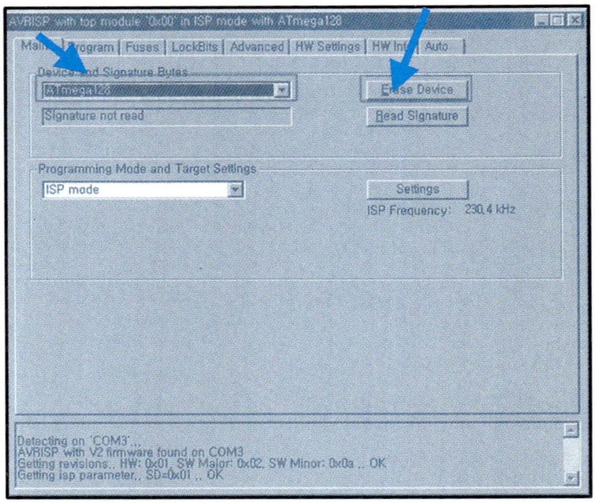

③ 로봇과 정상적으로 연결되면 위와 같은 메뉴로 변경이 된다. 모바일 로보틱스(ED-7275)이 사용하는 MPU인 "ATmega128"을 선택하고, "Erase Device"를 클릭하면 로봇의 프로그램이 완전히 삭제된다.

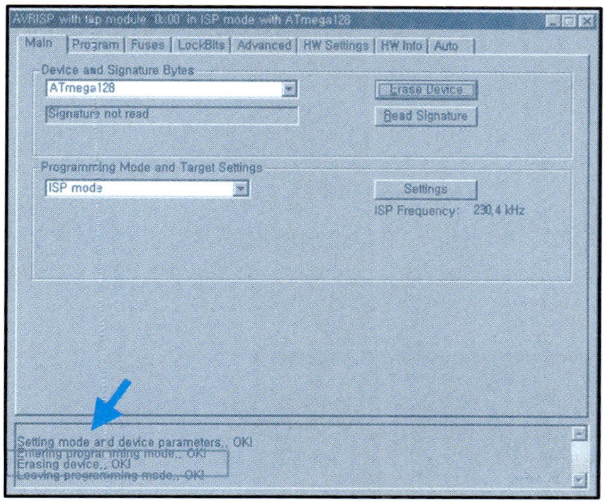

④ "Erasing device.. OK!" 메시지가 출력되면서 삭제는 완료된다.

⑤ 모바일 로보틱스(ED-7275)는 별도의 부트로더를 다운로드할 필요가 없으므로, AVR Studio 소프트웨어를 이용하여 로봇의 전체 메모리를 삭제하면 된다. OK 메시지가 확인되면 로봇의 메모리는 완전히 초기화되어 비어있는 상태가 된다. 위 설명 순서는 이에 따른 방법을 나타낸 것이다.

⑥ 로봇과 PC간에 연결이 잘 되지 않을 경우 케이블 및 ISP 다운로더 보드의 상태를 확인한다.

부록 03 2009년 지방기능경기대회 모바일 로보틱스 직종(공개과제)

01 경기장 규격

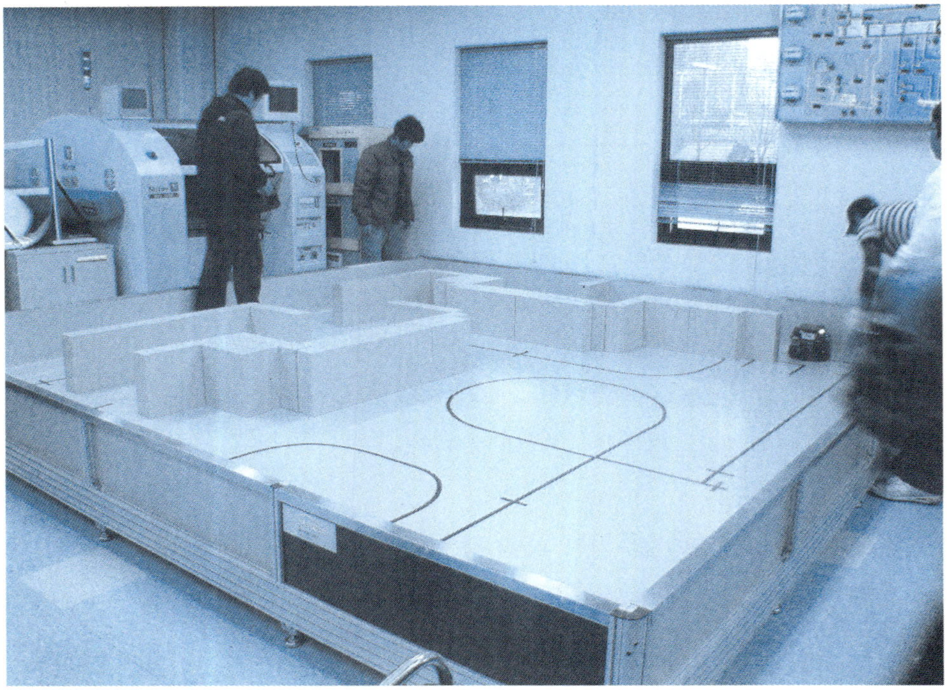

번호	항 목	규 격
1	바닥 사이즈	4050x4050mm
2	바닥 재질	Decotile Gray
3	블록 사이즈	Thickness 100mm Height 300mm Length 300mm or 500mm
4	라인	흑색 테이프 Width 19mm

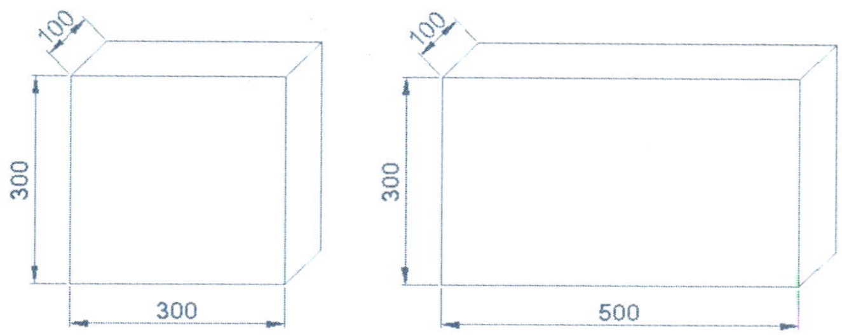

블록 외관 형상

02 연습용 과제

1. 제 1 과제

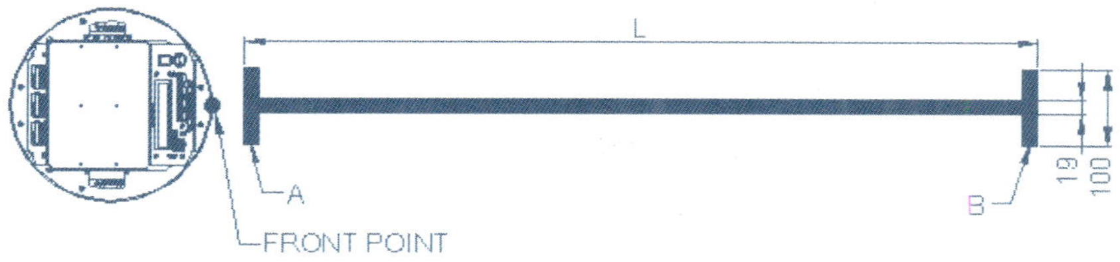

제1과제는 모바일 로봇의 플랫폼의 전방향 이동 특성을 이해하여 로봇이 주행 특성을 최적의 상태로 유지하도록 하는 것으로 원하는 거리만큼 원하는 방향으로 정확하게 움직일 수 있도록 요구한다.

그림에서 라인 길이 L은 200cm로 한다. 그림과 같은 직선 트랙에서 출발점 A에서 시작하여 도착기준점 B까지 주어진 거리 L을 트랙을 따라 직선 주행을 할 수 있도록 프로그램을 완성하는 과제이다. 트랙은 종이의 길이 L, 폭 1.9cm의 검은색 라인이 나타나 있고 시작과 목표점에는 폭 10cm의 직선이 그림과 같이 표시되어 있다.

모바일 로봇의 바닥에 부착된 바닥감지 IR 센서의 정보만을 활용하여 주행해야 한다. 모바일 로봇의 직선 주행의 평가는 도착기준점 B(중앙)와 모바일 로봇의 측정기준점 사이의 거리를 측정하고, 주행 완료 시간을 측정하여 속도를 평가한다.

2. 제 2 과제

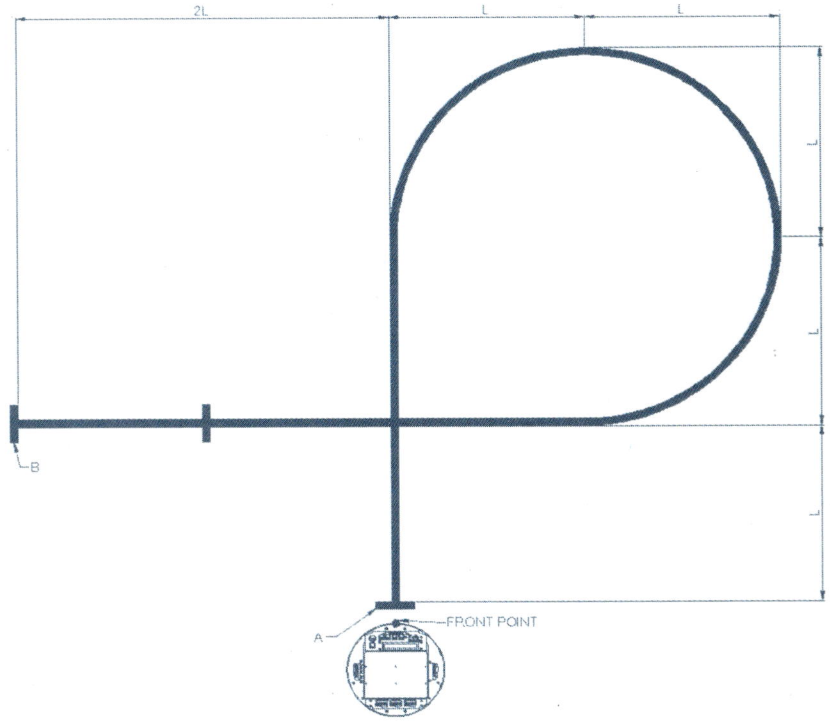

제2과제는 모바일 로봇이 출발선에서 시작하여 주어진 경로를 추종하는 특성을 프로그래밍하는 것이다. 주어진 경로는 직선과 곡선이 혼재되어 있으며, 센서의 정보를 활용하여 부드러운 주행과 빠른 주행이 목표이다. 또한, 정지선에 센서 부위가 정확하게 정지해야 한다.

그림에서 길이 L은 50cm로 하고, 그림에서 폭 M은 30cm로 한다. 그림과 같은 혼합트랙을 출발점 A에서 시작하여 도착 기준점 B까지 주어진 트랙을 따라 주행을 할 수 있도록 프로그램을 완성하는 과제이다. 트랙은 종이에 폭 2cm 정도의 검은색 라인이 나타내어 있는 상태이며, 모바일 로봇의 바닥에 부착된 IR 센서의 정보만을 활용하여 주행한다. 각 주행 3회 이상 벗어나면 해당 주행은 실격으로 처리한다.

모바일 로봇의 동작 평가는 도착기준점 B와 모바일 로봇의 측정기준점과의 거리를 측정하며 완주한 경우 주행 시간을 측정한다.

3. 제 3 과제

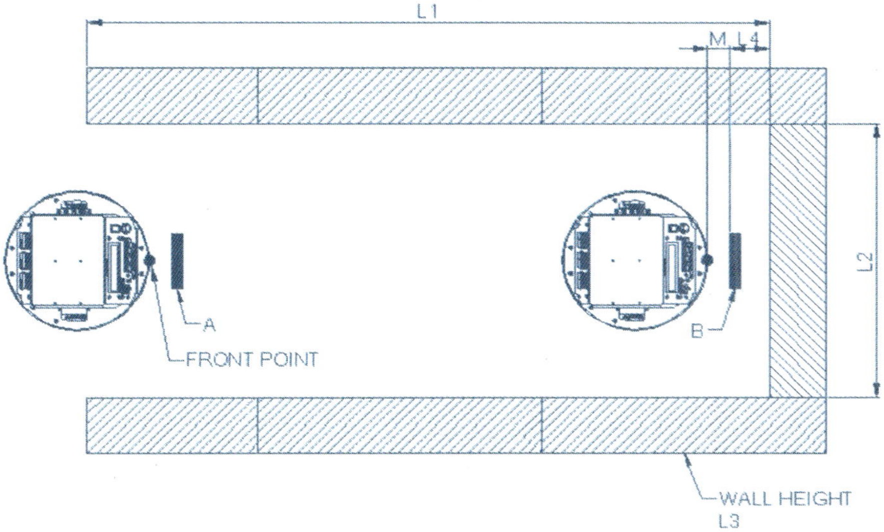

제3과제는 모바일 로봇이 출발점 A에서 시작하여 벽으로 이루어진 경로를 주행하고 도착기준점 B에서 정지하는 경기이다.

주어진 경로는 그림과 같이 직선경로 좌우 양쪽과 도착점이 회색 벽으로 구성되어 있다. PSD 센서의 정보를 활용하여 벽면에 충돌하지 않으면서 목표점까지 주행하여 도착기준점이 설치된 벽면에 충돌하지 않고 도착기준점에 최대한 근접하여 정확히 정지하는 것이 목표이다. 이때 모바일 로봇은 PSD 센서의 정보만을 사용해야한다.

블록 경기장은 길이 L1은 210cm, 폭 L2는 60cm, 높이 L3는 30cm의 회색 벽으로 구성되어있다. 그리고, 벽과의 거리 L4는 15cm이다.

모바일 로봇의 동작 평가는 도착기준점 B와 모바일 로봇의 기준점 사이의 거리를 측정하며 완주한 경우 주행 시간을 측정한다. 또한 로봇이 경로의 벽에 충돌할 경우 감점이 되며, 각 주행 5회 이상 충돌하면 해당 주행은 실격으로 처리한다. 다만 도착점에서 충돌의 경우 거리측정 점수만 0점 처리한다.

4. 제 4 과제

제4과제는 모바일 로봇이 트랙과 벽으로 이루어진 경로를 센서들을 사용하여 a, b, c, d의 순서로 주행하고 도착지점 B에서 정지하는 경기이다.

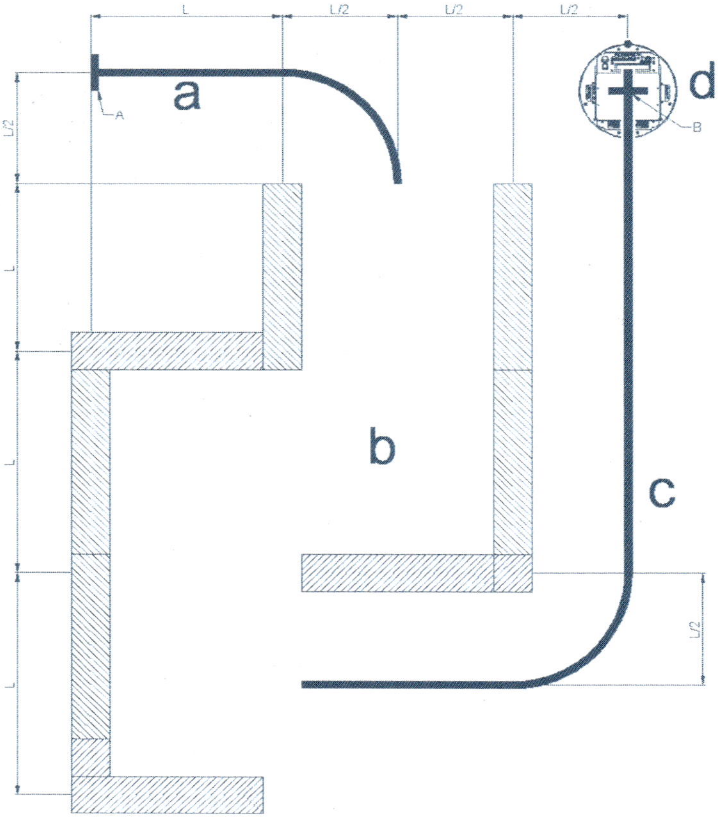

그림과 같이 모바일 로봇이 출발점 A에서 시작하여 트랙으로 이루어진 경로의 주행하고 PSD 센서로 벽을 감지하여 벽 구간을 통과한 후 다시 트랙을 따라 도착지점 B에서 정지해야 한다. 블록 경기장의 블록 경로구간은 그림과 같이 각 길이 L이 60cm이고 높이 30cm의 회색 벽으로 구성되어 있다. 주어진 경로는 트랙은 폭 19mm 정도의 검은색 라인이 인쇄되어 있는 상태이며, 경로 중간에 설치된 경로벽은 좌우 양쪽이 회색 벽으로 구성되어 있다.

PSD 센서의 정보를 활용하여 벽면에 충돌하지 않으면서 벽으로 구성된 경로를 통과해야 하며 다시 트랙을 주행하여 정확히 목표지점안에 정지하는 것이 목표이다.

모바일 로봇의 동작 평가는 도착지점 B의 영역 안에 모바일 로봇이 정지하는 시간을 측정하여 순위로 점수를 부여한다. 또한 도착지점 d에 들어오는 정확성에 따라 점수를 부여한다. 또한 로봇이 전체 주행에서 경로의 벽에 충돌할 경우 감점이 된다.

5. 제 5 과제

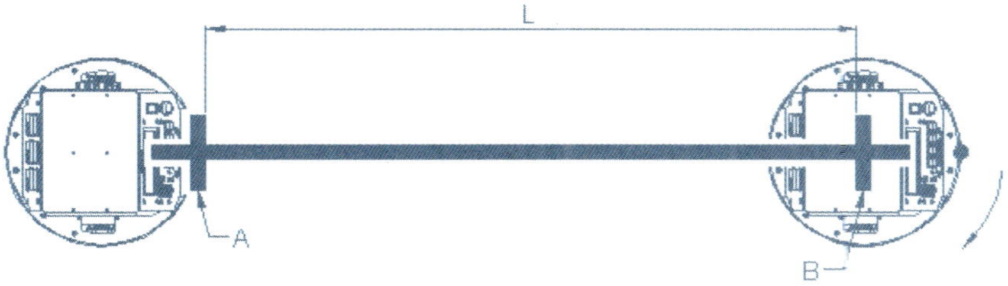

평가항목은 모바일 로봇의 센서를 사용한 직선 왕복 주행능력을 테스트한다.

그림에서 라인 길이 L은 200cm로 한다. 그림과 같은 경기장에서 모바일 로봇을 출발점 A에 각각 그림과 같이 위치시킨 다음 출발신호가 울리면 동시에 출발하여 라인을 따라 정면으로 L 전진 후 모바일 로봇의 정면이 반환점 B를 지나면 180도 회전하여 다시 출발점 A로 돌아오고, 모바일 로봇의 정면이 출발점 A를 지나면 모바일 로봇을 정지한 후 LED를 점등한다.

이 평가항목에서는 모바일 로봇에 부착된 IR 센서를 사용하여 주행한다. B지점에서의 모바일 로봇 회전방향은 어느 방향이든 무관하다.

6. 제 6 과제

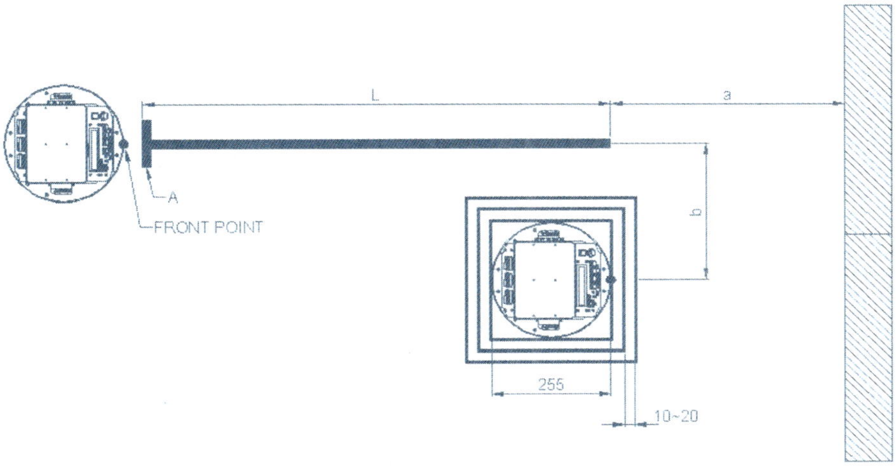

이 평가는 모바일 로봇의 센서를 사용한 직선주행 및 벽면 따라가기 능력을 테스트한다.

그림에서 직선주행 거리 L은 200cm, 벽면과의 거리 a는 50cm, 직선 트랙과 정지구역의 중앙 사이의 거리 b는 30cm로 한다.

그림과 같은 경기장에서 모바일 로봇을 출발점에 그림과 같이 위치시킨 다음 출발신호가 울리면 동시에 출발하여 라인을 따라 정면으로 전진 후 모바일 로봇의 정면이 벽과 a 떨어진 지점에서 벽면을 따라 모바일 로봇의 측면으로 b 이동하여 정지구역의 라인 안으로 이동시킨 후 정지한다. 이때 모바일 로봇은 회전시키지 않으며, 최종위치에 정지 후 LED를 점등한다. 평가항목에서는 모바일 로봇에 부착된 IR 센서와 PSD 센서를 사용하여 주행한다.

'정지구역'은 제일 안쪽 라인의 가로와 세로길이가 255mm인 정사각형 형태이며 1~2cm 간격을 두고 바깥쪽 라인이 그려져 있다.

7. 제 7 과제

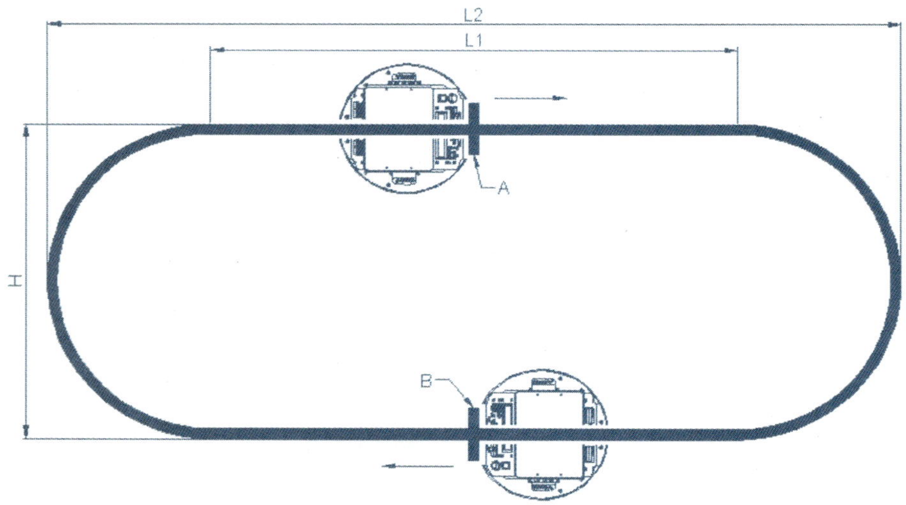

이 평가항목은 모바일 로봇의 센서를 사용한 트랙주행 능력을 테스트한다.

그림에서 직선구간 L1은 130cm, 경기장의 가로길이 L2는 200cm, 세로길이 H는 100cm이다. 그림과 같은 경기장에서 모바일 로봇을 출발점에 각각 그림과 같이 위치시킨 다음 출발신호가 울리면 동시에 출발하여 라인을 따라 트랙을 반바퀴 주행 후 모바일 로봇의 정면이 각각 출발점 B와 A를 지나면 모바일 로봇을 정지한 후 LED를 점등한다.

본 평가항목에서는 모바일 로봇에 부착된 IR 센서를 사용하여 주행한다.

8. 제 8 과제

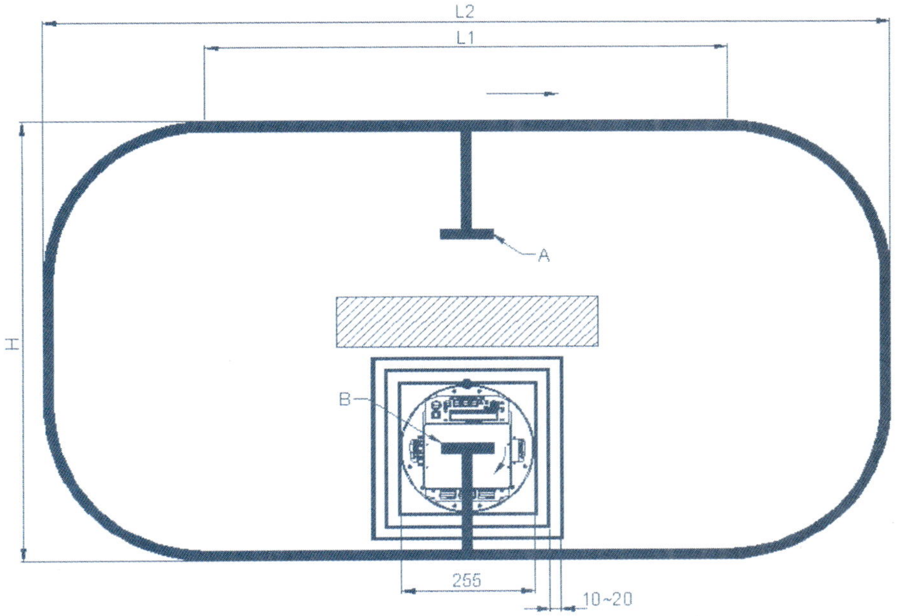

본 평가항목은 모바일 로봇의 센서를 사용한 트랙주행 능력을 테스트한다.

그림에서 직선구간 L1은 130cm, 경기장의 가로길이 L2는 200cm, 세로길이 H는 100cm이다. 그림과 같은 경기장에서 모바일 로봇을 출발구역 A에 위치시키고 출발신호가 울리면 출발하여 제자리에서 180도 회전한 다음 라인을 따라 트랙을 반바퀴 주행 후 도착구역 B로 돌아온다. 이때 모바일 로봇의 정면이 경기장 중앙의 벽을 향한 상태로 라인을 따라 진입하고, 도착구역 안에서 모바일 로봇을 제자리에서 180도 회전하여 모바일 로봇의 정면이 트랙의 바깥쪽을 향한 상태로 정지한 후 LED를 점등한다. 모바일 로봇이 주행을 마치고 정지하면 정면기준점이 기준라인의 안에 들어와야 한다.

본 평가항목에서는 모바일 로봇에 부착된 IR 센서와 PSD 센서를 사용하여 주행한다.

부록

찾아보기

저자 약력

남 상 엽

- 공학박사
- 삼성종합기술원 정보시스템연구소 근무
- 모토로라 반도체통신(주) 기술연구소 근무
- (현) 국제대학 IT계열 교수

김 동 한

- 공학박사(KAIST)(1998~2003)
- 일리노이공대 포닥연구원(2003~2004)
- 삼성전자 책임연구원(2004~2007)
- (현) 경희대학교 전자정보대학 교수(2007~현재)

조 도 현

- 공학박사
- LG전자 중앙연구소 근무
- 삼성전자 종합기술원 근무
- 혜전대학 근무
- (현) 인하공업대학 디지털전자과 교수

김 석 중

- (현) (주)ED 기술연구소 이사

모바일 로보틱스 제어

2009년 9월 25일 1판 1쇄 발행

저 자 남 상 엽 · 김 동 한
조 도 현 · 김 석 중

발행인 남 승 우

발행처 도서출판 상尙 학學 당堂

서울특별시 동작구 사당3동 220-43
TEL : 02) 595-1692~4
FAX : 02) 595-1394
E-mail : namdoo6@unitel.co.kr
신고 : 2-155호 (1968. 11. 29)

(CD 포함) **정가 24,000원**

ISBN 978-89-93383-62-1 93560

ED Corporation

U-IT 토탈솔루션

New & Renewable Energy

Embedded System / SoC (System on a Chip)

USN (Ubiquitous Sensor Network)

RFID (Radio Frequency IDentification)

Intelligent Robot

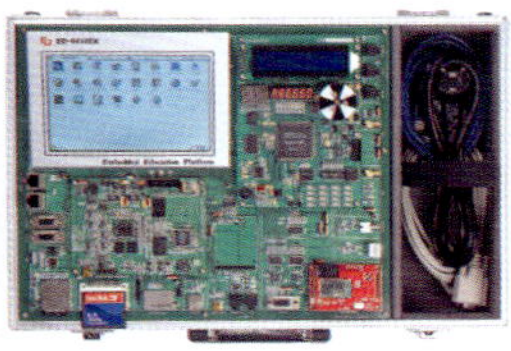

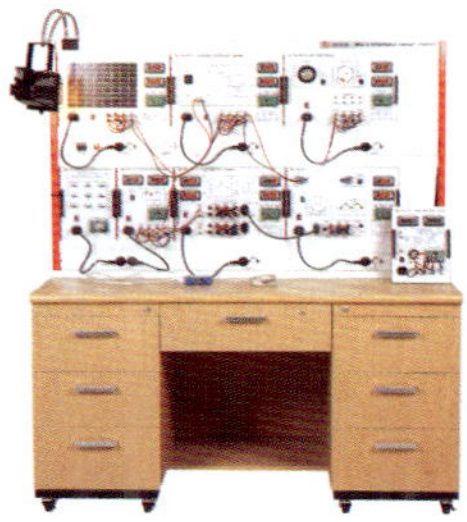

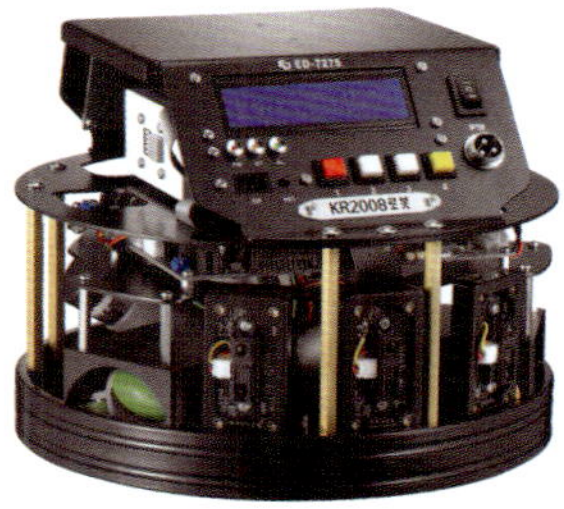

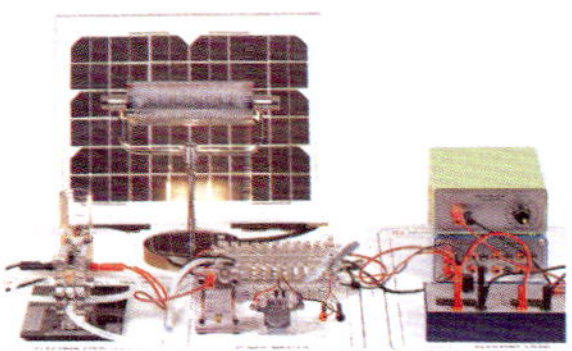

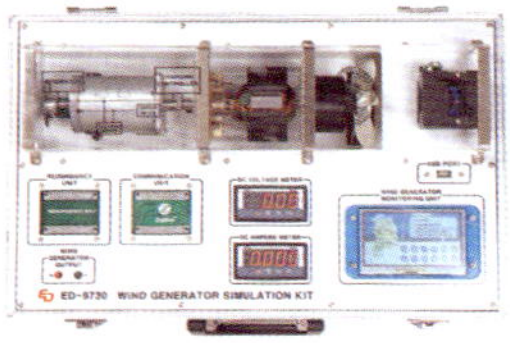

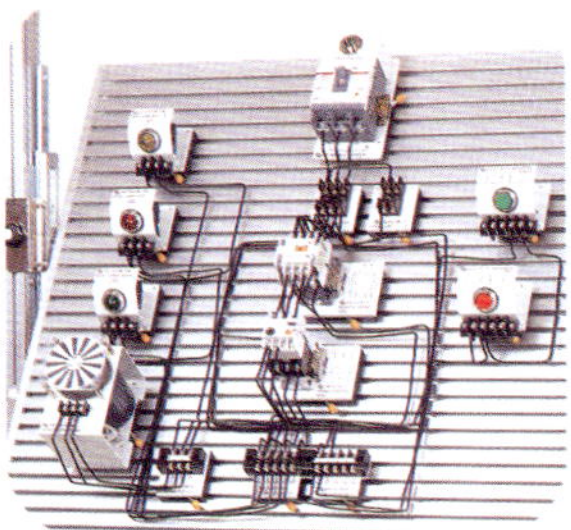

신재생 에너지

New & Renewable Energy Trainer

Model : ED-9710, 9720, 9730, 9740, 9741

ED-9710

신재생 에너지 교육장비를 통해서 일상의 바람이나 햇빛이 전기에너지로 변환되는 과정을 이해할 수 있고 발전 시스템의 구조와 기능의 이해를 통하여 에너지 관련 지식과 응용력을 향상시킬 수 있다.

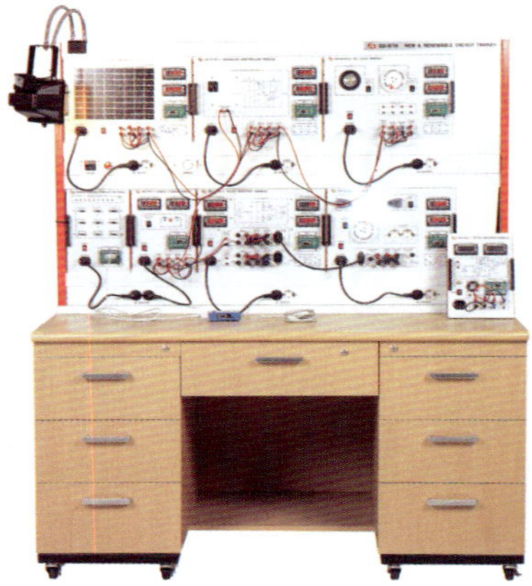

- 다양한 신재생 에너지의 특성 실험(태양광, 풍력 및 연료전지 등)
- 생성된 에너지의 변환 과정 실험(전력생산/전력처리)
- 에너지 생성 및 변환 과정에 따른 에너지 효율 실험
- 전압, 전류 특성 곡선 실험
- 에너지 실험 모듈의 독립적 운용 실습
- 에너지 실험 모듈의 연계를 이용한 시스템 구동 실습
- 신재생 에너지 교육훈련장비 전용 프로그램을 통한 구동 실습
- 교보재의 다양화 (전력 생성 및 회로 실습 시뮬레이션 S/W 제공, 도움말 기능으로 에너지 관련 어휘 검색 및 색인 검색이 쉽다.)

실험실습내용

- 태양광 에너지의 이해
- 광전효과 시뮬레이션
- 옴의 법칙, 전압/전류계 실험
- 태양광 특성 실험(Isc, Voc, Im, Vm, Fill Factor)
- 광원의 세기 및 그림자 실험
- 충전 및 인버터 기초회로 실험
- 태양광을 이용한 충전 실험
- DC/AC 인버터 실험(정현파/유사정현파)
- 12V 독립형 태양광시스템 실험
- 12V 독립형 시스템 설계
- 웹서버를 통한 시스템 모니터링(Option)
- 하이브리드 실험(Option)

ED-9720

- 신재생 에너지 발전 원리 및 개념 이해
- 생성된 에너지의 변환 과정 실험(전력생산/처리)
- 태양광 모듈의 전압, 전류 특성 실험
- 에너지 생산 및 처리 단계의 일체형 구성
- 오배선시 경고음 발생 및 외부출력 포트 구비
- DC 및 AC를 측정할 수 있는 전압, 전류계 포함
- 다양한 교육 교보재(시뮬레이션, 동영상)지원
- PC를 이용한 제어와 파형 및 그래프 출력 기능

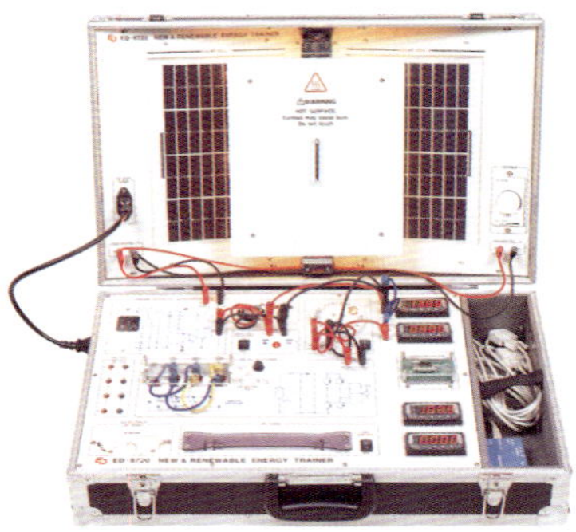

실험실습내용

- 태양광 에너지의 이해
- 광전효과 시뮬레이션
- 옴의 법칙, 전압/전류계 실험
- 태양광 특성 실험(Isc, Voc)
- 광원의 세기 및 그림자 실험
- 태양광을 이용한 충전 실험
- DC/AC 인버터 실험
- 12V 독립형 태양광시스템 실험
- 12V 독립형 시스템 설계
- 웹서버를 통한 시스템 모니터링(Option)
- 하이브리드 실험(Option)

신재생 에너지

New & Renewable Energy Trainer

Model : ED-9730, 9731, 9732, 9740, 9741

ED-9730

- 풍력 발전 원리 및 개념 이해
- 우리나라 지역별 풍속 데이터를 임베디드 모듈에 저장하여 지역별에 따른 발전과 전력 변화 시뮬레이션 및 모니터링
- 발전량 USB 메모리에 저장 가능
- 에너지 변환 과정에 따른 효율 실험
- 전압, 전류계 내장으로 전류, 전압 모니터링가 능
- PC를 이용한 파형 및 그래프 출력 기능
- GUI가 터치 패널로 구성되어 사용자의 편의 제공
- 임베디드 모듈로 전압, 전류, 모터 RPM, 풍속 모니터링 가능
- 발전기 케이스가 투명 아크릴로 장착으로 발전기의 내부 및 전기 생성 모습 확인 가능

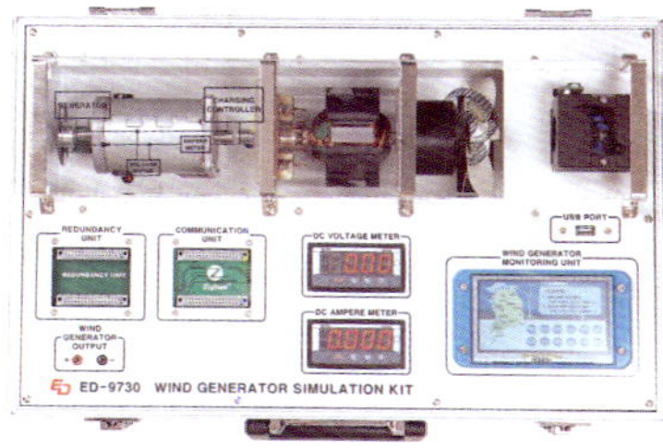

ED-9732

- 풍력 발전 원리 및 개념 이해
- 6엽 회전 날개 장착
- 역 전류 흐름 방지 기능
- 충전 컨트롤러 내장
- 과충전/방전 방지 기능
- 풍향에 따라 360 ˚ 회전 가능
- 베터리 내장
- 다양한 에너지 생산 모듈과 복합 구성 가능 (태양광, 연료전지 수력 등)
- 복합적인 에너지 생산모듈 구성으로 하이브리드 발전 시스템 구축 가능
- ED-9710 또는 ED-9720과 연동하여 에너지 처리 실험 가능

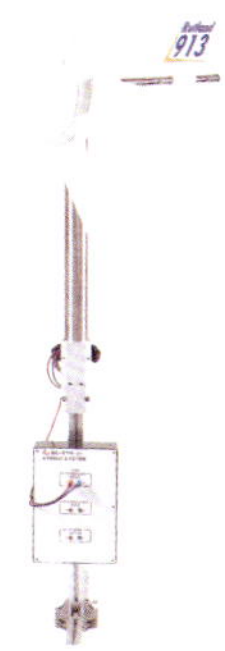

ED-9740

- 연료전지 발전 원리 및 개념 이해
- 태양광을 이용한 연료전지 발전
- 연료전지 완전 분해 조립 가능(세계최초)
- PEM Fuel Cell Stack의 각 Cell 마다 전압, 전류 측정 가능
- PEM Fuel Cell DM Fuel Cell 전력생산 실험
- 물의 전기 분해, 연료전지의 구동까지 Module 화
- 다양한 로드 실험
- DMFC(메탄올), PEMFC(수소) 발전 실험이 가능
- 연료전지를 동시에 최대 4개 까지 부하 Test 가능
- LabView 프로그램을 통한 모니터링

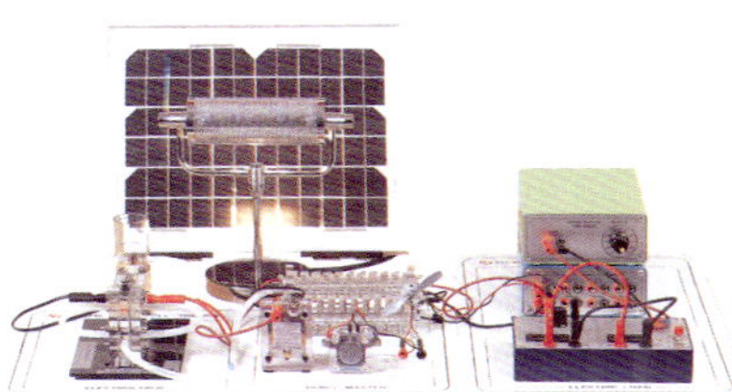

ED-9740

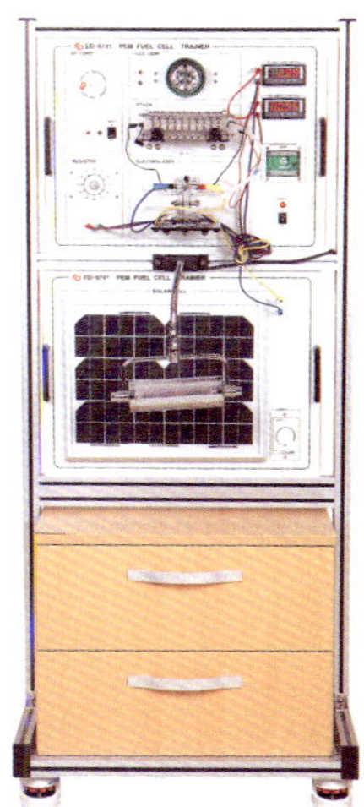

ED-9741

지능형 로봇 토탈솔루션

Intelligent Robot Trainer

Model : ARO, ED-7270U, 7271, 7275

ARO

관공서 및 공공기관, 병원, 박물관 등 방문객을 위한 안내 홍보 도우미 서비스 로봇으로 방문객의 즐거운 관람 및 시설 안내를 위해 살아 있는 듯한 눈표정과 인간과 유사한 팔 동작으로 멋진 서비스를 제공해 드립니다.

ED-7270U

- 유비쿼터스 및 홈네트워크 기반 실험실습에 적합
- 차세대 2차 전지(리튬이온)을 사양한 배터리 소형화 및 사용시간 증가
- 대화형 언어(프로그램)을 통한 다양한 콘텐츠 로봇 실험실습
- 지능형 로봇에 대한 전반적인 이해와 단계별 실습 가능
- Pan/Tilt USB 카메라를 이용한 영상처리 학습 기능
- 경사도 15° 에서 안정된 자세 제어를 통한 주행 알고리즘 적용
- 무인 방범 기능을 활용한 홈 시큐리티 실험실습
- 인간과 교감할 수 있는 인간 친화형 디자인

ED-7271

- 지능형 로봇에 꼭 필요한 센서 9종 및 구동기 3종, 응용모듈 4종으로 구성
- 지능형 로봇 구조를 쉽게 파악할 수 있는 시스템
- 초기 로봇 입문 및 활용 교육까지 가능한 풍부한 실습예제 제공
- 창의적인 실험실습이 가능한 탈부착 모듈형 타입
- 유비쿼터스 및 홈 네트워크에서 사용되는 센서 응용학습 가능
- 센서 결과 데이터를 Visual한 그래픽 형태로 표현하여 센서의 특성 파악 용이
- USB 카메라를 이용한 영상처리 학습 기능
- USB High Speed(480Mbps) 인터페이스 방식 채용

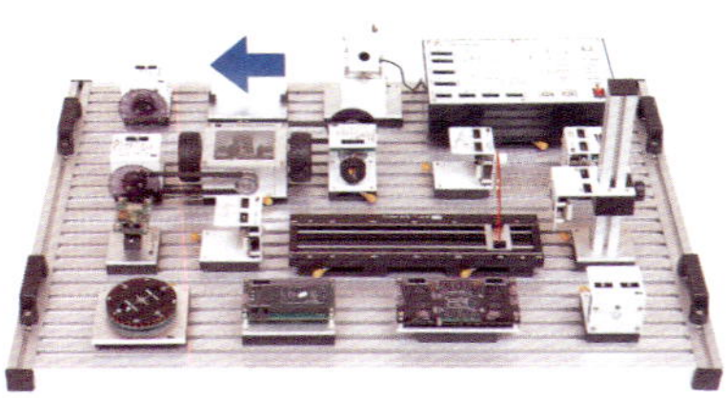

ED-7275

- 바닥 감지용 센서 및 전방 감지용 거리 센서를 이용하여 모바일 로봇에 대한 전반적인 기초 실습 가능
- 모바일 로봇에 사용되는 임베디드 마이컴, 3축 모터, IR 센서, PSD 센서 및 Omni-directional 구동을 사용함으로써 로봇제어에 대한 기초부터 활용실습까지 가능
- 전 방향 이동에 대하여 다이나믹하게 주행이 가능하도록 120° 간격으로 부착된 Omni-wheel을 사용한 독특한 형태의 메카니즘으로 구성
- IR 센서에 의한 특정 색상을 검출 하고 인터럽트를 이용하여 Host CPU에게 정보를 전달 하도록 IR 센서 5개 부착

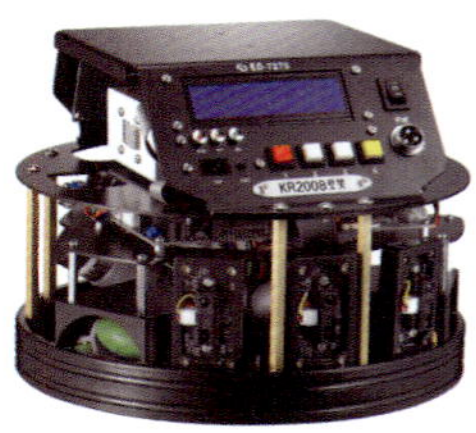

임베디드 / SoC 토탈솔루션

Embedded Training System

Model : ED-6410EK, 320EK, 27x Multi, SoCWinner

ED-6410EK

- 삼성의 최신 CPU S3C6410(ARM11)을 탑재한 최상의 멀티미디어 임베디드 실습 및 개발 솔루션
- 스마트폰, MultiMedia, 통신분야 등 다양한 응용분야에서 구현 가능
- 기존 MCU보다 강력한 Hardware 2D/3D Accelerator 내장
- Multi Format Codec(MPEG4/H.264/VC1), NTSC/PAL TV-out, S-Video Driver, AC97 Audio(WM9713)등을 이용한 멀티미디어 시스템 구현 가능
- IrDA, Bluetooth, ZigBee, Wireless LAN(옵션), UART(4개), SPI(2개), I2C 등의 통신관련기능 구현
- GPS, DMB(옵션), CDMA Module(옵션)등, Multimedia기능 구현 가능
- FPGA Module을 통한 시스템 기능 확장

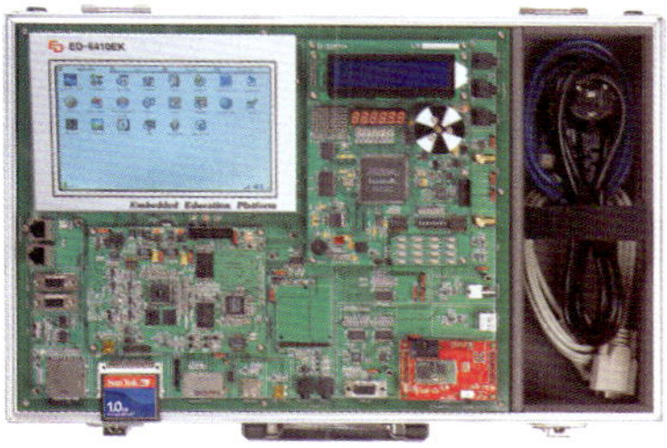

ED-27x Multi

- Processor Core 보드 장착
- Processor Core 보드 교체를 통한 다양한 Processor 실습
- Linux의 기초에서 고급과정까지 다양하게 실험실습
- Intel PXA255/270/272 고성능 마이크로프로세서 사용
- 6.4″ TFT LCD, Ethernet 3Port, Serial 3Port, PCMCIA/CF/MMC등 다양한 인터페이스 지원
- FPGA Chip인 Altera Cyclone 4,000LEs (12,000LEs Option)를 탑재하여 SoC과정까지 연동하여 교육
- 안정적인 하드웨어, 풍부한 실습 프로그램 및 이해가 쉽도록 구성된 실습 교재 제공

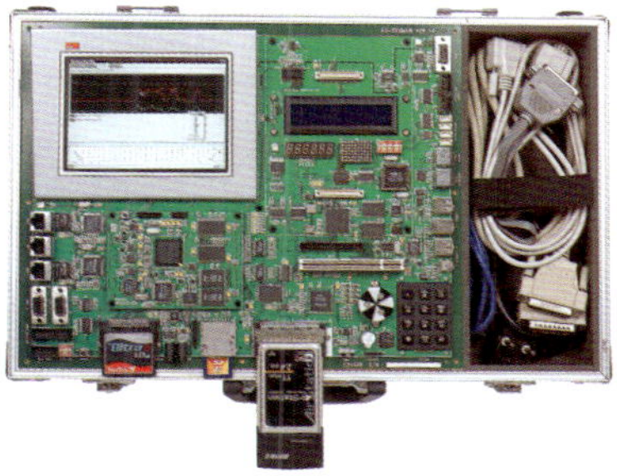

ED-SoCwinner

- 10만, 40만, 100만 Gates 모두 사용 가능한 통합 Platform으로 구성
- 마이크로 프로세서인 ARM922T를 내장, 쉽고 빠른 OS 탑재가 가능
- Ethernet, UART, IDE, VGA Port, USB, PCMAIA 등의 주변 장치들을 다양한 IP 검증 및 OS를 이용한 디바이스 제어가 가능
- PCI Master / Slave 설계 구현 및 테스트
- 640×480 6.4″ TFT LCD와 CMOS Image Sensor를 이용하여 멀티미디어 장비 구현 가능
- Xilinx Vertex II 3,000,000 ~ 8,000,000 Gate 디바이스가 장착된 확장 모듈을 지원

RFID 토탈솔루션

RFID Application Trainer

Model : ED-3730, 3710, 3100

ED-3730

- 신호 레벨의 RFID Principle 실습
  - Data Coding-Modulation-Demodulation-Decoding의 동작원리 실습
  - Data Coding-RZ, NRZ, Miller, Biphase, Manchester, FMO 이해
  - Modulation-ASK, FSK, PSK 이해와 실습
- 여러 대역의 RFID Reader와 Tag실습
  - 125kHz Reader : ISO 18000-2 표준 적용
  - 13.56MHz Reader : ISO 14443A/B, ISO 15693, Tag- IT 표준 적용
  - 900MHz Reader : ISO/IEC 18000-6B, 6C
  - USB 인터페이스 제공
- RFID Embedded 실습

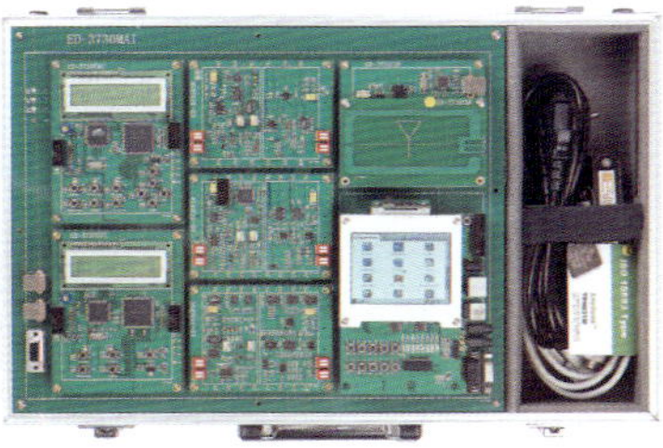

ED-3710

- 2개의 Antenna를 제공하여 안테나 크기에 따른 감도 실험 실습을 할 수 있으며 안테나의 트리머 2개를 이용하여 안테나 감도 조정 기능
- 13.56MHz, 900MHz RFID 응용 프로그램 제공 (Visual C++, Labview, QT(Linux)기반)
- 응용 프로그램 개발 매뉴얼 제공
- 임베디드(PXA270, 사용 PDA) 제품과 연동 및 S/W 제공
- Serial 및 TCP/IP(Network)를 이용하여 장비를 제어 가능

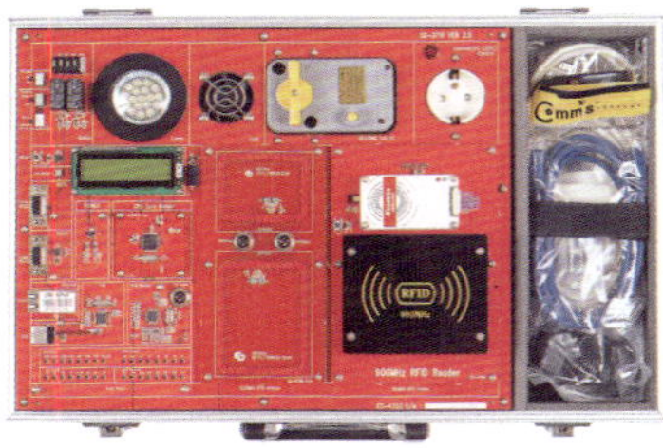

ED-3100

- RFID 리더기에 대한 F/W 프로그램 실습
- Air-interface 등의 실험이 가능하도록 다수의 Test Point 제공
- Anti-Collision 기능 지원
- Application Engineer를 위한 OCX Library 제공
- 범용으로 사용되는 13.56MHz I-CODE Type
- Tag에 Data를 Read / Write 가능
- 컨베이어와 연동되는 미니 플랜트 제공 (창고관리, 공정관리, 주차관리 등)
- 탈부착이 가능한 응용 모듈 (출입통제, 물류관리, 자판기 등)

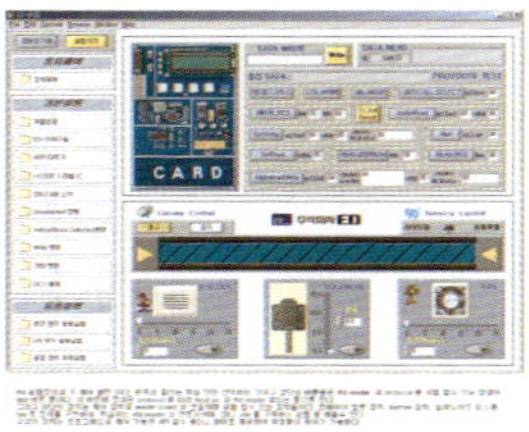

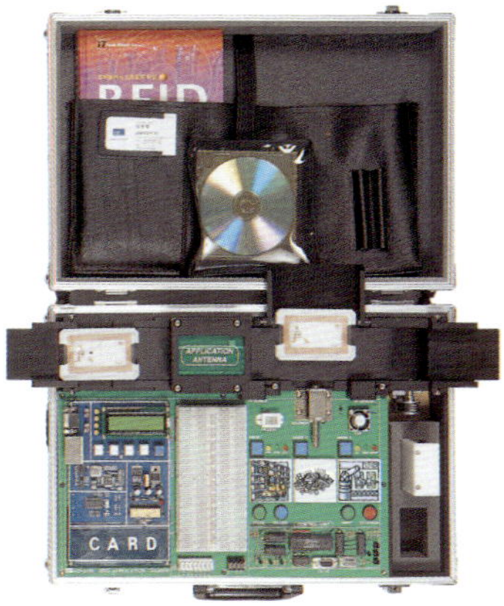

USN 토탈솔루션

Ubiquitous Sensor Network Trainer

Model : ED-3120, 3160, 3190

ED-3120 특징

- 유비쿼터스 센서네트워크 ZigBee (IEEE 802.15.4) 방식 원리 및 개념이해 가능
- 다양한 센서의 장착 및 확장성 확보 (조도센서, 온도센서, 습도센서, 가스센서, 초음파센서)
- 센서네트워크 시스템 교육 및 개발에 필요한 토탈 솔루션을 제공
- 다양한 적응 분야 (운영체제, 네트워크, Security, 로봇, H/W 개발, 센서 응용 등)
- PAN Coordinator에 접수된 화재, 가스누출 등의 경보상황을 PC를 통해 모바일 SMS로 수신 가능

ED-3120

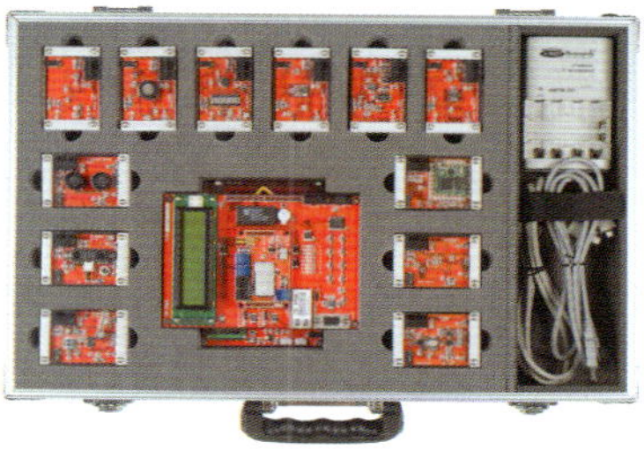

ED-3160

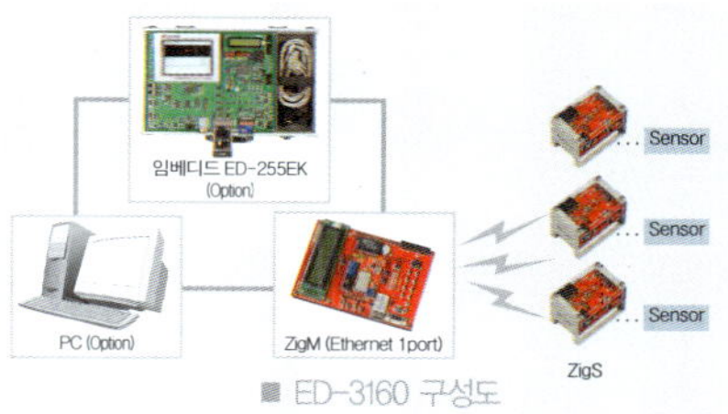

■ ED-3160 구성도

ED-3120 실험실습내용

- 센서 네트워크의 개요
- 센서 네트워크 모듈 하드웨어 이해
- 센서 네트워크 OS의 이해
- 센서 네트워크 환경 구축
- UART를 이용한 통신 프로그램
- 센서 기초 프로그램 (가스, 습도, 온도, 조도)
- 센서 기초 프로그램 (맥박, 체온, 기울기, 방위센서 등)
- RF 응용실습
- 센싱 및 제어 프로그램 및 Multi-hop Routing 프로그램
- Multi-hop을 이용한 제어 프로그램
- 센서네트워크 모니터링
- SMS 전송장치 연동 모니터링
- 센서 네트워크 구축 팀 프로젝트 제안서 작성
- 센서 네트워크 구축 팀 프로젝트 중간보고 및 프로젝트 수정
- 센서 네트워크 구축 팀 프로젝트 최종 보고 및 자료정리
- 팀 프로젝트 결과평가 및 보고회

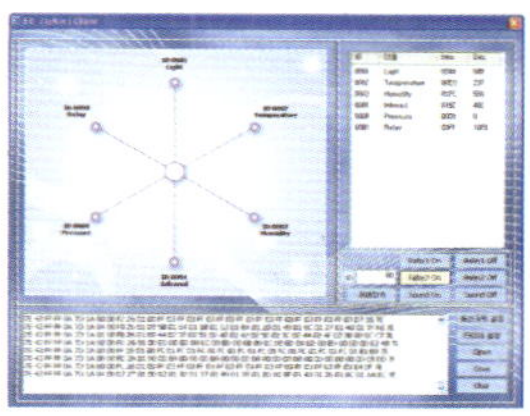

시뮬레이션 소프트웨어

Simulation Software

Model : EDRS, PHLego Plus, SimPL, ESS

EDRS ● EDRS는 사용자에게 다양한 환경 로봇을 제공하여, 쉽고 빠르게 지능형 로봇을 개발하고 교육하기 위한 시뮬레이션 소프트웨어입니다. 또한, 3D 환경을 토대로 역동적인 로봇 시뮬레이션을 제공할 뿐만 아니라, Kinetic 엔진을 통해 실감나는 로봇 시뮬레이션과 섬세한 동작 제어를 제공합니다.

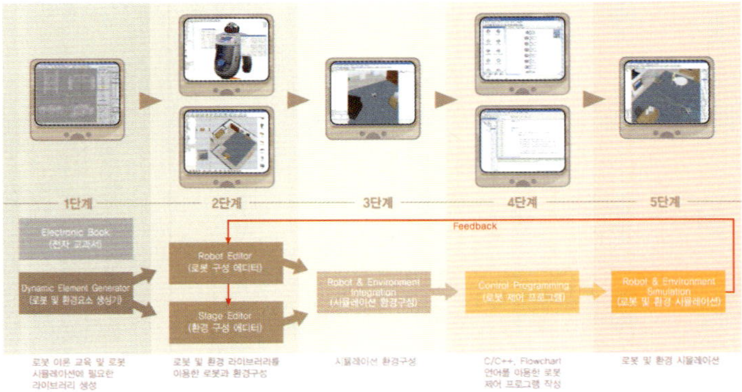

PHLego Plus ● 유공압 시스템 시뮬레이션 학습과 유공압 전기, PLC 및 디지털 회로에 이르는 다양한 회로의 실험 실습뿐만 아니라 유공압 시스템 회로 실습을 PC상에서 구현해 볼 수 있도록 하기 위한 시뮬레이션 소프트웨어입니다.

실사를 통한 회로 구성과 시뮬레이션은 유공압 회로를 이해하고 시뮬레이션 소프트웨어의 벽을 넘어 사용자들에게 실제 유공압 회로를 가상 체험할 수 있도록 도와 줄 수 있을 것입니다.

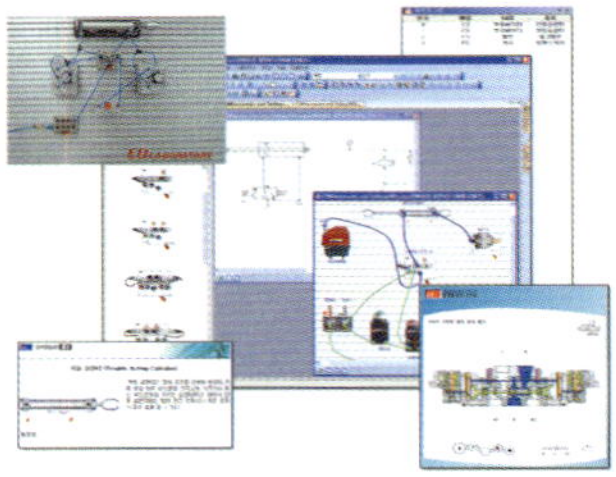

SimPL ●

- PLC교육을 하드웨어 없이 소프트웨어만으로 가능
- GMWIN에서 작성한 프로그램을 별도의 작업없이 바로 가상 실습 기능 (GMWIN Ver 4.04 이상)
- 가상플랜드 프로그램에서 GMWIN Simulator를 RUN/STOP 모드로 동작상태 직접 변경가능
- 최적의 가상플랜트 환경을 위한 GMWIN Simulator의 디지털 입출력 모듈 및 아날로그 입출력 모듈에 대한 인터페이스 제공

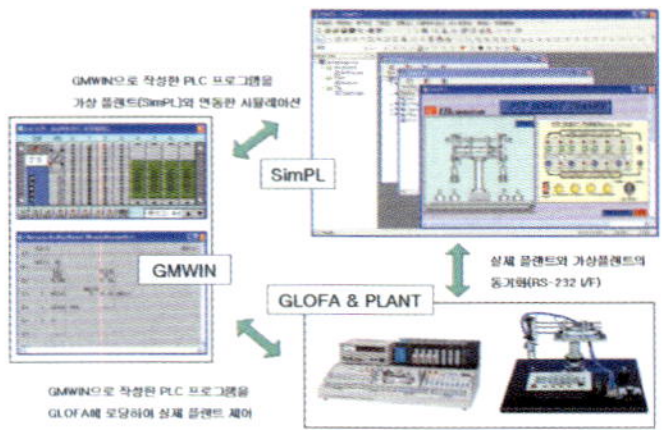

ESS ● PC상에서 전기 시퀀스회로 설계 (IEC, KS 규격지원), 시퀀스 제어 시뮬레이션 그리고 설계된 회로의 파트리스트 생성을 바탕으로 가상 부품을 생성하여 배선을 실습할 수 있게 함으로써 전기 시퀀스 설계부터 응용까지의 전 과정에 대한 교육이 가능한 전기 시퀀스 제어 시뮬레이션 소프트웨어입니다.

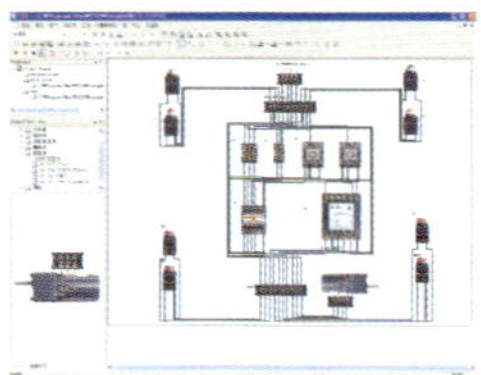